中国科协学科发展研究系列报告
中国科学技术协会／主编

2016—2017 林业科学学科发展报告

中国林学会 | 编著

REPORT ON ADVANCES IN
FOREST SCIENCE

中国科学技术出版社
·北 京·

图书在版编目（CIP）数据

2016—2017 林业科学学科发展报告 / 中国科学技术协会主编；中国林学会编著 . —北京：中国科学技术出版社，2018.3

（中国科协学科发展研究系列报告）

ISBN 978-7-5046-7935-2

Ⅰ. ①2… Ⅱ. ①中… ②中… Ⅲ. ①林学 – 学科发展 — 研究报告 — 中国 – 2016—2017 Ⅳ. ① S7–12

中国版本图书馆 CIP 数据核字（2018）第 041863 号

策划编辑	吕建华　许　慧
责任编辑	韩　颖
装帧设计	中文天地
责任校对	杨京华
责任印制	徐　飞

出　　版	中国科学技术出版社
发　　行	中国科学技术出版社发行部
地　　址	北京市海淀区中关村南大街16号
邮　　编	100081
发行电话	010–62173865
传　　真	010–62179148
网　　址	http：//www.cspbooks.com.cn

开　　本	787mm × 1092mm　1/16
字　　数	348千字
印　　张	14
版　　次	2018年3月第1版
印　　次	2018年3月第1次印刷
印　　刷	北京盛通印刷股份有限公司
书　　号	ISBN 978-7-5046-7935-2 / S · 716
定　　价	70.00元

2016—2017
林业科学
学科发展报告

首席科学家 张守攻 杨传平 盛炜彤 陈幸良

顾问组成员 （按姓氏笔画排序）

王明庥 尹伟伦 李文华 李 坚 沈国舫
宋湛谦 张齐生 唐守正 曹福亮 蒋剑春

专家组成员 （按姓氏笔画排序）

王小艺 王立平 王军辉 王 妍 丰庆荣
尹昌君 叶建仁 卢孟柱 史作民 刘世荣
刘国强 苏晓华 李建安 李 莉 肖文发
何 英 迟德富 张永安 张会儒 张劲松
张建国 孟 平 施季森 贾黎明 郭明辉
黄立新 康向阳 梁 军 傅 峰 焦如珍
曾祥谓 谭晓风

学术秘书 李 莉 李 彦

党的十八大以来，以习近平同志为核心的党中央把科技创新摆在国家发展全局的核心位置，高度重视科技事业发展，我国科技事业取得举世瞩目的成就，科技创新水平加速迈向国际第一方阵。我国科技创新正在由跟跑为主转向更多领域并跑、领跑，成为全球瞩目的创新创业热土，新时代新征程对科技创新的战略需求前所未有。掌握学科发展态势和规律，明确学科发展的重点领域和方向，进一步优化科技资源分配，培育具有竞争新优势的战略支点和突破口，筹划学科布局，对我国创新体系建设具有重要意义。

2016 年，中国科协组织了化学、昆虫学、心理学等 30 个全国学会，分别就其学科或领域的发展现状、国内外发展趋势、最新动态等进行了系统梳理，编写了 30 卷《学科发展报告（2016—2017）》，以及 1 卷《学科发展报告综合卷（2016—2017）》。从本次出版的学科发展报告可以看出，近两年来我国学科发展取得了长足的进步：我国在量子通信、天文学、超级计算机等领域处于并跑甚至领跑态势，生命科学、脑科学、物理学、数学、先进核能等诸多学科领域研究取得了丰硕成果，面向深海、深地、深空、深蓝领域的重大研究以"顶天立地"之态服务国家重大需求，医学、农业、计算机、电子信息、材料等诸多学科领域也取得长足的进步。

在这些喜人成绩的背后，仍然存在一些制约科技发展的问题，如学科发展前瞻性不强，学科在区域、机构、学科之间发展不平衡，学科平台建设重复、缺少统筹规划与监管，科技创新仍然面临体制机制障碍，学术和人才评价体系不够完善等。因此，迫切需要破除体制机制障碍、突出重大需求和问题导向、完善学科发展布局、加强人才队伍建设，以推动学科持续良性发展。

近年来，中国科协组织所属全国学会发挥各自优势，聚集全国高质量学术资源和优秀人才队伍，持续开展学科发展研究。从2006年开始，通过每两年对不同的学科（领域）分批次地开展学科发展研究，形成了具有重要学术价值和持久学术影响力的《中国科协学科发展研究系列报告》。截至2015年，中国科协已经先后组织110个全国学会，开展了220次学科发展研究，编辑出版系列学科发展报告220卷，有600余位中国科学院和中国工程院院士、约2万位专家学者参与学科发展研讨，8000余位专家执笔撰写学科发展报告，通过对学科整体发展态势、学术影响、国际合作、人才队伍建设、成果与动态等方面最新进展的梳理和分析，以及子学科领域国内外研究进展、子学科发展趋势与展望等的综述，提出了学科发展趋势和发展策略。因涉及学科众多、内容丰富、信息权威，不仅吸引了国内外科学界的广泛关注，更得到了国家有关决策部门的高度重视，为国家规划科技创新战略布局、制定学科发展路线图提供了重要参考。

十余年来，中国科协学科发展研究及发布已形成规模和特色，逐步形成了稳定的研究、编撰和服务管理团队。2016—2017学科发展报告凝聚了2000位专家的潜心研究成果。在此我衷心感谢各相关学会的大力支持！衷心感谢各学科专家的积极参与！衷心感谢编写组、出版社、秘书处等全体人员的努力与付出！同时希望中国科协及其所属全国学会进一步加强学科发展研究，建立我国学科发展研究支撑体系，为我国科技创新提供有效的决策依据与智力支持！

当今全球科技环境正处于发展、变革和调整的关键时期，科学技术事业从来没有像今天这样肩负着如此重大的社会使命，科学家也从来没有像今天这样肩负着如此重大的社会责任。我们要准确把握世界科技发展新趋势，树立创新自信，把握世界新一轮科技革命和产业变革大势，深入实施创新驱动发展战略，不断增强经济创新力和竞争力，加快建设创新型国家，为实现中华民族伟大复兴的中国梦提供强有力的科技支撑，为建成全面小康社会和创新型国家做出更大的贡献，交出一份无愧于新时代新使命、无愧于党和广大科技工作者的合格答卷！

2018年3月

为认真落实全国“科技三会”会议精神和实施创新驱动发展战略，促进林业科学学科发展和学术建设，提升林业科技自主创新能力，中国林学会于 2016 年承担了中国科学技术协会学科发展项目，组织广大林业专家编写《2016—2017 林业科学学科发展报告》。

《2016—2017 林业科学学科发展报告》围绕国家战略需求和学科发展定位，总结探索了林业科学学科发展脉络与规律，指出了我国林业科学学科未来发展趋势和研究方向，在学科平台建设、人才队伍培养、科学研究等诸多方面提出了建设性的意见，为林业科学学科发展提供了策略与对策，为专家学者了解林业科学学科的重大进展、前沿课题及发展趋势等提供引导与参考。

《2016—2017 林业科学学科发展报告》是在中国科学技术协会指导下，由中国林学会精心组织完成的。中国林学会赵树丛理事长、陈幸良秘书长等有关领导对此报告高度重视，对工作进行了细致的部署，并进行了周密的策划和组织。根据林业科学学科及其分支学科领域进展实际情况和引领未来发展需要，编写组在专题研究深度和广度上进行了调整，确定了森林培育、林木遗传育种、木材科学与技术、林产化工、森林经理、森林生态、森林昆虫、森林病理、经济林、森林土壤、林业气象和林业史 12 个分支学科（领域）的专题研究。

按照中国科协统一部署和要求，中国林学会成立了以张守攻院士、杨传平教授、盛炜彤研究员、陈幸良研究员为首席科学家，沈国舫、王明庥、唐守正、李文华、宋湛谦、尹伟伦、李坚、曹福亮、蒋剑春、张齐生 10 位院士为顾问组成员，200 余位教授、研究员组成的专家编写组，实现了院士和首席科学家牵头、教授和研究员编撰的工作方案。本报告分析了林业科学学科发展趋势，提出了发展目标、战略需求及重点领域，形成的综合报告和专题报告对于我国林业科学学科的发展具有指导意义。参与编写的专家为编写本报告倾注了大量的心血，同时编写工作得到了中国科学技术协会的大力支持和关心，在此，一并致以衷心的感谢！

限于时间和水平，书中错误与疏漏之处在所难免，敬请林学专家和读者批评指正。

中国林学会

2017 年 12 月

综合报告

专题报告

ABSTRACTS

Comprehensive Report

Reports on Special Topics

综合报告

林业科学学科发展报告

一、引言

林业是经济社会可持续发展的基础，肩负着维护生态安全、改善民生福祉、促进绿色发展的使命。随着经济社会的转型发展，林业在应对气候变化、防治水土流失和荒漠化、维护生物多样性、促进改善民生等方面的作用日益凸显。经过多年努力，我国已连续多年实现森林面积和蓄积双增长，人工林面积稳居世界第一。但林业仍然是国家建设中的薄弱环节，林业现代化建设任重道远。党的十八大以来，党中央、国务院更加重视林业，习近平总书记对生态文明建设和林业改革发展做出了一系列重要指示，特别指出林业建设是事关经济社会可持续发展的根本性问题。在中央财经领导小组第十二次会议上，习近平总书记强调，森林关系国家生态安全，要加强森林生态安全建设，着力推进国土绿化，着力提高森林质量，着力开展森林城市建设，着力建设国家公园。党的十九大提出了习近平新时代中国特色社会主义思想，强调生态文明建设是"中华民族永续发展的千年大计"，提出"要坚持人与自然和谐共生，要像对待生命一样对待生态环境""我们要建设的现代化是人与自然和谐共生的现代化，既要创造更多物质财富和精神财富以满足人民日益增长的美好生活需要，也要提供更多优质生态产品以满足人民日益增长的优美生态环境需要。"

林业科学学科主要是以森林生态系统和木本植物为研究对象，揭示其生物学现象的本质和规律，研究森林资源的培育、保护、经营、管理和利用等的学科。百年来，林业学科发展历程证明其在我国社会、经济发展中占有极其重要和不可或缺的地位。林业科学学科发展不仅显著推动林业的科技进步，为林业发展提供了大批高素质的从业人员，也为国家社会经济发展的宏观决策提供了重要科学依据。

随着社会经济水平提升和世界科学技术不断发展，林业科学学科发展迅速，各领域的基础理论和应用研究均呈现向纵深发展，各分支学科间以及林业科学与其他相关学科的联系更加紧密，学科交叉与融合更加显现，从单一学科的问题诊断向多学科知识和方法的综合应用转变。研究领域和研究内容不断扩展，从单项研究向综合集成转变，对社会经济发展的促进更加显著。林业科学学科的研究方法不断革新，从静态分析向动态过程分析转变，从单一数据源向多源数据转变。同时，林业科学研究紧密围绕新时代生态文明建设、全面建成小康社会和乡村振兴等国家战略，加强原始创新，瞄准林木良种培育、特色经济林培育与绿色加工、木竹产业转型升级、林业特色资源开发利用、生物基材料与生物质能源开发等与新兴产业密切相关的关键技术领域，协同攻关，力求突破、取得自主知识产权成果、增强自主发展能力，为生态文明建设和产业转型升级提供动力和科技支撑。

《2016—2017 林业科学学科发展报告》是在 2006—2007、2008—2009 两轮林业科学学科发展研究的基础上进行的，是近年林业科学学科发展研究进展与成果的集中体现。在《2006—2007 林业科学学科发展报告》中，选择了森林生态、森林土壤、森林植物、林木遗传育种、森林培育、森林经理、森林保护、园林植物与观赏园艺、木材科学与技术、林产化学、水土保持与荒漠化防治、林业经济管理、城市林业 13 个分支学科（领域）进行专题研究。在《2008—2009 林业科学学科发展报告》中，选择了森林生态、林木遗传、林木育种、森林病理、森林昆虫、森林防火、野生动物保护与利用、经济林、林业经济管理 9 个分支学科（领域）进行专题研究。《2016—2017 林业科学学科发展报告》根据林业科学学科及其分支学科（领域）的进展以及未来学科发展趋势，确定了森林培育、林木遗传育种、木材科学与技术、林产化工、森林经理、森林生态、森林昆虫、森林病理、经济林、森林土壤、林业气象和林业史 12 个分支学科（领域）专题研究，基本覆盖了林业科学主要分支学科（领域）。

经过多年的快速发展，我国林业科学学科及分支学科已初步形成了门类比较齐全的学科体系，并产生了新理论、新方法、新技术，涌现出一些新思路、新观点、新亮点，在一些领域已接近或达到世界先进水平。然而，从林业科学学科整体发展水平来看，我国与林业发达国家比较还有较大差距和不足。林业科学学科的发展和研究水平的提升，要以习近平新时代中国特色社会主义思想为指导，坚持"创新、协调、绿色、开放、共享"发展理念，按照"四个着力"发展要求，落实创新驱动发展战略，深化科技体制改革，加强自主创新能力和创新队伍建设，加快林业科学重点实验室和基地平台建设，积极推进国际双边和多边的交流与合作，增强科技供给能力，加快成果转移转化，为推进林业现代化、全面建成小康社会和建设生态文明提供强有力支撑。

二、近年来的重要研究进展

（一）森林培育

1. 基础研究

在遗传、立地、植被、地力和结构等森林培育"五大控制"机理研究方面取得新进展，为人工林高效培育提供理论基础。开展了抗旱、抗盐碱、抗寒等抗逆栽培生理生化机理研究，在抗逆功能基因的筛选与表达、树木耗水机制、逆境抵御生化物质作用规律等方面取得突破。研究了苗木养分加载及其秋季施肥机理，探索了与造林时苗木质量控制间的关系。从养分循环、化感作用等方面揭示了杉木、杨树、桉树、落叶松等人工林地力可持续维持机制。探索了毛白杨、欧美杨用材林吸收根系分布及对林地水养运移的响应，为林地水肥管理奠定了扎实基础。在混交林树种间养分互补利用和互补转移、化感作用及其浓度效应等机理研究方面取得明显进展，提出混交林树种间“作用链”理论。在植物种群合理密度理论方面取得创新成果，在杉木人工林密度效应方面论证了“3/2 幂法则”。筛选出天然林角尺度、大小比、混交度等森林结构分析指标，对森林结构及其林木个体间相互影响机制实现精准描述，为森林结构化经营奠定了基础。

2. 种苗培育

体细胞胚发生技术取得突破，建立了杉木、杂交鹅掌楸、落叶松、云杉等重要用材树种诱导发生率高、同步性好的体细胞胚胎发生技术体系。研发了网袋和轻基质自动装填生产线，实现了容器苗规模化生产，降低了育苗成本，提高了苗木质量。在困难立地苗木繁育技术方面，侧重干旱区设施育苗技术、退耕还林高寒山区抗逆性植物材料繁育、西南困难立地抗逆性优良乔灌木树种选择及快繁等。构建了以延长光照为主导的光温水肥综合调控强化育苗技术体系，建立了主要云杉属树种规模化无性扩繁和体胚增殖体系，并创新性地提出了云杉体胚干化处理方法。

3. 森林营造

我国人工林面积 69.33 万平方千米，继续保持世界第一，人工林培育中遗传控制、立地控制、植被控制、地力控制、结构控制“五大控制”的技术体系更加完善，并得到推广应用。人工林良种化正在实现，短周期培育的商品林如杨树（欧美 107 杨、三倍体毛白杨等）、桉树（尾巨桉、巨尾桉等系列良种）人工林实现了优良无性系造林，其他人工林（如日本落叶松、马尾松、云杉等）也都应用了优良种源和家系等良种，并进行了大面积推广。在盐碱地、石质山地、黄土高原、废弃矿山用地、沙荒地等困难立地条件植被恢复方面，结合物理改良、化学改良和生物改良等立地改良措施研究形成的整地技术取得成果，保障了困难立地造林的成效。开始关注人工林水肥管理的精确高效化，在毛白杨、欧美杨、桉树等重要速生用材林中初步实现了高效水肥管理。在杉木、杨树等人工林地力可持续维持技术、南北方混交林树种组合及营造技术方面继续进行创新实践。揭示了中国北方森林退化机理，并提出适应性恢复模式，建立了具有全新内涵的森林植被保护、恢复、重建和经营技术模式。系统研究了东南沿海山地典型森林群落退化特征，优化了自然演替与人工促进相结合的快速恢复方法，并制订了区域森林生态体系快速构建技术。

4. 森林抚育

森林抚育是指自幼林郁闭到林分成熟前的重要育林措施，涉及整个森林培育过程。最近十几年，我国森林抚育和质量提升工作取得了重要进展。形成了基于林木分级和林木分类的两大森林抚育技术体系，发展了精准森林抚育技术和目标树抚育技术。北京市率先对中幼林进行抚育，形成了精准抚育技术体系并提出了 16 套生态公益林抚育技术备选模式，有力支撑了北京市生态公益林抚育工程。国家林业局下发《国家重点生态公益林中幼龄林抚育及低效林改造实施方案》，主要任务是对过纯和过密的国家重点生态公益林进行有效抚育和技术示范。人工混交林营建技术遵循森林生长发育自然规律理论，将针叶纯林人工改造为混交林，如在马尾松林下种植红锥、杉木林采伐后营建杉木与楠木混交林、应用针叶纯林中天然阔叶树更新，发展混交林。对人工林生态学基础、育林技术进行系统总结，提出了“中国人工林及其育林体系”，发展了中国特色近自然森林抚育经营理论与技术并开展积极实践。结构化森林经营是一种创新的森林经营理论和技术，以 4 株最近相邻木空间关系为基础，利用角尺度、大小比、混交度等精准分析森林结构，并在甘肃小陇山等地开展森林结构化经营的实践。

5. 林种培育

（1）用材林。紧密围绕杉木、落叶松、杨树、桉树、马尾松、毛竹等我国几大主要用材树种的定向培育技术优化，在水分和养分精准管理等方面取得较大突破。开展了 2 个用材林基地建设重点工程，分别为重点地区速生丰产用材林基地建设工程（2002—2015）和全国木材战略储备生产基地建设工程（2013—2020 年）。构建了落叶松遗传改良、良种繁育及定向培育一体化的技术支撑体系，分区提出了落叶松纸浆材速生丰产培育配套技术，提出了大中径材空间结构优化的优质干形培育配套技术。创建了良种与良法配套同步推广应用新模式，实现了杨树主栽区良种普遍升级换代。构建了竹资源高效培育关键技术体系，创新了经济和生态效益兼顾的林地耕作制度、配置模式和高抗性经营模式等竹林生态经营技术。同时，突破了马尾松纸浆材和建筑材林的培育技术体系。

（2）防护林。在基于微地形分类的植被精准构建及配置技术、防护林衰退机制及改造模式、退耕还林技术及模式、碳汇林碳计量方法学及营造技术等方面取得很大进展。防护林完成了京津风沙源治理工程一期工程。形成了以高效持续发挥防护效能为目标的防护林经营理论和技术体系，建立了生态生物因子衰退早期诊断方法及防衰退、避风险技术体系，创立了多树种组成、多样化配置、多功能利用的衰退防护林更新改造系列模式。

（3）能源林。在主要油料能源树种的良种选育、苗木生产、高效培育等方面以及木质能源林的短轮伐期矮林作业理论与技术上取得积极发展。出台了《全国林业生物质能发展规划（2011—2020）》。各地初步确立了原料林基地建设—生物质能源产品生产—林源高值化产品生产的“林能一体化”多联产产业链体系。截至 2012 年 12 月，建立并在国家备案了 13 个原料基地，规划面积共计 0.37 万 km^2，造林面积已达 0.14 万 km^2。此外，选育出光皮树和油桐的高产新品种，研究形成了刺槐能源林矮林作业技术体系。

（4）城市森林及风景游憩林。研究主要集中在风景游憩资源及风景游憩林类型划分，不同尺度、不同季相林分景观质量评价及景观要素模型构建，我国特色森林景观视觉设计和管理途径，风景游憩林抚育技术、低效风景游憩林改造模式等领域。北京市从2012—2016年投入300多亿元营造了780 km^{2}平原森林，并形成了首都平原百万亩造林科技支撑理论与技术体系。

（5）珍贵树种培育。随着人工林研究的发展以及国家用材结构发展的需要，增加林产品的供给将珍贵树种培育放在了重要位置。2017年国家林业局颁布“中国主要栽培珍贵树种名录”共192个树种，其中红木类8个、常绿硬木类74个、落叶硬木类84个、针叶类26个。珍贵树种造林在全国迅速发展，从而对珍贵树种遗传改良、种苗培育、造林技术等开展了系统研究。

（二）林木遗传育种

1. 林木基因组研究

现已完成胡杨、簸箕柳、毛竹、白桦等树种的全基因组测序。此外，泡桐、紫竹、桂竹、鹅掌楸、毛白杨、香樟、楸树、落叶松、沙棘、水曲柳、柽柳、茶花等树种全基因组测序工作已经展开。这些物种生命密码的破译，将使我国在树木基因组测序领域处于国际领先地位，可大大促进林木复杂性状的遗传解析，为林木遗传育种研究提供动力。

2. 林木性状调控机制

木材等重要性状形成分子基础解析取得重要突破。在树木生长、发育相关基因家族成员组成及其进化分析、基因在组织和发育时期的特异表达分析取得系列成果。分离了木材形成过程中的候选基因，揭示了参与形成层活动、木质部形成、细胞类型分化、细胞壁沉积及木质纤维合成的关键基因功能，阐释了其对最终产物木材产量和品质特性的影响；木材主要成分木质素合成机制研究进一步深入，揭示了其合成受蛋白磷酸化控制及复合体的参与，并建立了可定向定量预测木质素合成的酶动力学代谢流量模型；探究了柽柳等木本植物的抗逆机制，鉴定了一批与调控抗逆相关的转录因子和调控元件，为揭示林木抗逆的分子机制提供了重要物质条件。发展了利用基因组数据分析树木复杂性状遗传调控网络的新算法。上述研究成果为树木分子育种技术体系建立与发展奠定了坚实基础。

3. 林木分子技术

针对林木生长周期长、杂合度高、转化系统成熟度低等限制因素，创建了林木染色质免疫共沉淀技术、木质部原生质体转化系统，可以解析基因调控关系。在林木上成功应用了CRISPR/Cas9基因组DNA定向编辑技术，为分析基因在性状形成中的作用提供了手段；发展了木本植物的瞬时转化技术，可以快速鉴定抗逆相关基因。开发了以转录因子为中心的酵母单杂技术，可以确定转录因子所结合的顺式作用元件，从而解析相应基因的表达调控机制。利用上述技术结合组学技术，可以有效分析生物学过程所涉及的基因调控网络，确定性状的关键基因。

4. 林木分子育种

利用基于基因组数据开发的大量SNP等标记，构建了杨树、柳树、白桦等树种的高密度遗传图谱，对生长、材性、抗逆、养分和光能利用等重要性状进行了精确定位。对杨树天然林个体进行了重测序，通过关联分析找到了材性、抗性关键分子（基因）标记，并解析了影响性状的加性、显性、上位性等遗传效应，提出了分子标记辅助育种的策略和途径。随着树木本身调控生长、材性和抗逆性的关键基因的挖掘，转基因树木采用了树木本身的基因，特别是最新鉴定具有自主知识产权的控制形成层活性、木质部分化和细胞壁沉积的基因将在木材的数量、质量改良上发挥作用。发展了多基因转化技术，实现了多个性状的同时改良。培育出材性、抗旱和耐盐等性状显著改良的转基因新品种（系），分别获得了中试及环境释放许可，部分转基因株系申请获批新品种，具备了申请安全证书的条件。转基因杨树田间试验的申请数量最多，2016年中间试验23例、环境释放和生产性试验16例。这些成果使我国在林木转基因应用领域走在了世界的前列。

5. 林木新品种创制

我国在林木良种选育的理论、技术、方法等方面取得了重要突破，在一些领域已接近或达到世界先进水平。许多林木的育种进入新改良周期，如杉木、马尾松、落叶松、油松、湿地松、火炬松等树种已经进入多世代改良阶段。构建杨树生态育种体系，在各育种区提出亲本、组合和无性系选择并重的多级选育程序；提出了核心育种群体构建、早期选择模型构建、多性状联合选择等选育技术，选育出一批覆盖全国的高产优质高效新品种。落叶松和桉树良种实现了良种规模化生产。建立了“落叶松设施育苗和良种快繁技术”和“桉树网袋容器嫩枝扦插技术体系”，成为科研与生产密切结合的典型范例。油松已将分子辅助育种策略用于高改良轮种子园的亲本选择和无性系配置设计，简化了育种程序，缩短了育种周期，提高了改良增益。为了对林木良种基地实施分级分类管理，国家林业局确定了294处国家重点林木良种基地，总面积850 km^2，涉及30个省（区、市）、四大森工集团及新疆生产建设兵团，涵盖树种近100种。

6. 林木种质资源保存

在《种子法》修订中，设立专门章节描述种质资源保护工作的重要性。中国首次制订了《全国林木种质资源调查、收集保存和评价利用规划2015—2025》，为更好地开展林木种质资源的保存利用指明了方向。林木种质资源科学研究不断深化，系统性、完整性得到改善，开展种质资源研究的树种数量不断增加，许多具有经济和生态价值的树种都开始了系统研究。从简单的表型评价逐步过渡到基因型精准鉴定和特定基因的发掘利用。我国正在开展全国林木种质资源的普查工作，近20个省市已经开展了普查。全国已经认定了以异地保存为主的99个不同树种/树种组的国家种质资源库，此外全国300处国家及林木良种基地也是主要的种质资源异地保存库。国家林木种质资源设施保存库也正在快速建设之中，北京主库建设已完成选址、项目建议，进入可研报告审批阶段；新疆、山东分库已进入施工阶段；海南库进入论证准备阶段，已初步形成原地、异地和设施保存相结合的林木种质资源安全保存体系。对泡桐、白蜡、白皮松、国槐、桂花等一批重要的用材、观赏树种开展了种质资源的收集保存与发掘利用。通过“国家林木种质资源共享服务平台”，突破了长期以来制约资源和科技成果推广利用的体制机制障碍，实现了大量种质资源和相关技术成果的对接关系。通过亚太林业遗传资源计划国际平台，打通了国内外林木种质资源领域的合作渠道。

7. 林木引种

我国十分重视国外树种的引种驯化。目前，已引种乔灌木近2000种（含品种），其中重要造林树种大约30种，如杨树、桉树、落叶松、湿地松、刺槐等。外来树种人工林种植面积大约18.2万平方千米，占中国人工林面总积的26.2%。我国引种栽培国外树种及种质资源数量多、来源广，引种来源几乎遍布全世界，主要引种来源地为气候比较相似的北美、澳洲和亚洲地区。引种栽培的树种类型从用材树种扩大到包括果树、观赏树种的几乎所有类型的木本植物。引种栽培的国外林木包括未经改良的野生资源，通常引进自然分布区系统采集的种子；经过人工选育的优良种质或改良品种，通常是选育出来的新品种、优良品种或育种材料；引进树种的用途从用材、经济林到观赏、能源多种用途的树种。我国积累了大量的国外树种及其种质资源，分散在全国各地，国际社会对本国特有资源的外流日趋重视，加强了保护力度，引种栽培国外树种日趋困难。

（三）木材科学与技术

1. 基础研究

木材科学与技术学科范畴不断拓展延伸，在木材构造、性质、加工利用、保护、改性及测试和研究方法等方面取得长足进展。木材解剖学通过DNA条形码技术识别濒危树种取得新进展，木材细胞壁微尺度表征、多壁层结构及微力学性能研究获得新突破；在木材解剖特征与生态因子变化关系、人工林材性变异规律、解剖特征、物理学性质变异等领域开展大量研究。木材与水分关系、木材传热传质和干燥机理、木材弹性力学和黏弹性力学方面获得可喜成果，形成了木材纳米尺度表征、木材功能化理论、木材仿生学等交叉学科研究领域。

2. 木质纳米复合材料

针对制约木质纳米纤维素材料发展的生产成本高、物理化学性质解析不清和应用受限等瓶颈问题，系统开展木质纳米纤维素和木质素制备、表征和应用研究，同时深入开展合成纳米材料种类、多元共晶协效体系、先进纳米结构、表面纳米晶元智能化有序组装等研究，形成木材表面无机纳米修饰技术，为低质木材高值化利用提供科学基础和先进技术；木材新型功能化技术获得快速发展，通过功能化处理技术，赋予木材吸音隔声、导电发热、储能、超疏水、抗菌自洁、超磁性等功能，该方面研究领域已成为热点。在木质仿生材料与智能化、木基材料 3D 打印集成技术、功能性木质纳米复合材料制备与加工技术、新型材料与生态环境关系等功能性木质基复合材料前沿领域，通过仿生构筑技术、智能化、高效成型控制技术、功能化可控技术，实现木质材料的自组织性、自适应性、自诊断性、自修复性。

3. 木材加工

开展人工林软质木材增强制造、木质材料表面装饰、多元共聚快速固化木材胶粘剂制造、木质隔声和发热新材料制造等关键技术研究。突破了增强人工林木材、表面装饰材料、隔声和发热新材料、吸附材料和结构用构件等木质复合材料关键制造技术。创制了高性能杉木板材、高性能杉木实木地板、直接印刷三层结构木地板、快速固化酚醛树脂、隔声材料、电热材料、气相污染物治理木质功能吸附炭材料、木桁架新产品等高附加值新产品和新材料。

4. 木质复合材料

开展竹木复合结构理论的创新与应用研究，构建了竹木复合结构理论体系，提出竹木复合结构的“等应力设计”准则。针对依靠进口的热带硬木制作的集装箱底板、大径级原木加工的客货车车厢底板、进口高强覆膜清水混凝土模板及各种珍贵木材加工而成的室内地板，开展了各种竹木复合结构的设计、产品试制及应用推广。开展木塑复合材料挤出成型制造技术及应用研究，建立了木塑复合材料的挤出成型先进工艺、专用木质纤维制备与改性技术、废旧塑料共混接枝改性技术、纤维增强增韧技术，解决了系列基础理论和技术难题，形成了木塑复合材料的理论体系和挤出成型制造技术体系。开展高性能竹基纤维复合材料制造关键技术与应用研究，突破了竹材单板化制造、精细疏解、高效重组等关键技术，创制了疏解、高温热处理和成型等关键装备，开发出四大系列高性能竹基纤维复合材料，攻克了竹材青黄难以有效胶合、竹材难以单板化利用等制约产业发展的瓶颈技术。高性能重组木制造技术突破了传统以小径木为单元的疏解技术，利用木材加工后剩余的边角料进行定向分离疏解，实现单板定向线裂纤维化分离，优化重组木结构，实现了重组木的增强型结合和高效成型。

（四）林产化工

1. 基础研究

近年来，林产化工学科重点针对林业生物质的特点，在理论研究、技术创新和产品开发等方面取得了显著进展。针对农林生物质转化过程中存在的热化学降解产物定向可控性差、间歇式生产能耗高、附加值低等问题，以木质纤维、植物油脂等农林生物质为研究对象，开展了从定向液化反应规律及控制机制、催化裂解产物定向转化的作用机理等基础理论研究，创新研究了降解产物定向调控、连续酯化和酯交换、多联产高值化利用等关键技术与装备，创制出生物质液体燃料和燃油添加剂、酚醛泡沫以及生物基增塑剂等生物质能源、生物基材料、生物基化学品的生物基产品，实现农林生物质资源的能源化和高值化综合利用。

2. 生物质能源研究

针对农林剩余物热解气化过程存在着原料适应性窄、系统操作弹性小、运行稳定性和可控性差、燃气品质低、技术单一、气化固体产物未高值化利用等问题，开展了热解气化反应过程的基础理论、控制机制和反应器新型结构等研究，发明了内循环锥形流化床气化技术及装备，创制大容量固定床气化技术及装备，开发富氧气化和催化裂解制备高品质燃气技术，创新农林剩余物热解气化联产炭材料技术。集成农林剩余物多途径热解气化联产炭材料关键技术，成功地实现了生物质气化发电、供热和供气的产业化应用，成果拥有自主知识产权，总体技术达到国际先进水平。该技术成果得到成功推广应用，国内市场占有率达 30% 以上，并出口到英国、意大利、日本和马来西亚等 10 多个国家。

3. 生物基材料与化学品制备技术与产业化开发

利用我国丰富的林业特色生物质资源桐油及废弃植物油脂，创新集成油脂定向聚合、选择性加成、酰胺化及水性化等关键技术和制备工艺，研发了具有自主知识产权的环保型环氧树脂与固化剂等生物基材料和生物基化学品广泛应用于涂料、胶粘剂、复合材料、浇铸料、土建材料、模压材料等国民经济的各个领域。实现了生物质资源和废弃资源高值化利用和节能减排的目的，显著促进了生物质材料和生物基化学品及环氧树脂行业的科技进步。

4. 林业制浆造纸

我国是世界纸和纸板产量和消费量第一大国，针对原料短缺和制浆过程中普遍存在的电耗高、化学品用量大、废水难于处理等难题，开展了木材微孔结构、界面活性、药液浸润机理、污染物变迁机制等基础理论研究，突破了低等级木片均质浸渍软化、磨浆功能区调控、漂液稳定化和高效漂白、废水预处理厌氧好氧耦合深度处理等关键技术，创新开发出均质浸渍软化磨浆节能技术及核心装备，研发了多段梯度用药高浓漂白关键技术，开发出多相效催化氧化废水处理和回用技术，集成了节能型清洁制浆产业化技术和成套国产化装备。实现了高得率制浆技术和装备的自主化，突破了引进技术和装备无法利用低等级木材制造优质纸浆的技术瓶颈，打破了国外公司对我国高得率浆技术和装备的长期垄断。

5. 生物质提取物研究

以银杏、五倍子、漆树、松树及沙棘、越桔等林业特色树种为研究对象，开展林业生物活性物的化学结构、化学修饰和生物转化及其应用等技术研究，在林源提取物活性成分加工技术及循环应用领域取得突破。

（五）森林经理

1. 森林经理理论与技术模式

提出了森林生态采伐理论，形成了天然林生态采伐更新技术体系，包括森林生态采伐更新的理论基础、规划决策技术、采伐作业技术、作业规程等共性技术原则以及针对具体森林类型的生态采伐更新个性技术模式等内容。发展了近自然经营理论，提出了人工林多功能经营技术体系，包括多功能经营理论、经营设计指标、功能区划与作业法设计、作业措施规范不同层次等内容。基于景观规划和碳汇管理，以森林可持续经营的三个主要指标（木材产量、碳贮量和生物多样性）为目标，在景观层次上基于潜在天然植被，建立了森林景观多目标经营规划模型；在林分层次上，基于径阶生长模型，建立了林分经营（采伐）多目标规划模型，为森林多目标经营尤其是应对气候变化的森林经营提供了决策工具和依据。建立了国家层面的森林健康状况诊断和评价指标体系，提出了典型森林类型健康经营技术模式。

2. 森林可持续经营评价的标准指标

参与了“蒙特利尔进程”等研究森林可持续经营标准和指标体系的国际行动，编制了《中国森林可持续经营标准与指标》（LY/T 1594–2002）、《中国森林认证森林经营》（LY/T 1714–2007）、《中国东北林区森林可持续经营指标》（LY/T 1874–2010）、《中国热带地区森林可持续经营指标》（LY/T 1875–2010）、《中国西北地区森林可持续经营指标》（LY/T 1876–2010）、《中国西南地区森林可持续经营指标》（LY/T 1877–2010）等森林可持续经营的行业标准。同时，参照相关标准和指标，开展了森林认证体系的研究和推广应用。

3. 森林资源调查监测

开展森林资源及生态环境综合监测研究，引进并建立了一套适合我国国情林情的森林资源监测指标体系，包括森林生长指标、森林健康指标和相关的生态环境指标等。开展了区域性森林生物量估计研究，提出了与森林资源调查相结合的森林生物量测算技术，研发的基于连续清查样地的加权 BEF 法解决了与森林资源清查体系相结合的大区域森林生物量的估算问题。研究提出了天—空—地一体化的森林资源综合监测技术体系，涵盖了森林资源、湿地、荒漠、重点林业生态工程和重大森林灾害的监测。随着航天技术的发展，遥感、地理信息系统、全球导航定位系统在森林资源调查中的应用研究得到了广泛开展，取得了较好的应用效果。在森林调查的仪器设备方面，激光测树仪、超声波测高器、电子角规、手持掌上电脑等便携式测树仪器以及全站仪、原野服务器、远程通信等新技术得到了初步应用。

4. 林业统计和林分生长收获模型

吸收国内外最新统计分析方法和国际著名数据分析软件的优点，研发了具有自主知识产权的统计之林（ForStat）软件并在全国广泛应用。开展了森林生物量估计模型的研究，提出了一套完整的建立相容性立木地上部分生物量模型的方法，已应用于全国森林资源清查成果汇总中生物量和碳储量的估算。引入新的统计和模型估计方法，如混合模型、度量误差模型等，应用于林分生长模型，有效地提高了模型的估计精度和应用范围。研建了我国主要树种的生物量模型、东北天然林相容性生长收获模型系统、气候敏感的林分生长收获模型，开发了基于单木和林分生长模型的林分三维可视化模拟方法。

5. 林业遥感技术应用

开展了支持向量机、随机森林、组合分类器、主动遥感分类方法等遥感影像分类的深入研究和应用。开展了激光雷达、多角度光学和极化 SAR、InSAR、SAR 层析技术，以及多模式遥感数据的综合反演技术等森林参数定量反演研究，主要反演参数包括森林树高、地上生物量、蓄积量、叶面积指数、植被覆盖度等。开展了遥感森林资源监测的业务化应用研究，提出了遥感技术应用的技术流程与标准，自主研发了森林资源调查遥感数据处理通用软件系统，建成了面向一类和二类调查两个服务层次的森林资源遥感监测业务应用系统。

6. 森林资源信息管理系统

开展了全国林地“一张图”数据库管理系统的研建，采用“分布式文件系统 + 数据库”模式，实现了包含遥感影像、地理信息、林地图斑与林地属性信息的全国林地“一张图”管理；采用 SOA 服务架构，实现了二维、三维信息服务，使林地分布置身于三维的立体环境中，可图文并茂、动态直观、多层次、全方位反映各类林地空间分布及其变化规律。在森林资源信息共享、国家重大林业生态工程监测与评价、自然保护区管理与灾害监测等方面，也构建了一些信息技术的系统平台。

7. 森林经营规划（方案）

编制森林经营规划（方案）一直是森林经理学科的核心工作。2008 年，国家林业局提出“森林经营是现代林业建设的永恒主题”，森林经理学科以此为契机，开展了森林经营方案的编制实践，提出了以可持续多功能为目标、以林分作业法为核心的森林经营方案编制思路，形成了大量林分（小班）层面的多功能可持续森林经营示范案例。改进了我国森林分类经营体系，提出了严格保护的公益林、多功能经营兼用林、集约经营商品林三大类森林经营管理类型，将这些新理念和新思想运用到《全国森林经营规划（2016—2050 年）》和《“十三五”森林质量精准提升工程规划》等重大规划编制中。

（六）森林生态

1. 基础研究

随着社会经济发展对森林生态学需求的转变以及现代科学技术的进步，森林生态学近十年来在应用基础研究方面取得了显著进展。中性理论和分子生物学技术已成功应用于全球不同地区的森林生物多样性演化、物种共存和濒危动植物的保育研究。多种气候模式的情景预测以及地气交换技术的发展极大地推动了全球、区域、样带和生态系统等不同尺度森林对气候的响应和适应研究。遥感和地理信息系统等空间分析技术的应用，促进形成了空间森林生态水文学这一崭新的研究领域。森林生态与森林经营等学科间的融合，推动了退化森林适应性生态恢复与重建、可持续经营乃至生态系统综合管理等交叉领域的研究。

微观分子技术和宏观空间分析技术以及森林生态与社会经济等学科的融合，促进了功能生态学的发展以及森林生态系统服务的评估。

2. 退化天然林生态恢复技术

针对我国退化天然林，创新性地提出了天然林动态干扰与生物多样性维持的理论框架和退化天然林的分类与退化程度评价指标与方法；研发了天然次生林林隙调控更新和生态抚育技术、天然次生林封育改造与结构调整技术、天然林区严重退化地的植被重建技术和天然林区人工针叶纯林近自然化改造技术；创建了天然林景观恢复和森林生态系统管理决策支持系统。

3. 减缓气候变化林业技术

开发了我国林业碳计量与核算系统。该系统不仅与国际规则和方法保持一致性，同时还兼顾了我国土地利用和林业的特点，尤其包括了我国温室气体自愿减排交易体系下的林业碳汇项目方法学，具有较强的实用性。系统研究了我国典型森林土壤碳储量分布格局及变化规律，制订了林业行业规范《森林土壤碳储量调查技术规范》。

4. 森林与水的关系研究

在长江上游岷江流域，系统开展了森林植被对流域水文过程影响及其调控机理研究，首次在大流域尺度实现森林植被生态—水文过程的耦合，揭示了森林植被格局—生态水文过程动态变化机制及其尺度效应，发展了森林生态水文多尺度观测与跨尺度模拟的理论与方法，推动了大尺度空间生态水文学的发展，提高了对流域生态水文学过程及其变化机制的非线性和复杂性的科学认识。针对干旱缺水地区林水协调管理上的瓶颈，开展了蒸散耗水、径流形成、植被结构、林水管理等方面的过程机理、模型预测、决策支持、技术标准等研究，将森林植被的气候限制提升为水资源限制，即鉴于造林后的土壤干层和径流减少问题，不仅要依据年降水量选择适宜造林区，还要依据年降水量、土壤水分和流域径流变化合理确定森林覆盖率，从而提升林水综合管理理念；定量研究了森林植被结构和格局的水文作用，即精细刻画林冠层、地被物层、根系层土壤等生态系统结构指标对一系列水文过程的影响，通过分布式模型描述流域内气候、地形、土壤、植被等水文要素对空间异质性的影响，利用模型耦合了植被结构和分布格局与水文过程，模拟区分了立地、气象和植被的影响，发现植被结构及格局是形成水文影响及进行林水综合管理的关键，这是林水综合管理的理论基础；提出了水分植被承载力的多层指标及对应调控技术，即在兼顾水分限制和供水安全的条件下，基于模型模拟结果和统计关系，并结合应用近自然经营等实践经验，合理确定流域内森林的覆盖率、空间分布和结构特征，其中叶面积指数是承载力的基本指标，并可转化为不同林龄时的树木密度以便于生产应用；在林分结构调控上还提出了多功能水源林的理想结构和近自然营造技术及简便实用的管理决策步骤，这为林水协调管理提供了可靠技术支撑。制定了科学、简洁、实用的山地水源林多功能经营技术规程，凝练出了多功能水源林分理想结构，创新了多功能森林合理密度的确定方法；开发了“区域水资源植被承载力计算系统”决策支持工具。

5. 三峡库区防护林和沿海红树林恢复工程

提出了三峡库区生态功能区划方案，研发了区域尺度防护林优化配置的多目标定量分析、类型配置及空间定位技术；研发了以农林复合和山地森林小流域为代表的防护林体系及林种结构优化技术和优化配置模式；建立了防护林健康评价指标体系，形成了防护林质量调控与优化经营技术体系，提出了调控经营模式。提出了以生态防护林、林农复合、生物篱、庭院生态和消落带植被恢复为主的防护林植被恢复模式系统。利用速生无瓣海桑实现了大面积人工红树林的恢复和重建，攻克了互花米草入侵控制这一国际性难题；成功研制了适用于滩涂育苗造林的红树林菌肥；制定了红树林消浪效益定量评价指标体系，提出了消浪红树林带的构建技术与林分结构标准；提出了半红树育苗造林配套技术，将滩涂前缘真红树和滩涂后缘半红树在空间配置上进行耦合，极大提高了红树林生态工程质量。

6. 森林生态系统服务功能评估

创立了“森林生态系统服务功能分布式测算方法”，建立了“生态连清监测体系”，发展了森林生态系统物种多样性保育价值评估方法，完成了“中国森林生态系统服务功能评估支持系统”的建设。制定行业标准《森林生态系统服务功能评估规范》和《森林生态系统长期定位观测方法》，构建了包括涵养水源、保育土壤、固碳释氧、营养物质积累、净化大气环境、森林防护、生物多样性保护和森林游憩 8 个方面的科学评估体系。

（七）森林保护（森林昆虫、森林病理）

1. 基础研究

对一些重要森林害虫、天敌昆虫和病原微生物的蛋白质（酶）结构进行了分析鉴定、类型分析等研究；开展了基因测序、分子标记、基因转移和基因治疗、基因克隆和鉴定等核酸层面的研究，探索了松材线虫、松墨天牛、杨树溃疡病、美国白蛾、光肩星天牛、栗山天牛、沙棘木蠹蛾、舞毒蛾、红脂大小蠹、松毛虫等多种重要森林有害生物的亲缘关系、遗传多样性、系统进化规律等；初步阐明了松材线虫与寄主互作的分子机制，部分揭示了松材线虫的致病机制，为后续进一步探讨该病的致病机制奠定了重要基础。随着各种细菌、真菌、病毒、植物等全基因组序列测序以及对病原物的致病性、生长发育和对环境条件的适应性等重要表观性状相关基因的研究，对病原与寄主及环境互作等方面的分子机制越来越清晰。将一些外源基因转到杉木、杨树、白桦等树种中，增加了这些树种对森林有害生物的抗性。在天敌昆虫生殖与衰老机理研究方面也取得了较显著的成绩，特别在天牛类蛀干害虫重要天敌花绒寄甲研究方面，揭示了线粒体基因组及转录组的遗传信息；明确了与成虫寿命相关的基因，揭示出其发育、生殖和衰老与相关基因表达及其酶活水平相关。开展了生物大分子间的互作、细胞凋亡、细胞信号转导途径、细胞程序化死亡及过敏性反应等分子互作方面的研究，为揭示诱导抗性机理及新型森林保健药剂的开发奠定了基础。随着分子生物学的发展，相关研究进入分子水平，越来越多的昆虫气味结合蛋白被鉴定；相关功能研究也表明昆虫具有多样化的气味结合蛋白用于识别特异性的气味分子和昆虫信息素，这也是昆虫进行寄主定位和种群密度调控的重要内在机制。

2. 森林昆虫分类学

以小线角木蠹蛾、沙棘木蠹蛾、锈斑楔天牛、红缘亚天牛等林木钻蛀性害虫为代表的寄生性天敌昆虫新记录种被相继报道；柠条绿虎天牛被首次发现并详细报道了主要天敌种类；粉蚧、毡蚧和链蚧等多种蚧科新记录种被进一步发现并报道；出版了《寄生林木食叶害虫的小蜂》，记述了 8 科 41 属 115 种寄生于林木食叶害虫的小蜂，包括 42 个新种、3 个中国新记录属、15 个中国新记录种；另外，还报道了天牛、吉丁的寄生蜂多个新种。

3. 重要森林害虫生物学和生态学研究

云斑天牛、沙蒿尖翅吉丁、栗山天牛、光肩星天牛、长足大竹象等的生物学特性研究进一步深入，为这些害虫的防治打下基础。在全球气候变化的大背景下，加强了环境对害虫发生的影响及害虫的适应对策方面的研究，预测了未来气候变暖情景下松材线虫、美国白蛾、星天牛、锈色棕榈象和红脂大小蠹在我国的潜在适生区和发生世代数；系统研究了不同地理种群和不同寄主树种上光肩星天牛幼虫的耐寒性及适应机制；明确了温度对锈色棕榈象种群增长的影响并预测了其在中国的地理分布区。

4. 寄主植物诱导抗性研究

对多种杨树、油松、马尾松和落叶松等我国主要成林树种的虫害诱导抗性相关化学物质进行了分析。在森林害虫主要解毒酶系克服寄主抗性物质的分子机制等研究也取得了一定的成果。在天敌与昆虫（如周氏啮小蜂与美国白蛾、管氏肿腿蜂与天牛、花绒寄甲与天牛）、昆虫与共生微生物（如小蠹虫与共生真菌）等二级营养关系中取得一定进展。在昆虫与共生菌互作关系研究中，从红脂大小蠹与其共生微生物的化学信息互作角度，明确了共生微生物在红脂大小蠹进攻和定殖寄主中的作用，系统阐明了红脂大小蠹—微生物共生入侵机制。

5. 森林害虫生物防治技术

近年来，我国对 10 余种重大森林害虫及其重要天敌进行了系统深入的研究，如白蜡窄吉丁重要寄生性天敌昆虫白蜡吉丁肿腿蜂、美国白蛾蛹期寄生性天敌周氏啮小蜂等；攻克了多种天敌昆虫的人工繁殖和田间释放技术，并在美国白蛾、松突圆蚧、红脂大小蠹、落叶松毛虫、马尾松毛虫、松墨天牛、光肩星天牛、白蜡窄吉丁、桑天牛、栗山天牛等重要森林害虫的野外控制试验中取得良好效果。在利用天敌防治林业有害生物上开展了大量工作，全国建立了数十家天敌繁育中心，迄今已有松毛虫赤眼蜂、白蛾周氏啮小蜂、管氏肿腿蜂、花绒寄甲、平腹小蜂、花角蚜小蜂等多种天敌广泛应用于林业害虫生物防治。利用天敌昆虫花绒寄甲防治重要林木害虫光肩星天牛、桑天牛、栗山天牛、云斑天牛、松墨天牛，利用核型多角体病毒 LDNPV、Bt 制剂、性信息素防治舞毒蛾等均取得良好效果。

“真菌杀虫剂产业化及森林害虫持续控制技术”研究，在虫生真菌资源的搜集与保育、固态发酵生产技术、菌种复壮和改良技术、森林害虫持续控制技术等方面取得了一系列创新成果。开展了光肩星天牛、红脂大小蠹、华山松大小蠹、落叶松八齿小蠹等30多种主要森林害虫的信息素控制技术的研究和探索，其中白杨透翅蛾、马尾松毛虫、沙棘木蠹蛾、光肩星天牛、红脂大小蠹、松墨天牛、双条杉天牛、落叶松八齿小蠹和云杉八齿小蠹等害虫的相关信息素研究取得较大进步，并成功应用于林间害虫的有效控制。在松材线虫病、杨树溃疡病类、桉树青枯病、松树枯梢病、油茶炭疽病、杨树叶锈病、松疱锈病、泡桐从枝病、柳树水纹病、樱花冠瘿病等重大森林病害的病原物群体多样性、发生规律、防治技术等方面也都有了长足的进步。

（八）经济林

1. 基础研究

完成了枣、油桐、银杏、泡桐、橡胶树、杜仲、茶、桑树、猕猴桃、麻风树、甜橙、梨、沙棘等全基因测序和解析，为分子育种奠定了良好基础。近5年，还对油桐、枣、柿树、猕猴桃、杜仲、厚朴、黄檗、椰子、龙井茶等经济林树种的叶绿体基因组及线粒体基因组开展了研究。开展了油茶、油桐、枣等分子育种工作，通过基因发现、基因克隆、超表达和抑制表达转基因等技术，克隆并从功能上确定了一批与产量、品质、抗逆及其他重要功能相关的基因。已经建立了油茶、油桐、核桃、麻风树等树种再生体系，为这些树种的快繁和转基因育种奠定了基础。

2. 新品种创制

开展了油茶、油桐、核桃、山核桃、板栗、锥栗、枣、柿、杜仲、乌桕、山苍子、厚朴、猕猴桃、梨、枇杷、柑橘、花椒、青钱柳、蓝莓、五味子、榛子等种质资源收集保存与种质资源库建设，进行了遗传多样性评价和经济性状评价，并通过杂交、自交，创制了一批新的种质资源。经济林种质创新的目标从早实、丰产为重点转向以优质、高抗为重点，传统的选择育种、杂交育种和引种驯化继续加强，突变育种、细胞育种、分子育种等新技术已成为重要创新手段，大批种质资源被发掘、选育或引进，成效显著。我国主要经济林树种均选育了大批优良无性系及家系，据不完全统计，目前我国各地通过审（认）定的经济林良种超过1000个（其中国审品种300多个）。这些优良品种的培育，为我国南方油茶、核桃和其他经济林产区提供了优良繁殖材料和种植材料，推广应用面积达数千平方千米。

3. 高效栽培技术

开展了主要经济林树种花芽分化与成花机理研究，结合田间控制授粉、生理生化分析和分子生物学技术等手段，筛选出高坐果率的品种组合，建立了部分经济林树种品种配置技术体系；开展了主要经济林栽培品种生长及结果特性观测，探明了主要品种的树体生长发育规律；开展了树体结构与光能利用关系研究，建立了省力化树形和控形培育技术，构建了新型树体管理模式；研究了主要经济林树种树体养分与林地资源环境要素的供需平衡规律及其对产量的影响关系，建立了优质丰产叶片矿质营养诊断标准和科学施肥技术体系；研究部分树种“种草养园”土壤改良技术措施，建立了高效肥水生态经营管理模式；针对经济林、低产林技术问题，深入分析不同树种低产林现状、特点及增长潜力，研究了主要经济林栽培树种低产林产量提升技术，提出了有效的增产技术措施。经济林良种苗木繁育技术水平显著提升，无性繁殖方法和轻基质容器育苗技术广泛应用，快速繁殖技术、苗木脱毒技术、工厂化设施育苗技术等新技术手段有新的进展，油茶、核桃、锥栗等主要树种采穗圃技术、轻型容器工厂化育苗技术、菌根化育苗技术、芽苗砧嫁接繁育技术、高接换冠技术等得以完善，大幅度提高了经济林良种繁育能力和造林的成活率；大多数主要经济树种的组织培养技术体系已建立，部分树种已经实现工厂化育苗。

4. 经济林产品加工利用

在油茶、仁用杏、核桃、板栗、锥栗等大宗经济林产品原料的特性和加工适应性方面开展了较广泛的研究，获得一批新资源食品，如杜仲籽油、茶叶籽油、翅果油、牡丹籽油、美藤果油、盐肤木果油、长柄扁桃油、光皮梾木果油等。针对经济林产品绿色安全高效加工环节中存在的关键技术问题开展了多方面研究，解决了油茶、核桃、栗、枣、油桐、猕猴桃等品质形成和品质控制、采后工业化处理、质量安全监控、节能高效安全加工、副产物精深加工等技术问题，加工技术不断创新，形成了精品食用油、化妆品用油和调味油生产技术并应用于数十个企业，低温冷压冷提木本油脂技术已在行业普遍推广。质量标准制修订工作步伐明显加快，如木本油料、油脂的国家标准有 40 项左右，近期有望得到实施。开展经济林产品加工副产物绿色高效利用技术研究，加工剩余物的多层次增值利用技术不断涌现，如微波辅助乙醇沉淀法制备油茶籽多糖新技术、生物酶解 – 醇提法从油茶籽粕制备茶皂素新技术等。

（九）森林土壤

1. 基础研究

揭示了我国杉木、落叶松等针叶树种、桉树等速生阔叶树种土壤质量下降的原因与机理，发现人工林土壤有机质的量和质下降，并由此引起土壤理化性质恶化、生物学活性下降，是制约林木生长的关键因子。运用土壤生物化学的理论知识，发现山杏重茬育苗难以成活与重茬土壤中游离氨基酸和酸解氨基酸的种类减少、含量下降密切相关，也与重茬土壤中多种糖类物质如五碳糖、六碳糖的含量下降密切相关。对我国东北、东南、华北及西南地区森林土壤资源分布状况进行了系统调查和分析，集成历史资料和最新调查成果，构建了相对完善的森林土壤数据集，进而建立了一整套统一的调查评价方法技术体系。绘制各类森林土壤的专题信息图件、建立森林土壤属性数据库以及我国各类森林土壤数字化、信息化及模式化的数据库管理系统，实现森林土壤资源数据共享。土壤生物学注重运用分子生物学技术在土壤生物分类和多样性方面的研究，开展微生物资源收集、分类和应用方面的系统性研究，开展了森林土壤微生物群落结构、时空变化、对气候变化的响应及其与森林土壤性质、林木生长关系研究，进展明显。此外，在不同林分类型及不同经营措施对土壤碳固持的影响研究，氮沉降对土壤性质、固碳过程与机制、土壤微生物多样性及林地枯落物分解速率的影响研究方面取得明显进展。

2. 森林土壤高效功能菌筛选研究

筛选出大量具有固氮、解磷、解钾、抗逆、抗病及促进苗木生长的功能菌株及具有两种以上功能的多效功能菌株，探明高效解磷细菌的解磷特性及其解磷促生的分子机制，高效生物菌剂应用于杨树、松树及经济林木的区域性试验成效显著。相关研究先后获得梁希林业科学技术奖 4 项。

3. 退化土壤修复和地力维护

针对人工林土壤质量下降的问题，研究了维护和恢复森林土壤功能的综合技术途径，提出发展混交林可有效防治人工林土壤质量下降，施用微生物肥料可有效提高土壤肥力、改良土壤理化性质、提高土壤的生物学活性及抗逆性能的作用机理。开展不同土壤逆境条件下土壤有机酸分泌行为和林木的生态适应机制研究，土壤生态恢复技术则集成土壤酸碱度人工调节、有机覆盖物微生物促腐与配方平衡施肥等措施。随着近几年营养快速诊断技术、平衡施肥技术等的应用，测土施肥也有了长足的进步。

4. 森林土壤采样和测定方法的林业行业标准修订和制定

近几年完成了森林土壤调查技术规程（LY/T 2250–2014）、森林土壤氮的测定（LY/T 1228–2015）、森林土壤磷的测定（LY/T 1232–2015 ）、森林土壤钾的测定（LY/T 1234–2015）等标准的编制。标准方法被林业部门、环保监测部门、生态监测部门以及科研单位广泛采用。

（十）林业气象

近 8 年来，我国在森林生态系统水碳通量、公里尺度森林水热通量及蒸散耗水、树木年轮气候学、气候变化对森林的影响等研究方面已取得重要进展，部分研究与国际并跑，或领先国外。

1. 森林生态系统水碳通量研究

主要依托黑龙江呼中及帽儿山、吉林长白山、河南黄河小浪底、北京大兴、江苏下蜀、江西千烟洲、湖南会同及岳阳、广东鼎湖山、云南哀牢山、海南尖峰岭、云南西双版纳等森林生态系统定位观测研究站，在寒温带针叶林、中温带针阔混交林、暖温带阔叶林和针阔混交林、亚热带常绿落叶混交林和针叶林、热带雨林等不同类型森林生态系统水碳通量变化特征及其影响机制等方面取得重要研究进展，相关成果对提高我国在全球变化与碳循环等方面研究的整体水平做出重要贡献，为我国政府参与气候变化国际谈判提供了重要的背景资料。

2. 森林水热通量及蒸散耗水研究

在全球气候变暖及水资源日趋紧缺的背景下，研究大尺度森林植被水热通量及蒸散耗水具有重要的科学意义与应用价值。因地形起伏、森林下垫面及天气系统的复杂性，像元尺度森林蒸散研究尤其必要，但进展缓慢。激光闪烁法在研究公里尺度水热通量及蒸散耗水方面虽具独特优势，但仍存在诸多不确定性。基于大孔径闪烁法，在黄河小浪底研究站开展了华北低丘山区公里尺度人工林感热及潜热通量的定位观测研究，定量分析了不确定性及可行性，提出了数据质量控制技术；基于“双波”闪烁法，在国内率先开展森林植被潜热通量及蒸散耗水的直接观测研究；基于小孔径闪烁法，在千烟洲研究站观测研究了亚热带低丘山区人工林感热通量。森林下垫面条件下，国外同类研究始于 20 世纪 90 年代，我国起步相对较晚，但研究水平已接近国外，且潜热通量及蒸散耗水的直接观测研究居国际先进水平。

3. 树木年轮气候学研究

树木年轮资料具有分辨率高、定年准确、连续性强等特点，已被列为气候环境重建的主要代用资料之一，广泛应用于全球变化的研究。我国树木年轮气候学研究起步较晚，然而近年来在单点树木年轮气候重建研究方面已取得一定进展并在国际上有一定影响，内容涉及响应函数分析和树木年轮—气候要素相关性模拟等。但研究区域主要集中在西部寒冷、干旱的地区，温暖及湿润地区的相关研究相对匮乏，树木年轮气候重建和机制探讨相对不足。我国地域辽阔、气候类型多样，今后应加强不同气候类型环境下的树木年轮气候学研究。

4. 气候变化对森林影响的研究

研究内容涉及类型及分布（含树线 / 林线）、演替及物种结构、物候期、森林自然灾害（火灾、病虫害）、生产力及碳汇等。其中，由中国林科院牵头开展的中国森林对气候变化的响应与林业适应对策研究，为我国开展林业应对气候变化、履约中林业议题的谈判对策等方面提供了科学依据和决策参考。近年来，开始重视气候变化情景下森林火险和火行为的预测、林火排放温室气体量的定量估算等研究，全国尺度上研究了过去 50 年主要气候特征及火险变化，预测了 2021—2050 年气候变化对森林火险的影响，为我国宏观林火管理提供了科学参考依据。

（十一）林业史

1. 林业史文献整理取得标志性成果

近十年来，最主要的成果是进行了基础性林业史文献的系统整理，完成了《中华大典·林业典》的编纂。《中华大典》是经国务院批准的新中国成立以来最大的文化出版工程，《中华大典·林业典》是业已启动的 24 典之一。2014 年 12 月，《中华大典·林业典》

由凤凰出版社全部出版，是新中国成立以来林业系统规模最大的文献整理工程，也是生态文化建设的奠基性工程。《中华大典·林业典》分为《森林培育与管理分典》《森林利用分典》《森林资源与生态分典》《林业思想与文化分典》和《园林风景与名胜分典》5部分典，共7册书1500余万字。该典对1911年之前的历史文献进行了普查，将林业相关的资料系统整理，并按照现代学科系统分类编纂，基本囊括了中国古代森林资源及林业科技与文化的全部重要资料。

2. 林业史学科形成完整的学科体系和合理的研究团队

依托课题进行学科建设，1999年设立林业史研究方向的博士点，并于2011年开始在人文学院科技哲学专业下招收林业史方向的硕士生。由此，学科体系得以完善。从各大高校毕业的具有文史哲专业背景的一批年轻老师通过参与《中华大典·林业典》的编纂不断成长，如今已成为中国林业史研究的中流砥柱，而林业史研究方向培养出来的优秀博士生、硕士生亦成为林业史研究的新生力量，形成了老中青结合的合理研究团队。这支研究团队目前承担着各级多项林业史课题。

3. 林业史课程建设及教学全面开展

北京林业大学林业史学科建设是先有博士点，后有硕士点。近年随着生态文明研究的开展，各专业的研究生已经有了要了解一些林业史知识的认识。基于以上实际情况，面向研究生开设了选修课“林业史专题”，后在研究生教学大纲调整时与“环境史专题”合并（更名为“林业史与环境史专题”），增加了此课程课时量，并将选修改为必修，进一步加大了在研究生教学培养中的比重。2017年，北京林业大学秋季学期首次面向本科生成功开设全校公选课“林业历史与文化概论”。2015年中国林业史教材的编写被列入国家林业局普通高等教育“十三五”规划，编写者主要是该课程的一线教师，目前该教材即将付梓。

4. 林业史研究的平台与视野不断拓宽

中国林学会林业史分会自成立以来就成为中国林业史研究的重要平台，相关领域的诸多工作均由学会组织开展。2015年完成换届工作，2017年5月林业史分会承担“生态文明视野下的林业史暨第五届中国林业学术大会林业史分会场”学术研讨，20多家高校和科研院所及报刊媒体的60余名专家、学者共聚一堂，紧扣生态文明研究视野，从不同角度对林业史研究展开学术交流，共同探讨林业史研究新思路、新进展，取得了丰硕的成果。林业史学科的教师陆续到德国、美国进行交流访学，进一步拓宽了国际研究平台与视野。

三、国内外研究进展比较

林业科学学科的发展是衡量国家林业科研水平的重要标志，是国家科技事业的重要组成部分，在贯彻落实国家创新发展战略、推动生态文明建设中具有重要地位。近年来，林业科技开展了一系列基础性、前沿性、公益性创新工作，林业科学学科发展取得长足进步，优势学科不断做强，新兴学科不断拓展，研究水平大幅提升，科技进步贡献率达到48%，科技成果转化率达到55%。与发达国家相比，林业科技发展水平总体处于“总体并行，局部领跑”阶段。在防沙治沙、人工林定向培育、木竹资源高效加工利用等少数领域，我国已经实现了领跑世界。然而，就整体创新能力和研究水平而言，与林业发达国家先进水平比较还有较大差距，具体表现在以下四个方面。

一是科技创新和推广服务能力不强。科技成果供给不足，科技进步贡献率较全国平均水平和农业低近8个百分点，成果转化率比发达国家低20个百分点。重大基础研究和理论创新薄弱，仍然是跟踪模仿性研究多、原创性研究少，进入国际前沿领域具有影响力的研究更少。关键技术研发仍以“点”的突破为主，科技系统集成能力不强，从品种创制、高效培育到增值加工的全产业链系统创新急需进一步加强。林业科技工作仍在一定程度上游离于林业生产建设之外，科研选题与林业生产结合不够紧密，现有科技成果不完善、不配套，影响了成果推广的速度和成效。林业科技成果市场化开发不足，林业企业和林农缺乏科技创新和成果应用的动力。

二是创新人才队伍建设滞后。林业科技创新人才总量不足，结构性矛盾依然突出。高层次创新型科技人才，尤其是两院院士等具有较高知名度和较大影响力的林业领军人才缺乏，中青年拔尖人才和科技创新型人才储备不足。扎根基层的乡土专家、致富能手缺乏，基层推广队伍在岗人员不足、专业技术人员断档，专业技术后备人才严重缺乏。林业科技工作条件艰苦、收入低、人才吸引力不足，紧缺人才进不来，优秀人才稳不住。

三是科研平台条件薄弱。全行业只有1个国家重点实验室，重点实验室、工程（技术）研究中心和生态定位站建设水平有待提升。长期科研试验基地尚未形成系统布局，建设水平低，难以满足长期持续研究的需要。与林业发达国家相比，林业科技创新平台建设整体水平仍然很低，缺少世界一流实验室和试验基地，基础设施、仪器设备、条件保障、稳定运行等方面差距较大。

四是科技投入严重不足。林业科技创新具有显著的公益性特点，以提供服务生态供给的科技成果为主，主要依靠财政投入。目前，长期持续稳定的财政投入和多元化投入机制尚未形成。2015年度林业科技中央财政投入约为10亿元，仅占行业投入的0.97%，不足全国科技投入比例3.07%的三分之一。

总体来说，我们既要看到林学学科已经取得的重要进展和成果，也要清醒认识我国林业科技整体创新能力与林业发达国家相比还有显著的差距与不足。下面分为森林生态、森林培育与林木遗传育种、森林经营与保护、木材科学与林产化工四个方面，对林学学科国内外研究比较进行阐述。

（一）森林生态

随着新理论，特别是新技术的提出和应用以及社会经济发展对森林生态研究的需求，国内外森林生态研究均取得了较大进展。我国在寒温带到热带等多种森林生态系统内建立了面积不等的森林动态长期监测样地，在物种共存机制、生物多样性生态功能等方面取得了部分与世界发达国家并跑的研究成果，但缺少原始理论和技术创新。围绕森林生态系统对气候变化的响应和适应这一国际热点领域，国际上从样地、林分、区域和全球尺度开展了大量工作，在森林生态系统温室气体释放和转化及其对环境变化响应和适应的生物学机理以及不同尺度的森林地气交换方面取得了许多原创性成果。我国目前虽然也取得了一些国际上有影响的创新性成果，但是整体上还处于跟跑阶段，在典型森林类型区布设了面积不等的控制性实验平台，但研究时间相对较短，分子生物学、同位素示踪等新技术的应用近几年才逐渐开始普及；另外，区域尺度综合分析模型的构建和数据挖掘等方面与发达国家依然存在距离。森林生态系统林水关系研究涉及多种空间和时间尺度，发达国家研究历史悠久，提出了许多经典经验公式和理论模型。我国在长期研究平台的建设、理论模型的提出以及学科交叉和数据融合等方面还有待加强。人工林面积居世界首位，国内人工林生态学研究整体处于世界先进水平，但在造林树种的生态适应性和环境胁迫响应机制，特别是人工林树种多样性的生态系统功能以及土壤微生物群落演变与生态调节机制等方面与发达国家仍然存在一定距离。

国内外森林土壤学研究的共同点是研究土壤与森林间的相互关系规律性以及应用土壤科学的先进知识和手段，去解决各种有关林业生产问题的应用技术基础科学。国际森林土壤碳氮循环及环境效应研究中，土壤碳、氮循环与温室气体排放，土壤碳氮循环和生物多样性关系，以及土壤固碳研究一如既往的是研究重点，生物炭对土壤固碳和温室气体减排的作用受到更广泛关注。中国的土壤碳、氮循环及其环境效应研究已经从早期的跟踪国际热点发展到与国际接轨，从早期的碳氮转化过程与温室气体通量研究逐渐过渡到对碳氮过程的微生物驱动机理研究。国际上越来越侧重森林土壤生物组成与群落构建机理研究，研究热点包括地上与地下的关系、土壤生物群落的时空变化、根际土壤微生物多样性。中国的土壤生物研究领域不断扩大，研究深度得以加深，部分成果产生了一定的国际影响，研究已从早期的跟踪国际热点发展到与一些领域国际发展趋势并行阶段。研究内容上十分关注土壤生物群落及其时空演变特征、土壤生物对全球变化的响应、生态环境修复和生物控制问题的探索，同时对土壤生物多样性与土壤生态功能关系及机制展开研究。国内根际土壤研究的核心领域与国际整体相近，包括根系分泌物作用效应、根际土壤物质转化与迁移，但我国根际土壤研究与国际研究相比，在具体内容和特点上存在一定差异，更多关注实际问题。根际土壤—植物—微生物相互作用的研究水平不断提高，但整体上仍处于跟踪国际研究前沿的态势。当今根际土壤研究形成了根系分泌物作用、根际土壤养分循环到根际生物化学调控的整体系统研究。

我国在农田防护林微气象特征、森林生态系统湍流通量、气候变化影响森林生产力等研究方面取得了一系列成果，但与国外同类学科相比，在林业气象学理论原理、森林边界

层湍流通量观测技术、森林气候生产力模型等方面的原始创新性研究不足。

（二）森林培育与林木遗传育种

我国人工林培育理论与技术在国际上处于领先地位，形成了系统的基于适地适树和良种良法基础上的“五大控制”技术体系，并在各种困难立地造林上取得许多创新成果，但在多功能森林培育理论及用材林培育技术上还存在差距。国际上以森林可持续经营为基础的一系列森林多功能培育创新理论被提出，逐渐成为指导森林培育发展的基础。但我国目前还未形成成熟的森林多功能培育的完整技术体系，而且国外的技术体系并不适合我国森林（特别是大面积人工林）特点，探索中国特色森林多功能培育理论与技术体系需要加强。近年来，我国在苗木稳态营养加载理论与技术方面的研究逐步深化，在短日照结合适度水分胁迫育苗技术、生长期指数施肥技术等方面取得较大进展。同时，在体细胞胚研究上取得一定成果，缩小了与国际水平的差距。国际上，用材林培育采用标准化集约培育技术提高林分生产力，良法对生产力的贡献可达 60%，同时还开发出约 100 种计算机决策支持系统制定综合培育制度。我国主要在杉木、杨树、马尾松、桉树、落叶松等用材林培育研究中取得积极进展，并提出了人工林“五大控制”育林体系，应用这个体系使人工林实现可持续培育，但仍缺乏区域性和多尺度的培育技术应用，计算机决策系统研究也尚处起步阶段。在用材林定向培育研究方面，国外对材种要求越来越高，培育技术也越来越细致。我国也已初步研究形成用材林定向培育技术体系，其中桉树、杨树纸浆材等达到国际领先水平。目前，国外关于困难立地植被恢复的研究主要集中在采矿废弃地和退化的草原生态系统上。我国由于地理环境复杂，困难立地植被恢复是我国森林培育的重要任务之一，许多技术领先国际。近年来，已在黄土高原丘陵沟壑区、石质山地、盐碱地、石漠化地区、沙荒地区、采矿区、道路边坡等植被恢复方面取得了举世瞩目的成果，创新了多项节水抗旱造林技术措施。其中，集水整地、节水灌溉、覆盖保墒、压砂保墒、抗旱新材料应用、苗木全封闭、容器育苗、菌根苗应用、飞机播种等造林技术等成效斐然。利用先进的森林培育技术治理环境主要集中在固碳增汇和污染土壤修复两个领域。与国外相比，我国碳汇林营造及利用森林固碳增汇工作走在世界前列，颁布了多项相关行业标准。国外在利用森林培育对污染土壤修复的前沿集中在不同类型土壤污染物生物有效性的影响因素及其调控措施、植物对不同类型污染物的修复机制和抗性机制、重金属富集植物的资源化利用技术和利用基因工程提升植物污染物修复能力等几个领域。我国在污染土壤的植被修复上近年来虽有一些研究，但未有大规模的推广应用。

林木基因组研究的不断深入极大地推动了林木遗传育种学科的发展。虽然我国基因组测序物种逐年增加，总量上已经处于前列，但在 DNA 序列的拼接、基因功能的注释等方面还很薄弱。发达国家在林木种质资源的评价上已经利用基因组测序的信息并整合到遗传分析的统计模型中，以便更准确地估算遗传参数和预测育种值。与此相比，我国在新算法和新模型的开发还有很大差距，这也直接影响了在利用分子标记进行性状关联分析和基因组选择方面的技术创新，使我们在大样本量下进行数据挖掘的能力受到限制。近年来，我国在木材形成、抗逆等性状的功能基因解析上取得了令人瞩目的成绩，并采用转基因技术验证了这些基因对培育优质、高产、高抗品种的价值，达到了世界先进水平。我国转基因林木品种的培育和产业化位于世界前列，目前有大量的转基因林木已处于田间试验阶段。在育种策略上，发达国家如北美地区和西欧地区国家都设立了应对气候变化的林木育种策略和技术研究项目，而我国当前研究主要集中在比较微观的技术层面，在育种策略和技术层面缺乏顶层设计、缺乏系统研究。在育种环节上，国外通过系统全面的早晚相关研究，确定早期选择的年龄，并把早期选择的优良单株通过嫁接种子园母树促其提早开花结实，缩短了育种周期，提高了单位时间遗传增益。我国在很多重要用材树种上也开展了早晚相关研究，但是真正把早期选择年龄确定下来并作为标准应用于育种实践的很少。近年来，国际上在林木遗传测定的试验设计、遗传统计分析等方面出现了不少创新，如循环行 - 列设计理论及其软件 CysDesign 的应用实现了对环境的双重控制，借助 ASReml 软件预测育种值；采用 MatingPlan、SeedPlan 等确定交配组合近交系数和遗传增益；美国北卡火炬松第四代遗传改良的交配设计采用智慧设计给予优良亲本更多的交配机会，以获取尽可能高的遗传增益。我国的针叶树如杉木、落叶松育种已经进入第三代，特别是良种基地的建设保障了我国种子园丰产稳产。我国林木良种培育技术及产出处于世界领先水平，良种基地为一些重要造林树种的育种提供了保障和可持续发展。

经济林组学研究成为研究热点，相继完成了油棕、橡胶树、海枣（枣椰树）、核桃、番木瓜、咖啡、可可树、麻风树、白蜡树的全基因组测序与解析，油橄榄、油棕、巴西橡胶、麻风树、砂梨、枣椰树的叶绿体基因组测序与解析，枣椰树、银杏、番木瓜的线粒体基因组测序与解析。开展了由某种经济林树种的基因组来指导其他树种的相关生理生化过程的研究，如枣树基因组为果树基因组进化和甜味 / 酸味的驯化提供了新的研究视角。一些经济林树种的分子育种和细胞育种工作有一定进展，研究较多地集中在分子水平的种质资源评价，某些功能基因的克隆、分析与遗传转化，从转录组、代谢组、蛋白质组的基础上解释生理生化过程，从分子层面研究经济林树种的抗逆性等，如核桃抗炭疽病基因的研究、枣疯病植原体感染枣的比较转录组分析研究。近几年，国际上经济林栽培生理方面的研究主要集中在抗逆性的生理生化反应，如核桃树耐冻性的生理建模研究；光合呼吸作用研究，如植物覆盖类型对枣园土壤水分收支和树木光合作用的影响；蒸腾作用研究，如使用贝叶斯分析旱作枣蒸腾作用的研究；矿质元素的吸收、运输、分配过程，如油茶对铝的吸收过程研究；某些活性物质、酶类、营养成分的作用及变化研究，如多酚氧化酶在核桃次生代谢和细胞死亡调控中的新作用研究，不同枣品种生物活性物质含量及抗氧化活性定量评价研究，枣成熟过程中糖、三萜酸、核苷、碱基含量的变化研究；组织培养等过程研究，如在雾室优化条件下黑核桃组织不定根的诱导研究；经济林栽培技术研究，如对一些主要经济树种开展了树体管理、土壤管理、水分管理、营养和生殖生长调节、生态化综合管理、农林复合经营、病虫害防治管理等方面研究，取得了很大进展，特别是在矮化密植、土壤耕作、覆盖、配方施肥技术体系方面取得了实质性的突破，这些技术体系在经济林栽培上已经相当完善和系统，并形成了规范化、标准化、制度化。国外在果园机械化方面做得比较好，如研制出橄榄园修剪系统、矮化密植红枣收获机、核桃采摘机、果树疏花疏果机、山地果实传输带等。初级产品的采后储藏技术仍然是国际上研究的热点，如从壳聚糖着手控制枣果采后霉变的研究，品种和干燥方法对冬枣果实化学成分、抗氧化能力和感官品质的影响研究，紫外光辐照结合壳聚糖涂膜对常温保存枣的影响研究，β–氨基丁酸浸泡对冬枣采后果实抵抗黑斑病的研究，造成巴基斯坦枣果实采后腐烂的病菌研究。在经济林精深加工利用方面，世界各国对主要经济林树种的资源分布、主要化学成分、经济用途、生产技术研究较透彻，在原来尚未开发的野生或栽培的经济树种中发现了一些新的化学成分和新的经济用途。目前，在果实加工过程中，对其充分的利用及对一些附属组织的加工利用已经实现，如利用油茶壳作为工业原料生产酒精等产品研究；对加工产品的营养成分、质量进行了分析和评价以及分析方法的创新，如利用高效液相色谱法测定核桃叶黄酮和胡桃醌。

（三）森林经营与保护

多功能森林经营作为一种实现森林可持续经营的途径，受到各国重视。林业发达国家在多功能森林经营的概念、原则和实施途径等方面都取得了实质性进展，如多功能森林区划、异龄林作业法、决策支持工具等，形成了各具特色的多功能森林经营理论与技术体系。我国开展了多功能林业的宏观研究，建立了多功能森林经营的理论框架，并参照国际先进经验进行了近自然森林经营、森林健康经营、结构化森林经营等方面的实践，但缺乏异龄林作业法、森林经营单位多功能经营的实践，总体上尚未形成中国特色的完整的多功能森林经营的理论与技术体系。在森林资源监测方面，我国不仅清查方法和技术手段与国际接轨，而且组织管理和系统运行也规范高效，尤其是样地数量巨大、复查次数多，并实现了遥感技术与地面调查相结合，说明我国森林资源清查体系已经居于世界先进行列。我国森林资源监测在指标上还不能满足监测内容的变化需求，连续清查自动化水平还有待提高，在实现国家与地方森林资源监测的一体化、提供更多内容和更精细的时间和空间分辨率的高质量数据，以满足新时期经济社会发展的需要上，还需做出更多的探索和努力。森林生长模拟和森林经营规划是国际上研究的热点，已经形成了比较成熟的方法体系，欧洲建立了生长模拟平台（CAPSIS）和网络，通过森林生长收获预估模型和决策支持系统工具支撑，实现森林的多功能最大化目标。气候变化对森林生态系统影响的模型和模拟十分活跃，在经验模型中直接加入气候变量的模拟方法表现出较大潜力；除经验生长模型外，过程模型如 3–PG、4C、FORECAST 等也被用于森林经营决策，模拟未来气候变化和营林措施对森林生长的影响并提出适应性经营对策。我国在生长收获模拟领域尤其是针对天然林开展了大量工作，建立了林分和经营单位层次的多目标规划模型，但总体来说比较分散，尚未形成可以应用的生长收获模拟系统和多目标优化决策软件平台，不能满足森林质量精准提升的要求。

我国在松材线虫、栗山天牛、光肩星天牛、青杨脊虎天牛、红脂大小蠹、松毛虫、美国白蛾、舞毒蛾、杨树溃疡病、枣实蝇等病虫害的生物学、发生规律、防治技术等方面在国际上处于先进水平。但是，与国外相比整体发展较缓慢。首先，国内森林有害生物防治观念和理论仍落后于国外发达国家，特别是与美国、澳大利亚等国家存在较大差距。国外近年来倡导的近自然林业，使得他们对本土有害生物的偶尔发生一般都置之不理，而更关注于外来入侵生物。例如，光肩星天牛和白蜡窄吉丁传入美国后，很快就成为美国危害最严重的林业有害生物，他们亦集中国内科研力量用于这类有害生物的防控研究，并且迅速取得许多新的研究进展；而我国在有害生物控制理念上相对落后，研究力量分散。其次，美国和欧洲都会对某些尚未传入的有害生物进行前瞻性研究；我国这种前瞻性研究非常少且进展缓慢。另外，我国仍然有大量的人工纯林，导致部分本土有害生物频繁爆发成灾。但是在如何改造人工纯林、增加天敌多样性，从而营造更多的近自然森林，实现大多数有害生物持续防控等技术方面与国外相比缺乏系统研究。通过人工释放天敌以增加天敌多样性和丰富度，是持续调控有害生物种群的重要方式之一。天敌昆虫释放到林间后，对靶标害虫的控制效能评价需要长期的观测试验。国外在天敌释放后，会进行长期的观测试验。而我国主要以项目为主导，项目结束之后，相应的观测点和试验亦随之结束，缺乏系统的观测数据。近年来，生态定位观测站的建设为长期观测数据提供了条件，但我国有害生物种类较多、发生区不同，目前少量的定位站远不能满足生产需要。另外，从其他国家引进天敌的生态风险评估是国外比较重视的研究内容。美国建立了专业的检验检疫实验室，对从国外引入的天敌昆虫先在室内开展安全性风险评估，再决定是否推广释放到野外应用，这一过程往往会持续数年甚至更长时间。而目前风险评估在我国并不受重视，林业上尚未建立相应的实验室开展引入天敌的生态安全性评估，绝大多数天敌由不同单位引入，往往没有进行风险评估即释放到林间推广应用，这有可能带来更大的安全隐患。

（四）木材科学与林产化工

近年来，国外采用遗传法以及化学法等新技术分别应用于木材树种和产地的识别，我国在木材 DNA 鉴定上突破了从干木材及心材中提取 DNA 的技术难题，构建了重要濒危与珍贵木材标本 DNA 条形码数据库，推进了木材分子鉴定技术的迅速发展，巩固了在国际木材识别研究领域的领先优势。同时，国内外学者采用木材化学成分快速定量分析技术和基于树木化学分类学原理的木材种类识别技术来进行木材识别，我国也开展了相关研究。

在揭示木材内部水分流动路径与迁移规律和从分子水平上解释氢键对木材机械吸湿蠕变的作用机制研究方面，目前我国与国外相比还处于模型建立阶段。但在木材传热传质和干燥机理、木材声振动特性和乐器材品质、木材动态热机械力学、木材弹性力学和黏弹性力学方面的研究已进入国际前沿行列。

在木质纳米纤维素研究方面，我国从跟踪研究发展至目前的与国外合作研究，取得显著进步，但与国外还有一定差距。在扩展木材功能性研究范畴，尤其在赋予木材疏水、自洁、耐光、耐腐、抑菌、耐磨、阻燃等特性方面，我国处于世界领先地位。近几年仿生智能材料合成已成为国际发展前沿和热点，美国、日本、澳大利亚等国家均有相应研究机构对其进行探索；我国在木竹材仿生理论基础（如多尺度分级结构、调湿及生物调节等）和木材仿生应用基础（如构筑超疏水表面、分级多孔氧化物及气凝胶材料等）方面已取得丰富成果，处于世界领跑地位。世界发达国家正致力于开发新型木质材料的功能化技术，我国在微波膨化、混杂嵌入、叠层组装及功能微胶囊化等功能化机理研究和阻燃防火、吸音隔声、导电发热、防腐抗菌等新型多功能材料研究方面已具备较扎实的基础，但在储能、导热、保温基础研究方面还存在差距。

在产业技术研究方面，发达国家重点以大型跨国企业的新产品和新技术开发为主，在科研机构和大学参与下完成，对产业共性关键技术开展联合研究。近七年来，我国在木塑复合材料挤出成型制造技术及应用、超低甲醛释放农林剩余物人造板制造关键技术与应用、木质纤维生物质多级资源化利用关键技术及应用、竹木复合结构理论的创新与应用以及高性能竹基纤维复合材料制造关键技术与应用方面均取得了重大成果，目前高性能重组木制造技术达到国际领先水平。正在开展的木质复合材料制造关键技术研究与示范和木材工业节能降耗与生产安全控制技术研究，围绕产业共性关键技术以及节能、节材、安全、环保方面重点开展研究，在部分产业共性关键技术上逐步缩小差距或超越发达国家，在节能环保、标准化研究领域追赶世界先列。

2010 年以来，在生物质能源方面，国际上的研究重点转向“第二代生物柴油”，即把生物柴油（脂肪酸甲酯）中的氧脱去以提高其自身性能，特别是开展了催化裂化法、加氢脱氧法、脱羧 / 脱羰法等脱氧的方法研究。我国的生物质能源研究起步较晚，经过 10 余年的发展，一代燃料乙醇、生物质发电、成型燃料供热和生物天然气的转化技术、装备、产业化生产和商业化运行模式均已初具规模。目前，对各种裂解工艺和炉型、生物质气化、成型燃料等也都有广泛的研究和工业化生产，开发出了生物质催化转化技术、富氧气化新技术、流化床生物质气化发电机组产业化技术以及天然油脂制备生物柴油新技术。

在生物基材料与化学品方面，美国和加拿大等西方国家以生物炼制及化学转化生产高附加值生物基材料为主线，开展了生物质功能材料的基础与应用技术研究，特别开展了以纤维素、木质素为原料，利用原位活性聚合、自组装等技术开发新型生物质基高分子功能材料的研究。美国橡树岭国家实验室成功利用硬木木质素和软木木质素制备了新型碳纤维材料；威斯康星大学在*Nature*中提出了一种可将生物废弃物木质素转变为简单化学制品的新方法——对木质素进行氧化、弱酸处理可获得高产量的芳烃，同时利用萜烯、松香、植物油脂等合成系列活性聚合单体，用于制备生物基热塑性高分子材料。国内对木质纤维和林业淀粉等生物质资源的化学改性技术进行了深入研究，形成了如全降解生物基塑料、生物质热固性树脂、木塑复合材料、生物质增塑剂等一大批具有自主知识产权的技术；并在松香松节油深加工利用上，开发出浅色松香、松节油增黏树脂系列产品、耐候性环氧树脂高分子材料、松节油高得率制备高附加值加工产品、松香—丙烯酸酯复合高分子乳液技术。以天然油脂为原料，着重研究油脂定向聚合、选择性加成、酰胺化及水性化等关键技术，实现了木本油脂替代石化资源制备生物基精细化学品和高分子材料，并开发出系列油脂精深加工产品。

在生物质提取物研究方面，国外利用现代植物化学和仪器分析等手段对林产植物有效成分进行提取、分离和鉴定，采用现代医药学、营养学和免疫学等方法对林产植物有效成分的作用机理进行研究，开发出各种精细化学品、医药保健品、化妆品、食品添加剂、饲料添加剂、生物农药等产品。近年来，国际注重植物生物活性成分的提取工艺、功能维护和增效等基础性研究。国内主要集中在生物质提取物中天然化合物成分的化学结构研究，多种林产植物资源有效成分的定量分析方法、有效成分的含量分布规律，林源活性物有效成分的提取、分离和纯化方法，林源活性物的活性功能与利用等方面；开发了五倍子单宁、银杏叶有效成分、紫胶深加工、天然胭脂红色素等方面的精深加工关键技术。

在制浆造纸方面，国外的研究包括筛选控制木质素合成的基因，不同制浆方法的化学、生物、机械作用机制和机理，对氧、臭氧、有机溶剂、过氧化物等脱木素和消除木质素发色结构的作用机理，成形过程的纤维行为和脱水机理等方面，并开发了喷射流浆箱技术、夹网超级成形器等产业化技术以及附加值很高的制浆造纸系列化学品。国内更多地集中在高得率制浆、化学机械浆和生物制浆技术等方面的研发，开展了传统的材性和纤维形态等木材化学分析与高效化学机械法制浆工艺技术研究。

四、发展趋势及展望

创新是引领发展的第一动力，是建设现代化经济体系的战略支撑。党的十九大报告指出，坚定实施科教兴国战略，加快建设创新型国家。让创新释放出引领发展的雄浑力量，既是大势所趋，更是必然选择。当前，林业发展对科技创新需求更加迫切、依赖更加强烈。只有加快科技创新，才能破解资源环境的瓶颈约束，拓宽林业发展的空间；只有加快科技创新，才能增加林业和生态产品的供给，满足人民群众的多样化需求；只有加快科技创新，才能提高林业发展的效率，提升生态保护能力和林业产业竞争力。林业科学学科建设一定要围绕“一带一路”建设、京津冀协同发展、长江经济带建设等国家战略，紧扣林业生态建设、产业发展和兴林富民重大需求，深入实施创新驱动发展战略，前瞻布局基础前沿及战略研究，重点攻克林业发展关键技术，全面加强创新能力建设，努力使我国林业科技整体实力和水平得到明显提升，更好地支撑生态建设、引领产业升级、服务社会民生。

（一）未来趋势和重点领域

1. 森林生态

（1）森林生态学的发展趋势主要体现在以下几个方面：

1）新技术、新方法的应用更加广泛。当前，各种现代实验手段和方法及计算机技术正不断应用于森林生态学研究，特别是现代分析测试技术、高通量测序技术和空间技术在森林生态学研究中的应用明显加快，并已成为现代森林生态学研究的重要方法。

2）学科的交叉融合日益深入。现代科学研究日益注重学科交叉，森林生态学多过程、多尺度的深入研究，特别是生态学过程和机理研究、生态系统服务功能的形成机制、尺度效应及科学评价体系等迫切需要与生物学、气象学、土壤学、地学、经济学和社会科学等学科有机融合。

3）长期研究平台建设和网络化管理。基于长期研究平台开展系统研究越来越重要，必须建立长期的规范化、标准化研究平台，监测森林生态系统过程和功能的时空变化规律及其对环境变化的响应和适应。研究平台的网络化、自动化、信息化的开放管理和数据共享有助于从不同尺度、不同角度综合分析和评价我国多种森林生态系统类型的演变规律及其生态服务功能。

4）人工林生态学研究。我国人工林面积居世界首位，在林业生产和生态服务中发挥了重要作用，应该给予人工林造林、抚育、采伐等经营管理过程中的生态学研究越来越多的重视。

重点领域：①森林生态系统关键生态过程与效应；②森林生物多样性形成、维持与保育；③变化环境下森林生态系统的响应、适应与恢复；④森林健康及其生态调控；⑤森林生态系统多目标管理与重大林业生态工程；⑥干旱地区森林与植被结构研究；⑦人工林长期生产力保持问题。

（2）森林土壤学科的发展趋势为系统研究森林土壤结构、变化过程和功能演变的规律和机制，不同热量带、不同立地条件下、不同树种、不同林分类型的经营模式对土壤性质和功能变化的影响及其调控技术途径，维护和恢复森林土壤生态功能、合理利用森林土壤资源特别是不良立地森林土壤资源，提高森林土壤生产力，保护生态环境，实现永续经营。

重点领域：①森林土壤主要生物元素的格局与循环过程；②根系驱动的森林土壤生态过程与机理；③森林土壤对全球环境变化的响应与适应；④森林土壤健康与生态服务功能；⑤构建森林土壤学数字化、信息化以及模式化动态管理系统；⑥应用各种生物措施维护林地土壤质量和生产力。

（3）林业气象学科的发展趋势主要表现在以下几个方面：

1）时间尺度注重长期性和动态性。林木生长周期长，其生育过程不仅受气候因素的影响，而且还具有地域性。因此，长期性与动态性研究工作对全面揭示林木与气象、气候条件的关系十分必要，建立长期性试验观测研究基地则是最有效的途径之一。

2）空间尺度注重微观和宏观的结合。微观上要加强气候要素对林木生理生态、生理生化过程等与生长发育相关过程影响的研究，以完善正在形成的生理生态气象学的理论和方法；宏观上要加强林业工程建设区域性气候效应的监测与评估，为林业发展战略提供理论依据。

3）注重试验观测与模拟模型相结合。试验研究虽可保证数据原始性和真实性，但因天气过程、地形地貌及林分结构的复杂性、人力物力条件的有限性等客观原因，难以开展长期性、连续性、区域性的试验观测，制约了研究结果的普适性，影响了推广应用价值。模拟研究可弥补试验研究的局限性。因此，在研究手段上应致力于试验观测与模拟模型相结合，以进一步提高研究的深度与广度。由于研究内容与环境物理学、环境化学、植物生理生态学、水文学、气象及气候学、应用遥感学等学科产生交叉，观测技术水平及设备性能与物理学、光学及电子学等学科发展密切相关。

林业气象研究的重点领域：①森林生态系统水碳氮耦合关系；②森林生长对气候变化的反馈作用；③重要经济林产量及品质形成的微气象机理；④城市森林边界层物理特征与缓解热岛效应机制；⑤林业生态工程区域性气候效应及其影响机制。

2. 森林培育与林木遗传育种

（1）随着我国生态文明发展战略的不断推进，林业在迎来历史上最佳发展时期的同时也面临巨大挑战。通过深入分析我国林业面临的问题，结合森林培育学科研究发展的实际，森林培育学科未来的发展趋势有：

1）森林质量精准提升和生产力大幅提高是森林培育的根本途径及当前主要任务。从中国宜林地的数量和布局来看，进一步的数量扩张已潜力有限，而森林质量的提高由于起点较低而潜力巨大。

2）森林的保护和培育都是森林可持续经营的重要内涵，两者相辅相成，不可偏废。处理好森林保护和森林培育的关系，树立起通过森林培育措施显著提高森林质量的目标才能迎接未来森林多种功能重大需求的挑战。

3）天然林与人工林同为森林培育对象，培育理论与技术应协同均衡发展。低价低效的天然次生林具有很大的产量和质量提升潜力，完全可以通过各种抚育、改造、更新等培育措施加以挖掘。

4）“适地适树＋良种良法”是森林培育永远的基本原则，根据区域气候和立地特点，在森林营造和植被恢复中正确处理对立地多样性认识不足和处置失当的问题。

5）维护生物多样性对培育健康稳定的森林至关重要。目前，出于单项的、近期的利益驱动，乐于营造单树种、单无性系、结构简单的人工林，或采用同龄单层森林经营方式。在区域森林培育规划中，乐于采用同树种集中成片的分布格局，对维护生物多样性的要求认识不足且处置失当。

重点领域：①加强高碳储量森林培育，应对全球气候变化；②强化森林培育工作，全面提高森林质量；③重视困难立地造林，提高我国森林覆被；④提高用材林培育水平，缓解国家木材紧缺；⑤构建绿色高效经济林体系，满足木本粮油需求；⑥大力营造高效能源林，补充国家能源缺口；⑦加大公益林建设力度，实现森林功能多元化；⑧在发展人工林的林区要加强森林类型的布局研究，实现合理布局和区域水平上可持续经营；⑨加强次生林长期演替研究和长期观测；⑩次生林分类。

（2）近年来，国际上商品林生产形势发生了一些重大变化，一些林业发达国家开始大量出售商品林，减少了对高产人工林的依赖，很多林木遗传育种研究机构被解散或者撤并。而生态建设在我国得到前所未有的重视，国有林区全面减少或停止商业性采伐，木材供应越来越依赖人工林。国际、国内林业行业发生的这些变化，必将对林木遗传育种学科发展产生重大影响，对林木遗传育种既提出了挑战也提供了机遇：

1）育种目标走向多元化，以满足多元的生态、用材、绿化等社会需求。

2）在今后相当长的时间内，常规育种技术仍将是林木良种选育的主要手段，能够较快供应市场对新品种的需求。

3）基因资源收集、保存和评价亟须加强，通过交配设计和人工控制授粉累积加性基因效应仍将是良种选育的主要途径，种子园将继续作为良种生产的主要形式长期存在，扦插繁殖技术将在良种生产中发挥越来越重要的作用。

4）新的试验设计理念和设计方法，新的遗传分析理论和技术包括相关的软件，将逐步得到推广应用，提高林木育种效率。

5）随着基因组学的快速发展，分子育种技术不断成熟，为常规育种提供更强的技术补充，实现更明确的育种目标、更好的亲本选择和高效的育种途径。

6）树木性状形成的分子基础研究将获得更多有育种价值的调控基因，为优质高抗新品种的分子育种提供理论和技术。

7）安全高效的转基因技术的发展，如基因组编辑技术的应用，为基因工程育种及应用提供新的途径。

重点领域：①收集优良、珍稀和特异种质，开展林木种质生长、品质、抗逆性和适应性等主要性状的精准评价；②加强林木传统育种工作，培育多目标林木新品种；③揭示控制林木生长、品质、抗逆等主要性状杂种优势和倍性优势形成机理，创立林木杂种优势创制和利用新途径与新方法；④开发分子标记，应用 GWAS 分析、QTL 定位等解析复杂经济性状；⑤创新林木基因工程、细胞工程技术，提高林木良种目的性和效率；⑥创制骨干亲本，构建林木育种群体及高阶种子园；⑦构建良种规模化、标准化及无性繁殖关键技术体系，提高我国林木种业水平。

（3）近年来，我国经济林产业发展势头强劲，已经成为我国林业的主导产业和精准扶贫的最佳产业。但经济林产业的良种化水平、栽培技术水平、产品综合开发利用水平还有待提高；基础研究水平、信息化水平和装备水平还比较低，需要综合采用现代生物技术、信息技术、装备技术等技术手段，开展经济林遗传改良、资源培育、生态经营、机械作业、精深加工、综合利用和前沿基础等方面研究，全面提升经济林科技水平和对产业的支撑能力，推动经济林产业技术和发展方式的重大变革。

重点领域：①开展重要经济林树种分子遗传学和生殖生物学研究，完成特色经济林树种的全基因组测序和解析，揭示经济林树种的生殖生物学规律、重要特异性状和品质的形成机理；②开展特色经济林树种种质资源评价和种质创新研究，育成优质、高产、抗逆和适应轻简化栽培、机械化林分作业、机械自动化加工的经济林新品种；③开展经济林优质丰产栽培技术研究，突破品种配置、树体管理、精准施肥和水肥一体化等关键技术，建立优质、丰产、高效、轻简化栽培技术体系；④研发特色经济林可持续发展的整地造林、土壤耕作、抚育管理、种实采收和果实脱壳等初加工的多功能专门机械作业装备，大幅度提高经济林作业效率，减轻经济林作业的劳动强度；⑤开展主要经济林树种果实采后规模处理、绿色加工、全质化利用、产品质量检测等研究，开发精深加工产品和高附加值副产品，延长经济林产业链条，进一步提高经济林产业的经济效益。

3. 森林经营与保护

（1）森林经理学的发展趋势主要体现在以下方面：

1）随着人类社会生存发展对森林的多样化需求的不断提高，探索发挥森林的多种功能的森林经营理论将成为森林经理理论研究的重要任务。我国已经提出了基于森林分类经营的多功能经营框架，但与之相配套的技术体系还需要深入研究和实践验证。

2）森林资源调查目标已由传统的林木资源调查向森林多资源调查方向转变和发展，研究的重点为调查指标的充实和完善、调查效率和调查精度的提高，包括建立适应森林资源与生态环境综合监测评价需求的、含有森林属性特征因子和生态环境因子的调查指标体系、高效的抽样框架设计方法、林分调查因子的精准测量方法等研究。

3）森林资源调查遥感应用研究的重点是提高遥感森林分类精度和调查因子获取，如遥感图像数字化处理及测量技术、多源遥感（光学、激光雷达、高光谱、多角度遥感等）森林资源信息的采集、基于新型遥感和机理模型的区域森林资源综合信息提取等，特别是高分卫星、无人机等信息采集以及激光雷达森林调查因子提取成为研究的热点。

4）林分空间结构研究将集中于空间结构指标的定量化表达方法、空间结构的可视化模拟以及空间结构评价与林分抚育经营的结合等方面。在立地质量评价和生产力方面，大区域面向经营的天然林立地质量评价模型与方法研究是当前立地质量评价的主要焦点与发展趋势。

5）森林生长模拟主要基于近代统计方法（如混合效应模型、度量误差模型、联立方程组模型、空间加权回归模型等）及计算机模拟技术，研究树木和林分随机生长与收获模型；林木树冠结构、树干形状、木材质量及机理模型；森林经营条件下生长收获模拟与演替机理；森林经营（植被控制、间伐、施肥、遗传改良等）随机效应模拟及经营效果定量分析；构建不同尺度的林木及森林资源、生物量及碳储量预测模型。

6）森林经营规划越来越表现出类型多样化，体现在国家、省、县不同层次规划设计的范围由单纯着眼于森林经营单位编制森林经营方案扩展到编制区域的林业发展规划，规划要考虑整个社区的可持续发展和协调社区各部分的相关需求和利益。内容方面则逐渐由单一经营木材的森林经营规划向多目的、多用途的功能区划、景观规划相结合的综合经营规划发展，经营目标则向兼顾经济、生态、社会等多元化方向发展。在技术方面，地理信息系统支持下的空间规划（spatial forest-management planning）得到更多应用，林分经营优化决策模型、专家系统、决策支持系统结合的智能决策系统 IDSS（intelligence dicision support system）及基于大数据和计算机网络的群决策支持系统 GDSS（group dicision support system）等决策技术的研发将成为热点。

7）森林资源监测研究的重点为监测体系优化、年度监测和提高监效率和精度等方面。包括研究建立监测内容全面、适应不同层次的抽样调查体系，实现全国森林资源“一体化”监测；研究森林资源年度监测的方法和技术，实现森林资源年度出数；研究利用多源遥感、GIS、PDA 野外数据采集技术、激光和超声波探测技术、物联网、大数据、人工智能、虚拟现实和可视化、网络与通信等现代新技术，提高森林资源监测效率和监测精度的方法和技术。

8）森林资源信息管理主要研究天、空、地一体化森林资源、生态和环境海量数据的存储、交换、处理和表达方法以及分析评价技术，森林资源信息流的智能关系和交换机制，森林空间数据信息系统和集成的数字化方法，基于“3S”技术的森林多资源和环境监测的管理信息系统及服务平台，基于 WebGIS 构建网络化、智能化的森林资源信息管理框架及辅助决策的优化算法，林业三维仿真虚拟技术与三维可视化系统。

重点领域：①立地质量评价与潜力分析技术研究；②不同尺度森林多目标协同优化技术研究；③森林生长精准预测及经营响应研究；④森林质量天、空、地一体化监测评价技术研究；⑤高精度森林资源信息系统构建研究。

（2）森林保护学的发展趋势体现在以下几个方面：

1）利用 3S 技术进行森林有害生物的监测与预报：应用高分辨率航天遥感影像动态监测有害生物将成为今后的研究热点。随着遥感图像的时空分辨率的进一步提高及对高分辨率、高光谱和高时间分辨率的遥感数据的进一步应用研究，对于有害生物动态监测的研究将会突破传统大尺度的定性研究，而开始走向小尺度的定量研究。

2）生物多样性研究与利用将逐步深入。通过各种措施增加生态系统中植物的遗传多样性、物种多样性，结合食物网关系（如寄主—有害生物—天敌）可实现对有害生物的有效控制。因此，将物种多样性控制有害生物机理与防治对象和生态环境相结合，确定多样性结构和模式，可以为有害生物的有效防控和林业可持续发展提供新的策略。

3）现代生物技术对森林保护将起到巨大推动作用。随着分子生物技术的飞速进展及突破，可以催生森林有害生物系统分类的新方法、新技术，带动分类学的进步；加速检疫性有害生物的准确鉴别；分子标记技术可以用来寻找抗病虫的植物种类和品种。现代生物技术还可促进化学防治技术的进步，如利用分子技术研究杀虫（菌）剂的分子毒理学，可知道昆虫或病原菌体内的酶系、受体、抗药性机理，从而改善药物配方，精准防治；转基因技术研究，将抗虫（病）基因转入作物，产生理想的工程品种，使目的基因能在工程植物中有效地发挥抗虫（病）作用。

4）气候变化的影响值得关注。由于气候变暖、异常气候频发以及森林生态系统结构失衡等原因，导致我国森林虫害种类逐年增多，为害面积增大。以气候变化和生态环境恶化为诱因的虫害发生频繁，一些次要的病虫害将逐步演化成主要灾害，病虫害为害加剧。所以气候变化条件下森林有害生物的发生发展规律以及相应的控制技术也非常值得关注。

5）外来有害生物继续成为研究热点。外来有害生物入侵已经对我国森林资源和生态建设成果构成严重危害。松树蜂、椰子织蛾、松材线虫病、美国白蛾、松突圆蚧、日本松干蚧、湿地松粉蚧、双钩异翅长蠹、红脂大小蠹、松针褐斑病等重要的森林有害生物早已在我国定居且持续危害。因此，防范外来有害生物入侵和危害将是一项长期而艰巨的任务。还有一些新入侵的有害生物受气候、自身适应性等因素影响，其危害性不断变化，有的甚至可能会发展成为比松材线虫病和美国白蛾危害更加严重的种类。所以，防范和治理外来入侵生物将是以后森林保护学的重要工作。

重点领域：①重大森林有害生物监测、预警技术研究；②森林有害生物成灾的生理生化与分子机制研究；③森林有害生物成灾的生物生态学机制及控制技术研究；④气候变化条件下森林生物灾害的发生与危害特性及控制技术；⑤外来有害生物风险评估、预警与控制技术研究。

4. 木材科学与林产化工

（1）木材科学与技术未来将从木质材料的解剖、物理、化学和力学等特性入手，进一步系统研究木材细胞壁构造与化学组成及其对物理力学性能的影响，构建木材细胞壁物理力学模型，阐明外部环境激励条件下木材结构的变化规律及其对物理力学性能的响应机制；深入剖析木质材料细胞壁结构和功能、木基复合材料界面调控方法和木基复合结构材料设计理论等；创新改性方法和转基因生物技术，对木材细胞壁进行功能性改良处理，研究不同改性处理和转基因技术对细胞壁结构、化学组成以及力学性能的影响及湿热条件下木材内部热质规律及传热特性等，在细胞水平阐明木材改性机理。此外，系统开展木质纳米纤维素制备、表征和应用研究，并针对制约纳米纤维素发展的生产成本高、物理化学性质解析不清和应用受限等瓶颈问题，开展预处理—机械研磨法和预处理—化学法可控制备接枝型纳米纤维素、纳米纤维素高吸附技术及超疏水技术研究，构建系统的纳米纤维素表征和应用体系。

木竹材仿生与智能性响应机制研究方面将着重研究木竹材的天然多尺度微结构与宏观功能的协同机制、木竹材仿生智能纳米界面的形成方法与原理、木竹材表面仿生智能效力的时效性和纳米技术与传统木竹材功能改良方法的有机结合和复杂多效功能组装。

木竹复合材料功能化机理与应用基础着重研究异质复合材料的界面相容性与复合方法、新型功能单元制备机理及功能化途径与机制、木竹质基单元和基体的创新结构设计与高效复合机制、功能单元与木竹质基单元的界面结构、调控及响应机理和功能效应与强度效应的二维动态失效规律。木材科学与技术的应用方向也应该突破行业界限，瞄准生物技术、绿色建筑与装配建筑研究科技前沿，抢抓与各领域交叉发展机遇，研发新型纳米功能材料、纳米环境材料、纳米安全与检测技术、高性能生物质纤维及复合材料、3D 打印材料等，提升学科的国际竞争力。同时，通过引入信息技术、网络技术、绿色和先进制造技术，解决内在科学问题，开发原创理论和技术。

重点领域：①木材形成及材质改良的生物学与化学基础；②木材工业节材降耗、安全生产、污染检控等生产管控关键技术；③表面绿色装饰、环保胶黏剂、木材绿色防护与改性、低质原料清洁制浆等绿色生产关键技术；④木制品柔性制造、木结构材工业化生产以及木材仿生、木质重组、轻量化与功能化等木基材料增值加工关键技术；⑤木质家居材料健康安全性能检测与评价技术。

（2）生物质利用是 21 世纪伴随新能源、新材料、资源高效利用和生物技术等战略性新兴产业发展起来的新兴交叉技术领域。林产化学加工，即生物质化学利用，就是指利用作物秸秆 / 林业剩余物等有机资源、种植的能源植物以及非木质资源（淀粉、天然树脂 / 油脂）等为原料，通过绿色化学方式生产生物基产品（包括生物质能源、生物基材料、生物基化学品等）的一门新兴产业和交叉学科，是国际生物质利用突破和多学科技术创新竞争的制高点，也是我国推动生物质产业可持续发展的资源利用长期发展战略和重要方向。因此，今后一段时期林产化工学科的发展方向可以从以下四个方面展开。

1）生物质能源。开展农林生物质原料（含农林废弃物）低能耗预处理方法、控氧控炭水蒸气协同热解气化制备中高热值燃气、多相催化生物柴油脱羧制备烃类燃料等关键技术研究；开发定向催化的各类功能材料、转化单糖结构与多酚结构的液化产物；开发将生物质转化为糖类中间产物的生物质低温解构和组分分离技术；加强生物质液化反应的定向调控以及液化油提质等生物质的直接液化技术研究。

2）生物基材料和生物质（基）化学品。重点开展活性聚合、可控修饰、自组装、生物基大分子纳米化等合成及功能化技术研究，通过对生物质高分子材料的结构设计及合成，研制多功能集成金属杂化松香基纳米抗菌材料、木质纤维基重金属吸附材料、支链型/星型生物质基弹性体等生物基功能高分子新材料和生物质碳材料。同时，开展松香松节油类、木本油脂类生物质化学品精细化分离与利用技术和松香松节油深加工特色新产品及工艺技术研发。

3）生物质提取物。主要以银杏、五倍子、漆树、松树及沙棘、越桔等林业特色树种及林下药用植物为研究对象，开展林源提取物活性成分的化学结构、化学修饰和生物转化及其应用、功能维护和增效等基础和技术研究，重点开展定向提取林业资源的不同部位和有效成分，筛选具有明显药理作用的生物活性物质，开发具有特定功能的保健食品、化妆品、饲料添加剂等功能产品。

4）制浆造纸。重点研究林纸一体化工程过程中急需解决的关键基础理论和应用技术；林纸一体化清洁制浆与装备关键技术特别是低质材及混合材高效清洁制浆技术；高效节能制浆装备研究；生物质预处理及生物质转化技术，林纸一体化过程木质纤维素生物质的高效利用和转化；基于造纸工厂的生物质精炼技术等。

重点领域：①木质资源能源化化学转化关键技术研究；②非木质资源的高效利用关键技术开发与示范；③新型生物基材料与化学品的创制与技术集成；④特色林源提取物活性成分的筛选与高效利用技术；⑤低质材及混合材高效清洁制浆技术。

（二）重大措施及对策建议

林业学科的内容贯穿基础研究、应用基础研究和应用研究，在学科建设上要结合发展现状，准确定位，科学谋划，按照国家创新驱动发展战略和科教兴国战略的总体要求，一张蓝图绘到底，为生态文明建设发挥重要的科技支撑。

1. 做好中长期规划

生态文明建设是林业学科建设的主攻方向，而林业研究的周期长、系统复杂、树种分散，要积极争取国家的稳定性支持，确保一定数量的研究领域和内容得到长期延续。2015年以来，国家科研体制改革进入到一个新的阶段，创新驱动发展战略的实施、深化科技体制改革的各项措施落地开创了我国科技工作的新局面。林业学科要进一步完善促进发展的长效机制，做好方向、平台和人才队伍三个重要支撑工作，建立与之配套且行之有效的运行和保障机制。要从国家层面考虑学科的规划和发展，要体现生态文明对学科的需求，处理好产学研之间的合理管理。支撑学科的一个重要内容是科学研究的方向，林业学科的科研工作要把握方向，做好顶层设计，体现原创性和时代性。建立学科的创新机制，做好原始创新与交叉创新的组织工作。学科要面向世界科技前沿，面向国家重大需求，面向国民经济社会主战场，找准切入点，抓好主攻方向，科学设置、主动参与各类科研计划，为人类进步和社会发展做出贡献。

建立符合新时代学科发展特点的人才队伍和平台体系，使人才成为学科发展的发动机、平台成为学科发展的助推器。做好学科方向、科研项目、人才和平台的衔接，把四者衔接融合，互相促进，确保保障措施的落实到位。注重学科内涵发展，重视基础学科建设，大力开展成果转移转化，推进高水平交叉学科创新的研究。

2. 抓好平台建设

发挥林业的生态环境保护功能，促进林业学科的稳步发展，实验室、协同创新中心等平台的作用不可忽视。要明确实验室、协同创新中心等创新平台的定位，按照稳中求进的原则分类多元建设好各类平台。结合国家重大需求和行业发展阶段，建立国家、省部和科研教学单位实验室三级实验室平台体系。国家级的实验室要发挥集团军的优势、发挥引领作用，提升林业学科的国际地位，对接国家重大需求，提供技术支持和保障；省部级实验室主要任务是服务森林、湿地等生态系统要求，发挥林业行业在生态和环保中的作用；科研教学单位的实验室要发挥科研排头兵的作用，对科学的前沿问题积极探索，为林业学科人才培养做好基础工作。林业学科研究主题很大一部分是在野外，要发挥好野外台站对学科的支撑作用，要科学合理地对野外台站进行布局，统筹谋划野外台站的信息采集，开放共享各类信息。做好协同创新中心、联盟、联合创新中心等创新平台的组织和建设工作，鼓励科研单位、高校、企业、行业主管单位等协同作战，聚焦共识，优势互补，强强联合。

3. 加强人才培养

人才是创新的主体，是做好各项工作的保障。林业科学的各学科要完善科研人员的培养机制。加大现有人才的培养力度，为科研人员积极投身科研工作创造条件，鼓励科研人员参与国家各类的科研项目。建设富有活力的科研梯队，形成富有战斗力的科研团队。做好林业科技各类科研人员的储备与培养，吸引有志青年投身林业事业；做好基层林业科研队伍的稳定工作，保证林业基层科研工作的开展。搭建林业科研的人才高地，吸引国内外高水平的科研工作者参与林业学科建设。吸纳各方资源培养学科人才，广泛开展学科和产业的对接、融合工作，开展政产学研用协同育人。做好三级人才培养，包括高级、中级、初级（施工人员）人员的培养。深入学术评价的改革，以分类多元、水平为先、统筹协调为原则，建立以代表性成果为主要评价内容的评价指标体系。

4. 开展国际合作与交流

坚持引进来与走出去相结合，构建开放、协同、共享的国际创新格局。落实“一带一路”战略构想和亚太互联互通蓝图，加快与国外的学科交流，建立科技创新的长效机制，推动设立海外创新中心，鼓励国外研究机构来华设立国际科技机构。组织和参与国际科学计划和工作，建立重大国际合作的科学项目培育机制，推进实施国际科技创新计划。鼓励支持优秀科学家到国际组织、高水平国际期刊担任职务。鼓励举办高水平会议，创办、培育国际期刊。鼓励国家间的人才交流与培养。

5. 推进成果转化与对接

林业学科应用性强，学科的研究成果要尽快实现从实验室向应用的转移转化。学科要主动搭台，积极参与技术和知识产权交易平台建设，建立从实验研究、中试到生产的全过程科技转化的创新模式。推进科技成果转化和投入方式改革，鼓励林业企业在学科支撑的主要单位开展科技创新。鼓励推动科技成果以许可方式对外扩散，鼓励以转让、作价入股等方式加强技术转移。允许符合条件的科技人员带着科研项目和成果，保留基本待遇到企业开展创新工作或创办企业。

参考文献

[1] Grattapaglia D，Resende MDV. Genomic selection in forest tree breeding [J]. Tree Genetics & Genomes，2011，7(2)：241-255.

[2] Tao J，Chen M，Zong SX，et al. Genetic structure in the seabuckthorn carpenter moth (Holcocerus hippophaecolus) in China：the role of outbreak events, geographical and host factors [J]. PLoS ONE, 2012, 7 (1)：1-9.

[3] Burkhart H E，Tomé M. Modeling Forest Trees and Stands [M]. Dordrecht: Springer，2012.

[4] Zapata-Valenzuela J，Whetten R W，Neale D，et al. Genomic Estimated Breeding Values Using Genomic Relationship Matrices in a Cloned Population of Loblolly Pine [J]. Genomic Selection，2013 (3)：909-916.

[5] Sun J H，Lu M，Gillette N E，et al. Red turpentine beetle：innocuous native becomes invasive tree killer in China [J]. Annual Review of Entomology，2013，58 (1)：293-311.

[6] Fikret Isik. Genomic selection in forest tree breeding：the concept and an outlook to the future [J]. New Forests，2014，45 (3)：379-401.

[7] Isik F. Genomic selection in forest tree breeding：the concept and an outlook to the future [J]. New Forests., 2014 (45)：379-401.

[8] Offermann S，Peterhansel C. Can we learn from heterosis and epigenetics to improve photosynthesis [J]. Current Opinion in Plant Biology，2014 (19)：105-110.

[9] Quanzi Li，Jian Song，Shaobing Peng，et al. Plant biotechnology for lignocellulosic biofuel production [J]. Plant Biotechnology Journal，2014 (12)：1174-1192.

[10] S Suzuki，H Suzuki. Recent advances in forest tree biotechnology [J]. Plant Biotechnology，2014 (31)：1-9.

[11] Alireza R，Arne U，Joshua J., et al. Formic-acid-induced depolymerization of oxidized lignin to aromatics [J]. Nature，2014，515 (7526)：249-252.

[12] Yang Z Q，Wang X Y，Zhang Y N. Recent advances in biological control of important native and invasive forest pests in China [J]. Biological Control，2014 (68)：117-128.

[13] McKeand S. The Success of Tree Breeding in the Southern US [J]. BioResources，2015，10 (1)：1-2.

[14] Barabaschi D，Tondelli A，Desiderio F，et al. Next generation breeding [J]. Plant Science，2016 (242)：3-13.

[15] Guan R，Y Zhao，H Zhang，et al. Draft genome of the living fossil Ginkgo biloba [J]. Gigascience，2016，5 (1)：49.

[16] Plomion C，Bastien C，Bogeat-Triboulot MB，et al. Forest tree genomics：10 achievements from the past 10 years and future prospects [J]. Annals of Forest Science，2016，73 (1)：1-27.

[17] LarocqueG R. Ecological Forest Management Handbook [M]. Boca Raton: CRC press，2016.

[18] 熊大桐，等. 中国近代林业史 [M]. 北京：中国林业出版社，1990.

[19] 张钧成. 中国古代林业史（先秦部分）[M]. 北京：北京林业大学，1994.
[20] 江泽慧，李坚，尹思慈，等. 中国木材科学的近期发展［J］. 四川农业大学学报，1998，16（1）：1–22.
[21] 鲍甫成，吕建雄. 中国木材科学研究与国家目标［J］. 世界林业研究，1999，12（4）：45–50.
[22] 叶克林，陶伟根. 新世纪我国木材科学与技术展望［J］. 木材工业，2001，15（1）：5–9.
[23] 蒋剑春. 生物质能源应用研究现状与发展前景. 林产化学与工业，2002，22（2）：75–80.
[24] 宋湛谦，商士斌. 我国林产化工学科发展现状和趋势［J］，应用科技，2009，17（22）：13–15.
[25] 张会儒. 森林经理：问题与对策［J］. 林业经济，2009（6）：39–43.
[26] 李坚 . 木材对环境保护的响应特性和低碳加工分析［J］. 东北林业大学学报，2010，38（6）：111–114.
[27] 国家自然科学基金委员会，中国科学院. 未来 10 年中国学科发展战略 · 农业科学［M］. 北京：科学出版社，2011.
[28] 国家自然科学基金委员会，中国科学院，未来10年中国学科发展战略 · 生物学［M］. 北京：科学出版社，2011.
[29] 刘红，施季森. 我国林木良种发展战略［J］. 南京林业大学学报（自然科学版），2012，36（3）：1–4.
[30] 施季森，王占军，陈金慧. 木本植物全基因组测序研究进展［J］. 遗传，2012，34（2）：145–156.
[31] 施季森. 林木生物技术育种未来 10 年若干科学问题展望［J］. 南京林业大学学报（自然科学版），2012，36（5）：1–13，31–37.
[32] 万志兵，戴晓港，尹佟明. 林木遗传育种基础研究热点述评［J］. 林业科学，2012，48（2）：150–154.
[33] 王章荣. 林木高世代育种原理及其在我国的应用［J］. 林业科技开发，2012，26（1）：1–5.
[34] 张星耀，吕全，梁军，等. 中国森林保护亟待解决的若干科学问题［J］. 中国森林病虫，2012，31（5）：1–6，12.
[35] 吕全，张星耀，梁军，等. 当代森林病理学的特征［J］. 林业科学，2012，48（7）：134–144.
[36] 廖维华，安新民. 转基因树木研究现状及发展趋势［J］. 中国生物工程杂志，2013，33（5）：148–160.
[37] 唐守正，雷相东. 加强森林经营，实现森林保护与木材供应双赢［J］. 中国科学：生命科学 .，2014，44(3)：223–229.
[38] 尹伟伦 · 中华大典 · 林业典［M］. 南京：江苏凤凰出版社，2014.
[39] 国家林业局. 中国林业遗传资源保护与可持续利用行动计划（2015—2025 年）[EB/OL]. http：//www.forestry.gov.cn/main/72/content–779590.html，2015–06–23.
[40] 李坚，许民，包文慧. 影响未来的颠覆性技术：多元材料混合智造的 3D 打印［J］. 东北林业大学学报，2015，43（6）：1–9.
[41] 钟根秀，任琰，于志斌，等. 我国植物提取物产业发展状况及建议［J］. 中国现代中药，2015，17（10）：1087–1090
[42] 刘培，唐国民，赵光磊. 农村秸秆废弃物清洁制浆技术研究及应用进展［J］. 江苏农业科学，2015，43（10）：446–448
[43] 黄东晓，毛萍，周华，等，森林生态学研究态势计量分析［J］.，世界科技研究与发展，2015，37（4）：450–456.
[44] 杨敏，鲁小珍，张晓利. 近 20 年国内森林生态学热点问题综述［J］.，中国城市林业，2015，13（4）：14–19.
[45] 杨忠岐，姚艳霞，曹亮明. 寄生林木食叶害虫的小蜂［M］. 北京：科学出版社，2015.
[46] 国家林业局. 林业发展“十三五”规划［EB/OL］. http：//www.gov.cn/home/2016–05/20/5074983/files/adb8a35a31924419a89b92b10bccd2c4.pdf，2016–05–20.
[47] 叶克林. 当前我国人造板工业面临的新挑战［J］. 木材工业，2016，30（2）：4–6.
[48] 刁晓倩，翁云宣，黄志刚，等，国内生物基材料产业发展现状［J］. 生物工程学报，2016，32（6）：715–725.

［49］李莉. 林业史学科教学的探索与思考［J］. 中国林业教育，2016（2）：35–37.
［50］石元春. 我国生物质能源发展综述［J］. 智慧电力，2017，45（7）：1–5，42.
［51］国家自然科学基金委员会生命科学部. 国家自然科学基金委员会“十三五”学科发展战略报告·生命科学［M］. 北京：科学出版社，2017.

撰稿人：卢孟柱　傅　峰　迟德富　张会儒　黄立新　王军辉
王立平　尹昌君　曾祥谓　贾黎明　史作民　盛炜彤

专题报告

森林培育

一、引言

森林培育学科是研究森林培育理论和技术的学科，是林学的主要二级学科。森林培育是在林木种子生产、苗木培育、森林营造到森林抚育、主伐更新的整个培育过程中按既定培育目标和客观自然规律所进行的综合培育活动。

森林培育学科的研究范畴涉及培育全过程的理论和技术问题，其中理论问题重点包括森林立地和树种选择、森林结构及其培育、森林生长发育及其调控等，技术问题包括林木种子生产、苗木培育、森林营造、森林抚育及改造、森林主伐更新等。森林培育可按林种区别不同的培育目标，技术体系应与培育目标相适应。一些特定林种的培育科技问题，由于事业发展需要和培育特点明显，已陆续独立，如经济林学、防护林学等，它们统属于森林培育学科群，成为其三级学科。

二、学科发展现状

（一）森林营建

1. 种苗培育

近年，国内林木育苗新技术研发在体细胞胚发生、轻基质容器苗规模化生产等方面取得积极进展。南京林业大学施季森教授等在苗木体细胞胚和扦插等繁育技术取得不菲成就，建立了杉木、杂交鹅掌楸等重要用材树种诱导发生率高、同步性好的体细胞胚胎发生技术体系。中国林业科学研究院张守攻院士研究团队发明干细胞高成胚率新工艺，突破子叶胚同步化规模发生技术瓶颈，创建了落叶松干细胞同步化繁育技术体系。王军辉研究员等构建了以延长光照为主导的光温水肥综合调控强化育苗技术体系，构建了主要云杉属树种规模化无性扩繁和体胚增殖体系，欧洲云杉扦插生根率达 85% 以上，3 年即可达国家标准质量水平；创新性地提出了云杉体胚干化处理方法，为我国云杉家系和无性系林业开拓了道路。张建国研究员团队形成了云杉、祁连园柏等难生根针叶树种嫩枝规模化扦插育苗技术，为林木良种规模化生产奠定了基础。苗木培育技术方面，网袋和轻基质自动装填生产线的研发实现了容器苗规模化生产，降低了育苗成本，提高了苗木质量，提升了中国林木育苗技术水平。此外，困难立地苗木繁育技术进展较好，干旱区设施育苗技术、退耕还林高寒山区抗逆性植物材料繁育、西南困难立地抗逆性优良乔灌木树种选择及快繁等取得系列成绩。

我国苗木质量评价理论和技术达到了国际先进水平。20 世纪，苗木质量调控技术多集中在形态指标、生理指标上，对苗木培育与造林效果结合的研究相对较少。近 10 多年来，将培育苗木造林至多个造林地并持续观测多年，根据苗木成活和生长状况评价苗木培育技术，进而建立起适合特定造林地的苗木定向培育技术，即特定立地目标苗木以及定向培育技术。

2. 森林营造

森林营造作为我国森林培育的研究重点与热点，近年取得突破性进展。我国人工林面积 69.33 万平方千米，继续保持世界第一。人工林培育提出了遗传控制、立地控制、密度控制、植被控制、地力控制“五大控制”的理论与育林技术体系。杨树（欧美 107 杨、三倍体毛白杨等）、桉树（尾巨桉、巨尾桉等系列良种）、日本落叶松、马尾松、国外松等树种良种得到大面积推广，使这些树种人工林的生产力得到大幅度提高。立地控制和地力控制方面，围绕杉木、杨树等人工林地力衰退机理问题，盛炜彤和杨成栋等研究了人工林地力退化的原因及机理；王华田等研究团队从养分循环、化感作用等方面揭示了杨树等地力衰退的机理，并提出了地力可持续维持的技术措施。我国针对不同地区提出了相应的高效整地技术模式。近年森林营造工作的立地条件越来越向盐碱地、石质山地、黄土高原、废弃矿山用地、沙荒地等困难立地条件迈进，这些地区的整地工作已结合物理改良、化学改良和生物改良等立地改良措施取得许多技术成果，保障了困难立地造林的成效。水肥管理是森林营造和幼林抚育的关键，国内人工林水肥管理整体比较粗放，不仅水肥资源利用效率偏低造成浪费，也给环境造成一定负面影响。近年来，我国开始逐渐关注人工林水肥管理的精确高效化，北京林业大学贾黎明教授、中国林科院林业所兰再平研究员、热林所徐大平研究员等团队已在毛白杨、欧美杨、桉树等重要速生用材林中实现了高效水肥管理，尤其在滴灌水肥管理理论与技术领域取得了一系列国际前沿成果。同时，水肥耦合与水肥一体化技术在一些重要用材林树种上也得到了大面积推广应用。在结构控制方面，混交林及树种间相互作用机制研究取得积极进展。北京林业大学沈国舫院士和翟明普教授团队在混交林树种间养分互补利用和互补转移、化感作用及其浓度效应等机理研究方面取得突破，进而提出混交林树种间“作用链”理论；河北农业大学吴增志教授在植物种群合理密度理论方面取得创新成果，中国林业科学研究院张建国研究员在杉木人工林密度效应方面论证了“3/2 幂法则”。

从森林营造的标志性成果来说，北京林业大学李俊清教授团队揭示了中国北方森林退化机理，并提出适应性恢复模式，建立了具有全新内涵的森林植被保护、恢复、重建和经营的技术模式；创新提出东北红松阔叶林人工促进恢复的“三段法”经营技术，可缩短培育期 30~40 年；构建西北荒漠植被修复技术体系，突破飞播造林关键技术。浙江省林业科学研究院江波研究员率领团队针对中国东南沿海自然灾害频发、林分质量低和区域生态脆弱等突出问题，系统研究了东南沿海山地典型森林群落退化特征，优化了自然演替与人工促进相结合的快速恢复方法，并制定了区域森林生态体系快速构建技术。

3. 森林抚育

根据 2015 年形成的新版《森林抚育规程》，森林抚育是指自幼林郁闭到林分成熟前，根据培育目标所采取各种营林措施的总称。新版规程提出基于林木分级和林木分类的两大森林抚育技术体系，发展了森林目标树抚育技术，较 1995 年版有很大发展。

2002 年，北京市率先对中幼林进行抚育，形成了许多成功的抚育技术模式，为全国树立了典范。2005 年起，为了在东北、东南沿海、中南、西南等森林资源相对丰富的地区开展国家重点生态公益林中幼龄林抚育试点工作，国家林业局下发了《国家重点生态公益林中幼龄林抚育及低效林改造实施方案》，提出在全国计划安排中幼龄林抚育面积 169 km^2，重点实施地区包括北京、河北、山西等 23 省（区、市）4 大森工集团的 37 个县（局）。主要任务是对过纯和过密的国家重点生态公益林进行有效抚育和技术示范。我国森林培育从以造林为主转为造林和抚育并重，为我国森林质量提升奠定了扎实基础。

期间，我国森林抚育研究工作也取得积极进展。北京林业大学马履一教授研究团队围绕北京市生态公益林抚育，在低耗水林分密度控制、低耗水树种引进、抚育关键技术参数优化（间伐木选择、起始期、间隔期、抚育强度）、基于森林植被模拟（FVS）的抚育技术决策、16 套生态公益林（水土保持林、水源涵养林、风景游憩林）抚育技术模式等方面取得突破，有力支撑了北京市中幼林抚育工程。中国林科院陆元昌研究员团队和中国林科院热带林业研究中心分别在北京西山、海南岛东、广西凭祥开展了油松、木麻黄、马尾松、杉木人工纯林近自然抚育理论与技术的积极实践，为我国森林抚育注入新鲜血液。中国林科院惠刚盈研究员则在森林结构化经营的理论和技术方面取得积极进展，筛选出角尺度、大小比、混交度等森林结构分析指标，并在甘肃小陇山森林抚育获得良好的实践效果，研究成果得到国际上的广泛关注和认可。

（二）林种培育

1. 用材林

目前，我国木材资源对外依存度高达 50% 以上，木材安全问题严重。随着我国天然林全面保护政策的实施以及主要木材生产国对木材出口的严格限制，我国木材国内外来源趋紧。唯有创新用材林培育理论与技术，大力建设人工用材林基地，通过“良种 + 良法”充分提高用材林的产量和质量，才能从根本上缓解我国木材供需矛盾。

我国目前开展的用材林基地建设重点工程有两个。一是重点地区速生丰产用材林基地建设工程，建设期为 2002—2015 年，总规模为 13.33 万平方千米。工程实施以来，通过新品种选育、壮苗造林、推广应用造林新技术、集约经营和定向培育，速丰林科学培育和持续经营水平提升，产量和质量显著提高。仅桉树，就提供了我国自产木材的 1/4。二是全国木材战略储备生产基地建设工程，建设期为 2013—2020 年。基地建成后，每年平均蓄积净增约 1.42 亿立方米，折合木材生产能力约 9500 万立方米。工程布局了东南沿海地区、长江中下游地区、黄淮海地区、东北内蒙古地区、西南适宜地区、其他适宜地区六大区域 18 个基地，涉及 25 个省（区、市）698 个县（市、区）和国有林场（局），主要通过集约人工林栽培、现有林改培和中幼林培育等措施，规模化培育中短周期速丰林、珍稀树种及大径级用材林。

两大工程也积极促进了用材林培育理论与技术研究的发展。2008 年以来，中国林业科学研究院张守攻院士等构建了落叶松遗传改良、良种繁育及定向培育一体化的技术支撑体系；分区提出了落叶松纸浆材速生丰产培育配套技术；构建了落叶松人工林形态和材质基础模型系统，揭示了落叶松人工林时间和空间尺度上结构变化规律，提出了大中径材空间结构优化的优质干形培育配套技术。苏晓华研究员在实现生态区专适新品种群创制的基础上，提出品种与栽培模式同步评选，创建了良种与良法配套同步推广应用新模式，显著提高了良种转化效率，实现了杨树主栽区良种普遍升级换代。国际竹藤中心范少辉研究员构建了以竹资源调查与动态监测技术为基础、高效经营关键技术为核心、健康保护技术为保障的竹资源高效培育关键技术体系，突破了毛竹林精准施肥、纸浆林短轮伐期增产等高产精准管理技术，创新了经济和生态效益兼顾的林地耕作制度、配置模式和高抗性经营模式等竹林生态经营技术。贵州大学丁贵杰教授等突破了马尾松纸浆材和建筑材林的培育技术体系。

2. 防护林

防护林因在防御自然灾害、维护基础设施、保护生产、维持生态平衡中发挥重大作用，其建设已成为我国改善生态环境的重大林业举措。目前，我国在重点地区已初步建成以防风固沙、水土保持、水源涵养等防护林亚林种为主体，因害设防、因地制宜，片、带、网相结合的综合防护林体系。目前，我国主要防护林体系包括三北防护林体系建设工程、长江流域防护林体系建设工程、珠江流域防护林体系建设工程、全国沿海防护林体系建设工程、平原绿化工程、太行山绿化工程、京津风沙源治理工程等。近期开展的京津风沙源治理工程一期工程已经完成，2001—2010 年，退耕还林 2.63 万平方千米，营林造林 4.94 万平方千米，治理草地面积 10.63 万平方千米，修建水利配套设施 11.38 万处，小流域综合治理 2.3 万平方千米，生态移民 18 万人；工程区森林覆盖率达到 19.44%，增加 8.27

个百分点，京津地区生态大为改观。

2008年以来，防护林培育理论与技术的进展主要集中在基于微地形分类的植被精准构建及配置技术、防护林衰退机制及改造模式、退耕还林技术及模式、碳汇林碳计量方法学及营造技术等方面。中国科学院沈阳应用生态研究所朱教君研究员等在北方防护林经营理论、技术与应用方面取得突破，形成了以高效持续发挥防护效能为目标的防护林经营理论和技术体系，包括防护林成熟理论和成熟林界定方法，将防护林经营过程划分为成熟前期、成熟期和更新期；提出成熟前期促进防护林成熟的幼林综合抚育、成熟期维持防护成熟的最佳结构调控、更新期恢复防护成熟的更新方式与方法；确定了防风固沙林与水土保持林系列经营密度及保留带与更新带1∶3纯林更新、近自然经营等9种模式；系统揭示了防护林衰退机制，提出衰退早期诊断理论，建立了生态生物因子衰退早期诊断方法及防衰退、避风险技术体系；创立了多树种组成、多样化配置、多功能利用的衰退防护林更新改造系列模式。北京林业大学朱清科教授在黄土高原微地形划分及基于微地形立地精准开展植被配置及恢复技术上取得积极进展。

我国退耕还林工程也取得重大进展。自1999年实施以来，15年内完成任务29.40万平方千米，工程区森林覆盖率平均提高3个多百分点，使全国有林地面积、森林总蓄积量增长分别超过15%和10%。2014—2020年计划完成退耕还林任务5.33万平方千米，配套完成宜林荒山荒地造林4.67万平方千米、封山育林2万平方千米、新增林草植被12万平方千米，工程区森林覆盖率再增加2.7个百分点。重大林业生态工程科技支撑继续跟进，在还林还草选向、树种选择、林种配置、退耕还林技术模式等方面取得许多成果。海拔400m以下地区选择"基础型"退耕还林模式，主要营造护坡护岸林和水果经济林；海拔400~1000m的中低山区选择"生态经济型"退耕还林模式，山顶营造生态林或用材林，半山发展以干果为主的经济林，山脚营造生态防护林；海拔1000m以上的地区选择"综合型"退耕还林模式，大面积营造用材林、薪炭林和水源涵养林，以林为主，种养结合。

3. 能源林

面对化石能源短缺以及利用化石能源而产生的环境问题，我国十分重视能源林树种选育及高产培育技术研究，并把开发可再生能源作为国家战略。《全国林业生物质能发展规划（2011—2020）》的出台，推动能源林基地建设进入多目标发展时期。计划到2020年，建设能源林（包括油料林、木质能源林和淀粉能源林）16.78万平方千米，每年转化的林业生物质能可替代2025万吨标煤的石化能源，占可再生能源的比例达2%。其中，生物质热利用贡献率为70%，生物柴油贡献率为25%，燃料乙醇贡献率为5%。目前，我国各地通过培育能源林、发展林业生物质能源产业，初步确立了原料林基地建设—生物质能源产品生产—林源高值化产品生产的"林能一体化"多联产产业链体系。截至2012年12月，我国已建立并在国家备案了13个原料基地，规划面积共计0.37万平方千米，造林面积达0.14万平方千米。探索出了"公司+基地""公司+（基地+农户）""公司+基地+农户""公

司 + 科技 + 基地 + 农户”等能源林发展模式。

小桐子、无患子、光皮树、黄连木、刺槐、柠条、沙棘、沙柳等主要能源树种的良种选育、苗木生产、高效培育等方面取得积极进展。湖南省林业科学院李昌珠研究员等在光皮树和油桐的高产新品种选育、非耕地矮密化栽培和油料高值化利用方面取得突破性成果。我国木质能源林培育研究取得较大进展，一般采取短轮伐期矮林作业方式，其技术关键在造林密度和收获周期。北京林业大学马履一教授研究团队研究形成刺槐能源林造林密度 66.67 万 ~100 万株 / 平方千米、收获周期 2~3 年，可以取得年均 800~900t/km^2 的干物质产量；晋西北柠条灌木能源林收获周期为 5~6 年，年均产量可达 200t/km^2。

4. 城市森林及风景游憩林

城市森林培育是在城市郊区开展的旨在保护和美化城市环境、减轻大气污染、涵养城市水源和雨洪调控、开展森林游憩、应急避险等的森林培育活动。我国十分重视城市林业建设，截至 2017 年我国已经评选出 137 个国家森林城市。2008 年以来，随着我国城镇化发展步伐的加快及解决城市环境保护问题的迫切要求，城市森林培育取得积极发展。其中举世瞩目的工作是北京首都百万亩平原造林工程的实施，2012—2016 年北京投入 300 多亿元营造了 780km^2 平原森林。北京市科委立项开展首都平原百万亩造林科技支撑工程研究项目，北京林业大学马履一教授团队研究形成基于 GIS 和遥感影像的北京平原立地分类和城市热岛、PM_{10}、NO_2、SO_2、森林雨洪调控等 7 大类森林功能空间区划，形成 16 种北京平原造林新材料新技术和 24 套造林模式，建立了建筑腾退地、废弃砂石坑、沙荒地等 7 个不同功能的示范区，造林保存率＞ 95%。

风景游憩林是城市森林的一个子类型，主要目标是在保障城市森林生态服务功能的基础上，通过提高森林的视觉美学功能、康养保健功能以及健全游憩基础设施，提高森林的观赏与游憩吸引力。2008 年以来，北京林业大学贾黎明教授团队、徐程扬教授团队及福建农林大学董建文教授团队等开展了一系列风景游憩林培育理论与技术研究工作。主要研究成果集中在风景游憩资源及风景游憩林类型划分；不同尺度、不同季相林分景观质量评价及景观要素模型构建，据此形成了风景游憩林经营的技术原则及体系；形成了我国特色的森林景观视觉设计和管理途径；研究形成了风景游憩林抚育技术、低效风景游憩林改造等模式，主要包括风景游憩林的林分抚育间伐、林木修枝、混交林林分树种组成和空间结构调整、林下植被管理、林分垂直层次控制、林分补植造林等。

三、本学科与国外同类学科比较

（一）森林多功能培育理论

创新森林培育理论来维持森林生态系统健康、保持林地持续生产力和生态功能高效发挥、维持森林休闲游憩和景观等的多功能已成为迫切需要解决的问题。在此背景下，国际上以减少对环境影响为指导思想、以森林可持续经营为基础的一系列森林多功能培育创新理论被提出，逐渐成为指导森林培育发展的基础。

美国提出森林生态系统经营理论，强调把森林建设为多样的、健康的、有生产力的和可持续的生态系统，以产生期望的资源价值、产品、服务和状况。德国提出的“近自然林业”森林多功能培育理论主张按照完整的森林发育演替过程来计划和设计各项经营活动，优化森林的结构和功能，永续利用与森林相关的各种自然力，不断优化森林经营过程，从而使受到人为干扰的森林逐步恢复到接近自然状态，实现森林的多功能利用。其技术路径是基于林木分类的目标树培育作业体系，其目标是通过择伐形成复层异龄混交恒续林。这一理论逐渐被美国、瑞典、奥地利、日本等国家接受推行。20 世纪 80~90 年代，美国为尽快制止生态恶化，提出了森林健康经营理论，该理论最初主要针对森林病、虫、火等灾害的防治，后逐渐上升到森林健康高度，森林健康的实质是使森林具有较好的自我调节并保持其系统稳定性的能力，从而充分持续发挥森林的经济、生态和社会效益。

随着我国林业由木材生产为主向生态建设与保护、木材生产、休闲游憩等多功能经营方向的转变，森林多功能培育等理论成为目前乃至今后影响我国森林培育发展的理论基础。森林近自然培育已在我国海南岛、北京、广西凭祥、甘肃小陇山等地开展积极实践，森林健康经营技术也已在北京、河北、四川等省（市、区）开展实践。《全国森林经营规划》（2016—2050）在公益林和商品林经营基础上，明确提出了兼用林抚育经营就是多功能森林培育的具体体现。但我国目前还未形成成熟的森林多功能培育的完整技术体系，国外的技术体系并不能适合我国森林（特别是大面积人工林）特点，探索中国特色的森林多功能培育理论与技术体系需要加强。

（二）林木种苗培育

施肥理论与技术仍是国际上苗木培育研究中最为活跃的领域。加拿大、美国等学者以北美红栎、白栎、黑云杉、白云杉等树种为对象，广泛开展以秋季施肥为特征的稳态营养加载理论与技术研究，即利用养分内循环理论，从养分贮存与再利用角度建立苗圃阶段施肥量与翌年生长之间的数量关系。2013—2015 年，西班牙学者结合地中海地区季节性干旱方面实践，系统总结了营养加载研究进展，让人们对营养加载技术和困难立地间的关系的理解更充分。过于寒冷的气候制约了北欧、加拿大等高纬度国家和地区的春季造林，短日照苗木调控技术与夏季造林研究成为这个区域的研究重点。体细胞胚发生是一种高效的苗木培育技术，在国外也得到长足发展，在针叶树种和阔叶树种上处于领先地位。

我国在苗木稳态营养加载理论与技术方面的研究正在深化。北京林业大学李国雷教授等在栎属、松属等主要树种苗木上开展了生长期指数施肥技术、硬化期秋季施肥技术研究，并将两者结合起来，分析生长期施肥和硬化期秋季施肥叠加效应对养分加载效果和苗木质量的影响。我国中、高纬度春季干旱使得造林时间向多雨的夏季转移，目前已经在短日照（开始时间、持续长度、强度）结合适度水分胁迫等育苗技术体系中取得较大进展。我国体细胞胚研究近年来发展较快，已在鹅掌楸、云杉、楸树、花楸、水曲柳、油松等树种上取得成功。我国苗木培育理论与技术研究正在向国际先进靠拢。

（三）用材林培育

1. 用材林培育技术决策系统

用材林培育受多方面因素影响，技术日趋复杂，采用森林培育决策支持系统已成发展趋势。目前，全球已开发出约 100 种森林培育计算机决策支持系统（decision support systems，DSS），如 FVS、ArcFuels、EMDS、INFORMS、RSPS 等。各国利用 DSS，针对不同时间、空间（林分、区域、国家）、决策制定（单一或多个决策者）和经营目标（木材收获、森林游憩、生物多样性保护等）等多尺度进行培育技术制度决策。

与国外相比，我国用材林培育技术决策系统研究尚处起步阶段。北京林业大学从美国林务局引进 FVS 系统，将研究建立的油松、侧柏、长白落叶松、华北落叶松、栓皮栎等树种立地指数表和关键模型嵌入原系统，使其成功用于用材林经营决策中。南京林业大学针对南方型杨树人工林，利用不同立地、不同品种多年的样地监测数据研建林分生长模型，开发出“南方型杨树人工林计算机经营模拟系统软件（STPPCMSS）”，为我国南方型杨树培育技术决策提供了重要平台。

2. 用材林集约培育技术及标准化

为满足木材需求，许多国家和地区采用标准化集约培育技术措施促进林木生长，提高林分生产力。截至 2015 年，全球约 7% 的森林（290 万平方千米）采取了集约经营措施，其木材产量约占全球木材总产量的一半。目前，集约培育技术措施主要包括精细整地、良种壮苗栽植、竞争植被控制、林分密度调控、水肥管理以及轮伐期调节等。然而，由于栽培区立地条件存在较大差异，需针对树种或品种（无性系）特性分区域构建配套集约培育技术体系。新西兰用约占国土面积 7% 的土地发展辐射松等用材林，不仅满足了国内木材需求，还大量出口。其辐射松用材林约 1.7 万平方千米，占人工林面积的 90% 以上，形成了高世代种子园产种、有性与无性结合标准化育苗、造林初期精细除草（灌）、幼龄林强度抚育（前 10 年 2 次间伐 +3 次修枝，密度由 10 万株 /km^2 下降为 3.5 万株 /km^2，获得 6 米无节良材）等为特征的标准化集约培育技术，实现辐射松用材林 27~30 年轮伐，每平方千米蓄积 4.5×10^4~6×10^4 m^3 的产量，最高可达 8×10^4 m^3/ km^2。澳大利亚、南非、哥斯达黎加等林业发达国家针对轮伐期为 25~30 年的商业用材林（桉树、辐射松、柚木等），采取早期强度密度调控来提高林地生产力。巴西采取集约技术培育桉树人工用材林，年生产力达到 4500 m^3/ km^2 以上。美国在火炬松人工用材林上的研究表明，良种与良法在生产力提高上的贡献比为 4 : 6，造林地整地、苗木栽植、密度控制调控、养分管理等技术在火炬松人工林轮伐期由 50 年下降为 18 年、林地蓄积量从 1×10^4 m^3/km^2 提高到 5×10^4 m^3/km^2

中发挥了60%的作用。

目前，我国杉木、杨树、马尾松、桉树、落叶松等用材林集约化程度有了积极进展，但是针对同一树种或品种，缺乏其在不同区域的标准化集约培育技术体系；现有主要用材树种集约培育技术多尺度拓展性不够，从而限制了其应用范围和推广；单向集约经营措施的理论和技术较为成熟，但技术缺乏优化集成；抚育间伐依旧采取“保守型策略”，而对幼林强度抚育的探索还较少。

3. 定向与多目标培育

定向培育仍是世界范围内用材林培育的主要方向，国外对材种要求越来越高，配套的定向培育技术也越来越细致，目前定向培育材种包括纸浆材、建筑材、胶合板材、薪材、矿柱材等。然而，受全球气候变化、生态环境恶化、居民生活水平提高等因素的影响，森林的固碳增汇、风景游憩、水源涵养、土壤修复、生物多样性保护、动物栖息地保护等生态和社会功能的提高，多目标森林培育已经越来越为许多国家所重视。以德国、奥地利为代表的欧洲国家采用近自然森林培育理论与技术，形成了综合发挥森林木材生产、生态保护、森林游憩等多功能的森林培育技术体系。该技术体系的核心是目标树作业和择伐体系，既有较短周期的针叶材产出，同时也有长周期高价值的橡树、山毛榉等阔叶材产出。

在多目标森林培育理论和技术研究方面，我国目前处于跟跑阶段。近年来，在纸浆材、胶合板材等材种上取得长足进展，在大径材和珍贵用材上也在积极发展。我国不同地区已初步研究形成多个用材树种定向培育技术体系，部分居国际领先地位，如桉树纸浆材定向培育技术，杨树胶合板材和纸浆材定向培育技术，杉木、落叶松、马尾松大径材定向培育技术等。我国对用材林定向培育理论与技术研究的科研经费也逐渐提高。

（四）困难立地植被恢复技术

困难立地的植被恢复是当今森林培育学和生态学的研究热点之一。国外有关研究主要集中于两方面。一是对采矿废弃地采用综合措施开展土地重塑、土壤重构、适生植物选择、植被重建。美国和英国等对煤矿区综合治理工作的重点集中在露天矿和矸石山的复垦上，用植树和种草或作为湿地加以生态恢复。这些国家注重清洁采矿工艺与矿山生产的生态保护研究，采矿时已经注重岩土分类堆放与腐殖土保护，并且对矿区复垦有专项资金支持。二是研究放牧或其他人为干扰造成草原生态系统退化的原因，并对草原生态系统进行恢复重建，如美国高山草原恢复研究、澳大利亚的西部草原生态恢复等。

困难立地植被恢复也是我国森林培育的主要任务之一，我国在黄土高原丘陵沟壑区、石质山地、盐碱地、石漠化地区、沙荒地区、采矿区、道路边坡等的植被恢复方面取得了举世瞩目的成果，在国际相关领域处于领跑地位。水分和养分常是制约我国困难立地植被恢复、改善生态环境的最主要限制因子，因此我国创新了多项可解决林地中水分供应的抗旱造林技术措施，取得很好的效果。其中，集水整地、节水灌溉（小管出流、控水袋等）、覆盖保墒、压砂保墒、抗旱新材料（固体水、保水剂、吸水剂等）应用、苗木全封闭、容器育苗、菌根苗应用、飞机播种等造林技术等成效斐然。造林中苗木保护也创新了套袋、蜡封、冷藏等造林技术，还将许多促生抑蒸化学药剂（苹果酸、柠檬酸、叶面抑蒸保温剂）、ABT 生根粉、根宝等制剂应用于抗旱节水造林中并取得良好效果。除了上述节水抗旱造林技术外，抗旱剂、种子复合包衣剂、土壤结构改良剂、土面保墒剂、旱地龙等也大量应用于防旱抗旱植被恢复，取得巨大生态效益。

（五）环境应用

利用森林培育技术治理环境的发展趋势集中在固碳增汇和污染土壤修复两个领域。

1. 固碳增汇

森林生态系统能够固持超过 80% 的陆地地上部分碳和 70% 的土壤有机碳。碳汇林是在全球积极应对气候变化背景下产生的新概念，它是指按照一定减排量机制下的方法学或技术标准营造和管理的森林。国际上，荷兰、英国、美国和加拿大等国就欧美杨、三叶杨、火炬松、辐射松、樟子松、西加元杉、山毛榉、橡树等人工林开展了有关良种选育、立地选择、种植密度、水肥管理以及抚育间伐等措施对人工林生态系统碳汇影响的研究，结果表明林木在地位级高的立地上可提高固碳量 50% 以上；施 N 可使三叶杨林分土壤固碳量有所增加；良好林地水分条件可促进土壤有机碳积累等。

我国碳汇林营造及利用森林固碳增汇工作走在世界前列，胡锦涛和习近平两任国家主席在气候大会上向世界做出了相关承诺，且部分承诺已经提前兑现。当前我国实施的林业碳汇项目主要类型包括清洁发展机制（CDM）、国际核证碳减排标准（VCS）、中国温室气体自愿减排交易（CCER）和中国绿色碳汇基金会（CGCF）4 类。我国已经通过科学研究和实践，颁布了《碳汇造林技术规程》（LY/T 2252–2014）、《造林项目碳汇计量监测指南》（LY/T 2253–2014）、《林业碳汇项目审定和核证指南》（LY/T 2409–2015）等行业标准。

2. 污染土壤修复

国外利用森林培育修复污染土壤的前沿研究集中在不同类型土壤污染物生物有效性的影响因素及其调控措施、植物对不同类型污染物的修复机制和抗性机制、重金属富集植物的资源化利用技术和利用基因工程提升植物污染物修复能力等几个领域。美国、德国、加拿大、比利时等国家在利用杨树和柳树进行重金属污染土壤修复领域开展了大量研究，通过转基因和常规育种技术结合筛选出多个具有高生物量和高污染物吸收、富集和转运能力的杨、柳无性系。新西兰和澳大利亚在利用林分修复受杀虫剂、五氯苯酚、硼等污染的土壤上取得较大进展，如新西兰在其南岛科罗曼德尔半岛的受污染采伐剩余物堆积地上，利用筛选出的杨树、柳树、桉树等无性系营造了土壤污染修复林，不仅林分生长良好，而且土壤深层渗滤液量大幅减小，将土壤修复成本降低了约 80%。我国在污染土壤的植被修复上近年来有一些研究，但未有大规模的推广应用。

四、发展趋势与对策

（一）发展趋势

当前，森林的多功能作用被广泛认可，林业在国家生态文明发展战略中的地位凸显，林业投入不断增加，我国林业进入历史上发展的最佳时期。但同时我们应清楚地认识到我国森林资源总量还明显不足，森林质量及生产力水平低下，森林生态调节功能有待提高，森林木材和其他林产品供应能力明显不足，森林游憩康养功能的发挥刚刚起步，与国家和人民的需求、与国家决胜小康要求差距较大。围绕这些林业上的宏观问题，森林培育学科发展的趋势是：

1）森林质量精准提升和生产力大幅提高是森林培育的根本途径及当前主要任务。没有良好的森林质量和较高的森林生产力，就无法实现森林的生态、经济和社会价值。从中国宜林地的数量和布局来看，进一步的数量扩张已潜力有限，而森林质量的提高由于起点较低而潜力巨大。

2）森林的保护和培育都是森林可持续经营的重要内涵，两者相辅相成，不可偏废。不能单纯将公益林、天然林保护视作禁伐、限伐的政策措施。处理好森林保护和森林培育的关系，树立起通过森林培育措施显著提高森林质量的目标才能迎接未来森林多种功能重大需求的挑战。

3）天然林与人工林同为森林培育对象，培育理论与技术应协同均衡发展。低价低效的天然次生林具有很大的产量和质量提升潜力，完全可以通过各种抚育、改造、更新等培育措施来挖掘。

4）“适地适树 + 良种良法”是森林培育永远的基本原则，根据区域气候和立地特点，在森林营造和植被恢复中正确处理对立地多样性认识不足和处置失当问题，宜乔则乔、宜灌则灌、宜草则草、技术得当。

5）维护生物多样性对培育健康稳定的森林至关重要。目前，出于单项的、近期的利益驱动，乐于营造单树种、单无性系、结构简单的人工林，或采用同龄单层森林经营方式；在区域森林培育规划中，乐于采用同树种集中成片的分布格局，对维护生物多样性的要求认识不足且处置失当。这也是今后森林培育需要重点考虑处理的问题。

（二）发展对策

1. 加强高碳储量森林培育，应对全球气候变化

国家已将增加森林面积及提高森林碳储量作为应对全球气候变化增汇减排的重要措施，并向国际做出郑重承诺。作为森林培育工作新的重要增长点，应努力拓展森林营造的土地资源，下大功夫提高森林营造技术水平；应基于森林碳汇机制和能力的研究，形成提高林

地光合能力和碳汇水平、增加森林碳储量、减少林地碳排放的森林培育新技术和新工艺。

2. 强化森林抚育工作，全面提高森林质量

我国大规模造林、灭荒工作已基本结束，但目前的森林质量并不乐观，普遍存在林木生长不良、难以成林、生产力较低、结构不合理、功能不能最优发挥等问题，森林培育工作急需由以造林为主转向以抚育为主，确实做好党中央提出的森林质量精准提升工程。应以全面提高森林功能和质量为目标，在全国范围内重视和加强对现有森林的抚育和低效林改造工作；应建立不同功能森林质量的评价指标体系，通过研究和实践形成围绕森林主导功能最优发挥的森林抚育和低效林改造理论和技术；应创新森林抚育理论与技术，建立中国特色森林多功能质量精准提升理论与技术体系。

3. 重视困难立地造林，提高我国森林覆被

我国森林面积还有增长空间，但今后造林地大多已是中西部荒漠化、石漠化、干热河谷、干旱半干旱、沿海盐碱滩涂地、破坏山体、矿区、城市建筑腾退地等“硬骨头”。困难立地造林一方面应有适合的种质资源，实现优良品种（无性系）与立地条件的最优互配；另一方面应研究探索困难立地创新造林方法，创新造林地整地、土壤本底调节等营林技术，有效降低新栽林分的环境胁迫。

4. 提高用材林培育水平，缓解国家木材紧缺

我国用材林基地布局不尽合理，生产力远未达到应有的水平，定向培育仍显不够，林企结合很不完善，对我国木材自给的贡献明显不足。应加强速生丰产用材林基地、木材战略储备基地建设，稳定一批土地持续用于用材林经营，避免与农争地；加强良种与立地适配，科学进行用材林树种适生区区划；应构建不同树种良种壮苗的配套繁育技术体系，同时提高用材林地集约化培育水平，特别是合理水肥管理水平；揭示了全生命周期密度和树种结构调控理论，形成相应的调控技术；重视传统速生用材树种培育的同时，加大珍贵用材树种的培育力度，创新出不同类型树种的高效可持续培育技术体系；加强林企结合，围绕林浆纸、林板等热点领域，提高用材林定向培育水平。通过以上措施，提高我国用材林的产量和质量，全面缓解我国木材紧缺局面。

5. 构建绿色高效经济林体系，满足木本粮油需求

以生产木本粮油为主的经济林是保障我国粮食安全、提高人民生活质量的重要力量。国家应宏观调控实现分区域特色经济林品种的规模化栽培与生产，构建稳定的经济林生产体系；应加大对经济林新品种绿色高产优质苗木繁育和栽培技术的研究和示范工作，加大对林农的技术培训和科技服务工作；加大林下经济的发展力度，在确保森林质量不断提高的前提下，研究和推广高附加值的林下经济发展模式；应充分与企业联合，推出名优特经济林深加工产品，提高经济林和林下经济新品种的经济附加值。

6. 大力营造高效能源林，补充国家能源缺口

能源林是可再生的、部分替代化石能源的绿色能源，越来越得到国际社会的广泛重

视，被作为维护国家能源安全的重要内容。应加大液体燃料类和固体燃料类能源林优质高产新品种认定和推广工作，建立大规模的能源林基地，大力营造高效能源林；加大对各树种能源林能源产物生产机制、高产优质高效能源林集约栽培技术体系等的研究工作，为能源林营造提供强有力科技支撑；倡导林能一体化产业的高效多联产发展模式，开发更多高经济价值的产品，将原料“吃干榨尽”，应对与化石能源生产成本的竞争，切实使能源林及其产业成为我国能源安全的战略储备。

7. 加大公益林建设力度，实现森林功能多元化

现代林业中，森林的生态、康养体验、风景游憩等公益性功能凸显，高水平公益林建设成为国家生态安全和人民生活质量提高的保障。当前，应加大对生态公益林主导功能的监测和评价工作，并以此为依据加大生态公益林的质量提升工作；同时，要重视经济发展带来的人民群众对森林休闲游憩功能的强烈需求，要大力培育在休闲康养、视觉价值、游憩功能方面均处于高水平的风景游憩林；着力建设城市森林，配合城镇化建设打造千年城市森林，创新城市森林培育理论与技术体系。

8. 加快科研创新步伐，促进产学研实质联合

科技创新是森林培育事业的根本保障，面对森林培育当前主体工作转型、新的领域不断涌现的大好局面，森林培育科技工作需要抓住机遇、锐意创新，开创森林培育科技工作的新局面。同时，建议根据森林培育科研工作的长周期和艰难性特点，持续支持一批重点项目稳定开展科学研究，促进科研创新；建立一批森林培育长期科研试验示范基地，支撑研究形成全生命周期的森林培育技术体系；建议加强林业产学研实质性联合，把森林培育工作纳入林用一体化（如林浆纸一体化、林板一体化等）体系中，建立林业产业创新战略联盟。

参考文献

[1] West P.W. Growing Plantation Forests [M]. Springer. 2006.

[2] Dumroese R K, Luna T, Landis TD. Nursery Manual for Native Plants. Agriculture Handbook 730 [M]. Washington, D.C.: U.S. Department of Agriculture, Forest Service, 2009.

[3] 马履一，甘敬，贾黎明，等. 油松、侧柏人工林抚育研究 [M]. 北京：中国环境科学出版社，2011.

[4] 张建国，段爱国，何彩云. 森林培育理论与技术进展 [M]. 北京：科学出版社，2013.

[5] 盛伟彤. 中国人工林及其育林体系 [M]. 北京：中国林业出版社，2014.

[6] 翟明普，沈国舫. 森林培育学（第三版）[M]. 北京：中国林业出版社，2016.

撰稿人：贾黎明　刘　勇　李国雷　席本野　贾忠奎　徐程扬

彭祚登　马丰丰　邸　楠

林木遗传育种

一、引言

（一）学科概述

林木遗传育种学科是研究森林树木遗传与变异规律、探索林木遗传改良的理论与技术的科学领域，是林学一级学科体系中重要的二级学科。其根本任务是为森林培育与可持续发展提供优良品种、先进理论与技术支撑，为林木遗传育种发展培养专业人才，服务国家林业产业和生态建设。有三个主要研究领域：一是森林遗传学，主要探索不同性状在树木群体、个体、细胞及分子水平上的遗传变异规律以及调控和进化机制；二是树木遗传改良理论与方法，研究科学有效的引种、选择和杂交等改良技术方法，制订树种遗传改良和良种繁育的策略、程序与实施方案；三是林业生物技术，综合采用现代生物组学、分子生物学、生物化学、遗传学、细胞生物学、胚胎学、免疫学、生物信息学的理论方法和基因工程、细胞工程、基因组编辑及计算机科学等多学科技术，提高遗传改良与繁育技术效率，缩短改良周期，简化程序，提高精度和改良效率。作为林业生产的物质基础，选育优质、高产、抗逆性强的林木良种是加强生态环境建设、提高木材产量和质量的保障，也是缓解森林资源短缺的有效途径。实践证明，林木遗传育种依然是今后相当长时期内我国林业科学的带头学科。

（二）学科发展历程

现代林木遗传育种发端于 1821 年的欧洲赤松种源试验，20 世纪早期奠定了主要树种改良方式的发展基础。第二次世界大战后，世界范围木材需求量的急剧增加，进一步促进了林木遗传改良工作的迅速发展，20 世纪 60 年代进入了世界性的高潮，并在学科的各个发展方向上开展了较为广泛和深入的研究，取得了丰硕的成果。在一些市场经济比较发达的国家，林木的良种化已经有了较高的比例，有力地促进了林业建设和林业产业的发展。

在我国，虽然核桃早在2000多年前的西汉即引入我国中原地区，三球悬铃木的引种也有1500多年的历史，但现代意义的遗传改良工作则在1949年后才开始起步，并且经历着一个不平常的发展历程。在国家的大力支持和研究人员的不懈努力下，许多主要用材和经济树种的遗传改良工作已取得可喜进展，收集和保存了大量的优良遗传资源，培育出大批良种，为进一步的遗传改良提供了可持续发展的基础。同时育种理论和技术研究也从无到有，由低层次向较高水平方向发展，形成了我国林木遗传育种学科的诸多研究领域，成为中国林学面向21世纪发展最为活跃的学科。

近年来，林木遗传育种学科发展较快，在林木种质收集保存与创新利用、分子育种及林木重要性状的分子基础等方向开展了基础和应用研究，培育了一批生长、材性和抗逆等性状改良的新品种；确立了294个国家重点林木良种基地，建立了林业行业“林木遗传育种国家重点实验室”和“林木遗传育种国家工程实验室”等国家级研究平台，先后有多人成为“973”“863”等重大科学研究计划首席科学家，6名优秀青年学者分别获得国家杰出青年科学基金、优秀青年科学基金资助，有1人获得“青年千人”称号，10余人入选教育部“新世纪优秀人才支持计划”，有1个团队入选科技部重点领域创新团队。

二、现状与进展

（一）发展现状与动态

近年来，林木基因组研究取得较大发展，为林木性状的遗传分析提供了新理论与技术手段。现代分子生物学技术与常规育种方法的结合拓展了林木遗传育种学科研究领域的深度和广度，取得了一批重要成果，为林木良种工程的创新发展奠定了坚实的理论基础与技术方法。

1. 林木基因组的测定

继国际上毛果杨、云杉、火炬松、巨桉、垂枝桦等全基因组测序的完成，我国也完成了胡杨、簸箕柳、毛竹、枣树、杜仲、银杏、白桦、橡胶树等树种的全基因组测序。此外，全基因组测序进行中的树种还有油茶、油桐、泡桐、紫竹、桂竹、鹅掌楸、毛白杨、香樟、楸树、落叶松、沙棘、水曲柳、柽柳、茶花、山苍子等。但因树木杂合度高、一些树种基因组庞大，高精度的拼接还有困难，基因组的精度仍然不高。而第三代测序技术以及源于染色体构象捕获的Hi-C技术的普遍应用，将会极大推动很多树种的全基因组测序工作，大幅度提高基因组DNA序列拼接结果，精细度有望达到染色体的水平。第三代测序技术结合Hi-C或BioNano（单分子图谱）技术可提高基因组序列的组装精度，是未来树木基因组研究的发展趋势，将为揭示树木重要性状的遗传控制机制和辅助育种提供强有力的支撑。

2. 林木重要性状形成的分子基础

树木基因组序列的测定为解析重要性状形成的分子基础提供了手段。在树木生长、发育相关基因家族成员组成及其进化分析、组织和发育时期的特异表达分析取得了系列成果。分离了木材形成过程中的候选基因，揭示了参与形成层活动、木质部形成、细胞类型分化、细胞壁沉积及木质纤维合成的关键基因功能，阐释了其对最终产物木材产量和品质特性的影响；木材主要成分木质素合成机制研究进一步深入，揭示了其合成受蛋白磷酸化控制及复合体的参与，并建立了可定向定量预测木质素合成的酶动力学代谢流量模型；探究了柽柳等木本植物的抗逆机制，鉴定了一批与调控抗逆相关的转录因子和调控元件，为揭示抗逆的分子机制提供了重要参考；发展了利用基因组数据分析树木复杂性状遗传调控网络的新算法。上述研究成果为树木分子育种技术体系的建立与发展奠定了基础。未来将进一步深化性状基因功能的解析，并与基因组范围的性状解析相结合，为树木重要性状遗传调控机制的解析、功能基因的鉴定及分子标记的开发利用提供广阔前景。

3. 林木分子生物学研究技术

针对林木生长周期长、杂合度高、转化系统成熟度低等限制因素，创建了林木 ChiP 技术、木质部原生质体转化系统，可以解析基因调控关系；在林木上成功应用了 CRISPR/Cas9 基因组 DNA 定向编辑技术，为分析基因在性状形成中的作用提供了手段；发展了木本植物的瞬时转化技术，可以快速鉴定抗逆相关基因；开发了以转录因子为中心的酵母单杂技术，可以确定转录因子所结合的顺式作用元件，从而解析相应基因表达的调控机制；利用上述技术结合组学技术，可以有效分析生物学过程所涉及的基因调控网络，确定性状的关键基因。随着组学数据的不断积累，利用生物信息学开发海量数据的分析技术、解释复杂性状的基因调控网络将是重要的研究方向。随着生物信息学的不断发展，对生命现象的解析由简单到复杂，整合生物在不同生长和发育阶段的基因组信息、构建性状的基因调控网络，以全面理解生物系统如何发育并行使其功能；利用基因组编辑技术，开发新的功能基因的分析、鉴定技术，将进一步提高功能基因筛选和鉴定的效率，极大提高林木生长发育的分子调控机制。

4. 林木分子标记辅助育种

利用树木基因组数据，完成了众多用材与经济林树种的分子标记开发，并成功用于群体遗传结构与变异分析、种质资源的遗传关系与种质鉴定。利用基于基因组数据开发的大量 SNP 等标记，构建了杨树、柳树、白桦等树种的高密度遗传图谱并提高了定位精度，对生长、材性、抗逆、养分和光能利用等重要性状进行了精确定位。利用重测序技术，对杨树天然林个体进行了性状关联分析，开发了与性状密切关联的关键功能基因标记，利用标记解析了影响性状的加性、显性、上位性等遗传效应，提出了分子标记辅助育种的策略和途径。将核基因组 SSR 标记和叶绿体基因组 SSR 标记结合，用于针叶树混合群体的亲本和亲缘关系鉴别，实现了其在油松高阶种子园亲本选择、配置设计和遗传管理中的应用。随着越来越多的树种完成基因组测序，大量分子标记的开发将为林木群体遗传研究、高密度遗传图谱的构建、重要性状的QTL定位与关联分析提供更多信息。随着气候变化、遗传型与环境互作等研究领域的发展，将形成表型组、生理组、生态组等新研究领域，促进树木分子标记技术的新发展，并在种质创新及其与生境优配领域得到新应用。此外，开发处理海量分子标记信息能力的强大计算模型，对于未来实现林木分子设计育种亦有重要意义。

5. 林木基因工程

开展转基因的林木物种不断增加，目前杨树、桦树、桉树、落叶松、核桃、柑桔、猕猴桃等多个树种外源基因转化技术日趋成熟，树种基因工程育种体现了新的特点。一是来自树木本身调控生长、材性和抗逆性的关键基因越来越多，不再依赖模式植物的基因；二是采用多基因转化技术实现了多个性状的同时改良；三是材性改良基因不只是木质素相关基因，而是利用最新鉴定的控制形成层活性、木质部分化和细胞壁沉积的基因，具有自主知识产权，将在木材的数量、质量改良上发挥作用。培育出的材性、抗旱和耐盐等性状显著改良的转基因新品种（系）分别获得了中试及环境释放许可，部分转基因株系申请获得新品种，具备了申请安全证书的条件。转基因杨树田间试验的申请数量最多，2016年中间试验23例，环境释放和生产性试验16例。随着鉴定的树木功能基因越来越多、林木不同物种转化技术的成熟以及基因组编辑技术的进步，高效、安全转基因技术将得到更大发展，林木优质、高产、抗逆的基因工程育种将会取得更大成果。

6. 遗传测定和遗传分析理论与技术

近年来在林木遗传测定的试验设计、遗传统计分析研究领域取得了新进展。在试验设计上，循环行－列设计理论及其软件CysDesign的应用实现了对环境的双重控制，允许把数百上千个家系通过分组和设置共同家系的方式纳入统一的试验中，借助ASReml软件预测育种值；MatingPlan、SeedPlan等方法用于交配组合设计、种子园配置设计，平衡了近交系数和遗传增益。交配设计采用智慧设计（smart design），类似于正向同型交配（positive assortative mating），给予优良亲本更多的配子贡献机会，以获取尽可能高的遗传增益；同时为了控制近交系数，开发出系统模拟共祖系数目标水平为0.25、0.45和0.6时产生的杂交组合及预期增益，使得交配设计更具可控性和预见性。结合分子标记技术，育种策略及方法的不断改进将会极大促进种子园的设计、建设，优化育种程序。

7. 林木遗传改良

许多林木的育种进入新改良周期，如杉木、马尾松、落叶松、油松、湿地松、火炬松等树种已经进入高阶（2~3代）改良（多世代改良）阶段。楸树、木荷、红锥等珍贵优质阔叶树种的育种虽然起步迟，但都已完成了第一代遗传改良。首次将生态育种概念应用于杨树育种，在各育种区提出亲本、组合和无性系选择并重的多级选育程序；提出了核心育种群体构建、早期选择模型构建、多性状联合选择等选育技术，选育出91个覆盖全国的高产优质高效新品种。落叶松和桉树良种实现了良种规模化生产，建立了“落叶松设施育苗和良种快繁技术”和“桉树网袋容器嫩枝扦插技术体系”，成为科研与生产密切结合的典型范例。油松已将分子辅助育种策略用于高改良轮种子园的亲本选择和无性系配置设计，简化了育种程序，缩短了育种周期，提高了改良增益。随着计算机技术的迅速发展，进行复杂模拟和运算的能力不断提高，利用育种值估计评价优树及子代等，优树选择的精确度越来越高，使采用复杂的试验设计成为可能。为了对林木良种基地实施分级分类管理，国家林业局确定了294处国家重点林木良种基地，总面积850km^2，涉及30个省（区、市）四大森工集团及新疆生产建设兵团，涵盖树种近100种。这些良种基地也是今后我国林业主管部门及科研单位按照制定的长期育种规划不断提高树种的遗传增益、建立高世代种子园的主要阵地。

8. 林木细胞工程与种苗

针对林木生长周期长、基因杂合度高、有性繁殖不能保持杂种优势等特点，提出了有性创造、无性利用的育种策略。即在杂种子代中筛选杂交优势明显的优良个体进行无性繁殖获得无性系，将测定后筛选出的优良无性系用于生产。目前，我国湿加松良种扦插育苗造林规模已位居世界前列。林木体细胞胚诱导的优良无性系苗木繁殖效率同步化水平高，越来越受到重视。但我国由于起步较晚，除了杂种鹅掌楸等少数树种已经利用体细胞诱导获得的体胚苗大量生产造林外，多数处于探索阶段，目前涉及的树种有云杉属、湿加松、火炬松、华山松、马尾松、落叶松、杉木、油松、红松、黑穗醋栗、桉树、桃树、枫香、鹅掌楸、栓皮栎、麻栎、楸树等树种。利用落叶松、云杉、鹅掌楸等树种的体细胞胚对体细胞的胚性诱导、同步化、人工种子成熟过程进行了分子水平的研究，鉴定了起重要作用的调控因子。这些研究为进一步解决一些物种的体细胞胚体系的建立提供了基础，并为优化人工种子的大规模制备奠定了基础。

（二）学科重大进展及标志性成果

1. 重大进展

针对我国重要造林树种，分别揭示了重要性状的遗传变异规律。根据不同树种特点制定了相应的育种策略，按产量、品质、抗逆性的育种目标，分通用材、定向培育两阶段各有侧重地开展了重要树种的多世代育种工作，构建了一批育种群体。营建种子园近50km^2，并实现了种子园矮化果园式经营的目标。研发了重要树种的早期选择模型构建、多性状联合选择等技术，采用常规育种手段与现代生物技术相结合的手段，选育出一批高产优质高抗的林木良种，建立了294处国家重点林木良种基地，使林木良种使用率超过61%。突破了杂交鹅掌楸、杉木、落叶松和云杉等树种的体胚发生关键技术，优化形成了实现其工厂化育苗的技术体系，为良种壮苗生产效率的提高奠定了基础。完成了胡杨、簸箕柳、毛竹、枣树、白桦、银杏、杜仲等树种的全基因组测序工作；同时，毛白杨、油茶、油桐、泡桐、银杏、紫竹、桂竹、鹅掌楸、沙棘、水曲柳、柽柳、山苍子等树种的全基因组测序工作也取得了新进展。建立了杨树、桦树、桉树、落叶松、核桃、苹果、柑桔、猕猴桃等多树种的外源基因转化系统。开发出一批林木生长、材性、抗逆、养分和光能利用等重要性状分子标记，并将其成功应用于基因组图谱的构建，生长、材性和抗逆性关键基因的鉴定，种质资源、品种鉴别等领域。创建了林木 ChiP 技术、木质部原生质体转化系统和 CRISPR/Cas9 基因组 DNA 定向编辑技术，分离了木材形成、经济林次生物质合成、抗逆性（包括抗生物与非生物逆境）形成等相关的候选基因，并鉴定关键基因的功能，揭示了与木材形成、经济林次生物质合成、抗逆性构架等的机制，为采用分子育种手段定向培育稳产、优质、高抗的林木新品种奠定了基础。

2. 标志性成果

近年来，我国林木遗传育种研究取得了一批重大成果，在林木良种选育的理论、技术、方法等方面取得了重要突破，在一些领域已接近或达到世界先进水平。“林木良种细胞工程繁育技术与产业化应用”“四倍体泡桐种质创制与新品种培育”“杨树高产优质高效工业资源材新品种培育与应用”“非耕地工业油料植物高产新品种选育及高值化利用技术”“落叶松现代遗传改良与定向培育技术体系”等多项成果先后荣获国家科学技术进步奖。

“林木良种细胞工程繁育技术与产业化应用”攻克了木本植物体细胞胚胎发生和植株的高效再生这一世界性技术难题，突破了林木体细胞胚高频诱导、同步发生技术、细胞工程繁殖材料、规模化繁育产业化技术“四大”关键技术。创新性地运用植物细胞全能性理论，创建了体细胞胚性恢复和体细胞胚胎发生调控、植株再生技术，攻克了林木良种高效和规模化繁育技术瓶颈，实现了“由一个细胞到一片森林”的技术跨越，是国内外成功实现林木细胞工程技术工程化和良种繁育产业化应用的典型案例。提出了常规育种与现代生物技术相融合、多学科领域交叉的林木细胞工程育种理论。

“杨树高产优质高效工业资源材新品种培育与应用”开创性地应用生态育种理论，首次划分出我国杨树九大育种区，实现了分区专适新品种群创制；创立了亲本、组合、无性系选择三位一体多级选种程序和资源高效型品种评价指标体系，开发出重要性状功能分子辅助早期选育技术，突破了高效快速培育优良品种关键技术瓶颈；首次从全自然分布区多水平收集我国极端缺乏的高生产潜力黑杨派种质资源，分气候生态区建立种质资源保存库，系统评价构建出核心育种资源群体，突破了有效资源匮乏的制约“瓶颈”；提出品种与栽培模式同步评选，创建良种与良法配套同步推广应用新模式，显著提高良种转化效率。

“落叶松现代遗传改良与定向培育技术体系”针对我国落叶松造林良种缺乏、集约经营水平低、林分生产力不高等问题，以定向培育速生、丰产优质和高效的纸浆材、大中径材为目标，开展了选择育种、杂交育种和分子聚合育种的综合研究，突破落叶松高世代生态育种、干细胞同步化繁育、杂种优势利用，创新纸浆材性状改良及速生丰产培育技术、大中径材林分结构优化培育等技术，构建了落叶松遗传改良良种繁育加定向培育一体化的技术支撑体系。

此外，在基础研究方面，初步解析了重要性状形成的分子基础。特别是分析了木材形成过程中的候选基因，揭示了 FBL1、WOXs 参与形成层活动，PtrHB4、PtMAN6、PtWND1B、PtC3H17 调控木质部形成，PtrDUF579、MYB216 影响细胞壁沉积，并通过转基因技术评估了其对最终产物木材产量和品质特性的影响，为分子育种提供了理论和技术基础；揭示了单体合成酶 AldOMT2 受蛋白磷酸化、4CL3 和 4CL5 形成复合体的木质素调控机制，并建立了可定向定量预测木质素合成的酶动力学代谢流量模型；探究了柽柳等木本植物的抗逆机制，鉴定了一批与调控抗逆相关的转录因子和调控元件，初步揭示了木本植物抗逆的分子机制。上述研究成果为林木分子育种技术体系的建立与发展奠定了基础。

三、本学科与国外同类学科比较

近年来，我国林木遗传育种学科有了长足的发展，与林业发达国家的水平比较接近，部分领域达到国际先进水平，但是总体上仍有差距。相对而言，在分子育种和生物技术应用上的差距较小，而在常规育种理论与技术方面差距较大。

（一）常规育种理论与技术发展比较

1. 应对全球气候变化的林木遗传育种策略与技术

林业发达国家如北美地区和西欧地区国家都设立了应对气候变化的林木育种策略和技术的研究项目，有些项目还是国际性的。而我国当前研究主要集中在比较微观的技术层面，在育种策略和技术层面缺乏顶层设计，也未见比较系统的研究。

2. 缩短育种周期和提高单位时间遗传增益

美国北卡罗来纳州立大学的火炬松遗传改良项目持续 50 多年，2015 年已经进入第四个世代（轮回），并且已经开展了全基因组选择育种，该项目始终把提高单位时间遗传增益的目标放在第一位，衡量改良成效的最重要指标是年均遗传增益。其改良手段主要有两个：第一个途径是通过系统全面的早晚相关研究确定早期选择的年龄，进入第三个世代以后，选择年龄确定为 5 年；第二个途径是通过把早期选择的优良单株嫁接到第一、第二个世代所建立的种子园母树上，促其提早开花结实，使得一个育种世代不超过 10 年，大大缩短了育种周期。我国在很多重要用材树种上都开展了早晚相关研究，但是真正把早期选择年龄确定下来并作为标准应用于育种实践的较少。

3. 遗传测定和遗传分析理论与技术创新

近年来，国际上在林木遗传测定的试验设计、遗传统计分析等方面出现了很多创新。在试验设计上，循环行－列设计理论及其软件 CysDesign 的应用实现了对环境的双重控制，允许把数百上千个家系通过分组和设置共同家系的方式纳入统一的试验中，借助 ASReml

软件预测育种值；在交配组合的确定、种子园的布局等方面，采用 MatingPlan、SeedPlan 等平衡近交系数和遗传增益。北卡罗来纳州立大学火炬松第四代遗传改良的交配设计采用智慧设计，给予优良亲本更多的交配机会，以获取尽可能高的遗传增益；同时为了控制近交系数，开发出系统模拟共祖系数目标水平为 0.25、0.45 和 0.6 时产生杂交组合及预期增益，使得交配设计更具可控性和预见性。对于上述新理论、新方法及相关软件的应用，国内正在引进、消化吸收并集成创新。

4. 种子园建设与经营管理

我国林木种子园面积大，涉及树种多，种子园经营管理水平较高，一些重要造林树种的种子园在建园亲本选择、种子园设计、经营管理等方面达到或接近国际领先水平。在种子园树体管理方面，我国在马尾松、国外松、杉木及阔叶树种木荷种子园矮化方面形成了具有鲜明特色的技术，走出了自己的路。在种子园丰产稳产方面，一些良种基地在一些重要造林树种上做出了优异的成绩，如杉木种子园实现了亩产超过 10kg 种子的好成绩且没有大小年，小面积上达到亩产 18kg 以上高水平。此外，白桦强化育种技术深入推广，已在鹅掌楸、桉树等多个树种中应用。

5. 优良杂交组合规模化制种

北卡罗来纳州立大学火炬松遗传改良项目采用老树作为砧木嫁接入选的优良亲本，促使提早开花，通过人工控制授粉大规模生产优良杂交组合的种子，取得突出成效。自 2000 年以来，通过该办法共生产优良杂交组合的苗木超过 8 亿株，仅 2016 年就套袋授粉 140 万个袋，生产 3.5 亿粒控制授粉种子。该技术的灵感来自于果树的高接换冠，我国在果树栽培上应用该技术已有悠久历史，但在林木上尚未有成功应用的先例，限于客观条件，目前仍难以实现。

（二）分子育种和生物技术发展比较

1. 分子标记辅助选择

发达国家在林木种质资源的评价上，已经利用基因组测序的信息建立亲缘关系矩阵，将这种矩阵整合到遗传分析的统计模型中，以便更准确地估算遗传参数和预测育种值，为此专门开发了新的算法和统计模型。新算法和新模型的开发，需要同时精通计算机和林木遗传育种知识的人才。目前，我国这方面人才还比较缺乏，需要大力引进和培养，才有可能追赶发达国家。

2. 功能基因组研究

国际上，毛果杨、巨桉、挪威云杉、火炬松等树种的全基因组测序结果均作为模式树种在推动相关树种的功能基因组研究方面发挥重大作用。我国近年来林木全基因组序列测定工作蓬勃开展，进展很快。目前的差距主要在 DNA 序列的拼接、基因功能的注释和未知基因挖掘利用等方面。这需要在生物信息学硬件、软件和人才方面相应加强，在重点树种的基因组测序结果的拼接和注释方面加快步伐，使之成为模式树种，推动相关树种功能基因组的研究。我国在杨树木材形成、抗逆等性状的功能基因解析上取得了令人瞩目的成绩，达到了世界先进水平。在关联分析和基因组选择方面，由于样本量及数据挖掘的能力限制，总体上与国际先进水平仍有差距。

3. 体胚技术的研究和应用

美国 ArborGen 公司开发的火炬松体胚技术代表着林木体胚技术的世界领先水平。该公司不仅成功地诱导并培养出成熟的体胚，并且将成熟体胚脱水处理，最终培育成商品苗。体胚干化、同步化、冷藏后解冻技术遥遥领先，生产流程自动化水平高。这一技术已在火炬松商品化育苗中应用多年，成为林木体胚技术应用的标志性成果。我国林木体胚技术的研究虽然起步较晚，但是进展很快，杂交马褂木的体胚技术已经得到实际应用，落叶松、云杉等树种的体胚技术发展较快，在体胚干化和同步化方面的研究取得了可喜进展，但是多数未达到商品化应用的程度。体胚干化、同步化、冷藏后解冻技术是体胚常年供应、真正实现商业化应用的重要技术环节，需要加强研究。

四、展望与对策

（一）发展战略需求、重点领域及优先发展方向

未来几年，我国林木遗传育种的发展面临着如下重要战略需求：第一，育种目标呈现多样化，以满足社会各方面的需求，而不能仅局限于木材产量的提高，林产品的品种要增加，其产量和品质也要提高；第二，育种目标要适应环境变化和气候变迁特征，不断扩展多类型造林地面积，尤其扩大在盐碱、荒滩和干旱等立地条件差地区的造林面积，这就要求林木遗传育种工作加强林木适应性和抗逆、抗病虫害性机制及其改良策略的研究，培育对恶劣环境适应性更强的林木种质材料；第三，新时期我国林业生产和生态建设的快速发展迫切需要大量品质更优良、适应性更强的林木新品种，因此需要不断推进新品种的更新周期，加快新品种的选育过程，选育的良种要实现规模化生产。目前，我国林木新品种选育仍主要依赖于常规育种方法，林木育种工作面临周期长、效率低、育种材料遗传背景狭窄等瓶颈。因此，开展和推进以分子设计和安全基因工程技术为核心、常规育种和分子育种相结合的研究，需要实现由传统的表型选择到基因型选择的转变，逐步跨入定向、高效的“精准育种”阶段。同时，林木木材品质、抗逆性等许多重要性状是由多基因控制的复杂性状，随着基因组学、表型组学等相关组学的快速发展，在全基因组范围内探索林木重要性状的多基因遗传规律，将实现控制性状关键遗传因子的发现，提高基因工程技术应用的目的性，真正培育出针对复杂性状改良的突破性新品种。以此为基础，将极大提高我国林木育种科技水平和育种效率，并将有助于新一代育种理论和技术体系的发展。此外，在林木功能标记开发、遗传网络和代谢网络构建，林木功能标记数据库和信息网络构建、分

子设计育种等技术体系构建上，实现相关技术的突破，进一步提高我国林木遗传研究的原始创新和集成创新能力。

针对我国林木遗传育种发展的多种战略需求，学科重点领域及优先发展方向如下：许多林木性状如木材品质、抗逆性等是受多基因调控的复杂数量性状，因此针对这些性状的形成及其遗传变异机制，在林木中开展基于遗传学、基因组学、分子生物学、生物信息学、系统生物学等多领域多学科的研究，在全基因组水平上解析林木重要性状的遗传分子调控网络及其变异规律，挖掘林木重要性状的关键遗传变异因子，拓展林木重要性状形成及变异的理论基础，为进一步利用基因工程及分子设计育种奠定科学基础和技术支撑，是我国林木遗传学科发展的重点领域。同时，应继续加强现有林木种质资源的收集和保存，建立重要树种的高效核心育种群体，确定杂交育种的骨干亲本资源；进一步明确主要树种的遗传育种参数，完善重要经济性状和生态性状的遗传变异规律评价技术体系。在此基础上，建立和完善林木重要性状相关的全基因组等位变异鉴定体系，设计基于复杂性状全基因组变异规律和多遗传因子互作理论的最佳育种路径，实现多遗传因子的高效整合与优化，达到多个复杂性状同步改良的分子设计育种目标，创制新一代综合性状优良的林木新种质，引领新兴林木种业发展，为保障我国木材种质资源安全提供核心战略支撑。把握机遇，充分利用植物基因组学和生物信息学等前沿学科的重大成就，及时开展林木分子设计的基础理论研究和技术平台建设，培养职业化育种队伍与工程技术人才。努力实现分子设计育种的目标，大幅度提高林木育种的理论和技术水平，带动传统育种向高效、定向化发展，从而为我国林业生产带来巨大的经济效益和社会效益。

（二）发展战略思路与对策措施

建立我国林木遗传育种学科与新时代下重大科技发展趋势相适应的主动应变对策，密切研发机构间协作及产、学、研的结合，构建发展共同体与行业智库，服务生态文明与林业发展需求，在森林遗传前沿与现代育种领域做出重大贡献，在林木遗传育种高端人才培养方面满足国家种业创新发展需求，为我国林木种业发展提供可靠的智力支撑以及理论技术依托。

1. 指导原则

明确战略布局，谋划短长战略，完善创新体系，实现重点突破，保障稳步发展。构建基于现代生物组学与遗传调控技术的现代育种理论，提高种质资源保护与管理理论与技术能力，提高良种培育及其种苗生产效率和效益，促进良种繁育与推广利用，打造高水平种业科技创新平台，构建高水平科技创新团队，强化良种产业链体系的高效可持续发展，是现阶段主要发展任务。到 2025 年，提出若干重要林木育种基础理论，创建一批技术体系，实现重要林木良种的产量比“十二五”提高 15% 以上，主要造林树种林木良种使用率达 80% 以上，建立国家长期林木育种科技基地 60 个，林木育种的综合创新能力和竞争力跨入国际先进行列，使我国林木的良种化水平达到新的高度，实现对林业科技与国家经济建设的更大贡献。

2. 发展策略

我国的林木遗传育种学科发展要以有利于保育重要遗传资源、开发树木各种功能效益、维护生态安全、促进关联经济发展、美化优化生态环境、对国家生态文明和美丽中国建设做出更大贡献为应用目标，以国际重点学术发展方向与前沿科技研究领域为引导，充分利用现代分子生物学、生物信息学和生物组学理论，借鉴模式植物和作物遗传研究的成功经验，汇聚相关技术与应用学科的先进理论与技术方法，将最新的基因与基因组编辑、基因表达调控技术、高效分子标记技术、现代生物组学分析技术、性状高效精准检测与调控技术等引入林木遗传育种研究。以森林与树木遗传学理论创新、遗传资源的评价与可持续保育、良种选育遗传与环境测定技术、简洁 / 精准 / 高效育种程序以及良种繁育技术体系的品质与生产效率优化为主要学科发展方向，通过构建“政产学研用”协同创新机制，密切结合林业经济、生态安全与景观环境优化领域的未来发展需求，制订中长期发展战略规划。

3. 重点领域

林木遗传育种是系统性工程，重大遗传问题的揭示与育种关键技术的突破对提高育种效率意义重大。借助现代生物组学与生物技术，改造与发展传统育种技术体系是创新育种技术、提高改良效率和效益的重要途径。未来几年将借助先进理论与技术方法，以林木种质资源收集与评鉴，林木重要性状基因功能解析及调控机制，林木育种群体构建与骨干亲本创制，林木细胞工程和转基因聚合育种、林木强化育种、林木高世代种子园营建及经营技术和林木良种规模化、标准化无性繁殖关键技术为重点研究领域，实现在理论与技术方面的创新发展。

4. 育种体系的创新构建

林木的杂合性、重要性状调控机制的复杂性、种质鉴定的综合性、育种体系的多群体结构、育种程序的周期性和良种繁育的多途径等，需要在关键技术层面提高效率与效果，促进林木育种体系的提质增效。基于树木性状表观构成的分子基础与调控因子检测技术的树木遗传与变异研究关键技术，基于树种群体和个体种质重要经济、形态和生态等表型变异的精准遗传分析检测关键技术，基于多育种目标、多种质创新方法、多种质层次结构和多繁育途径的分子辅助选择育种体系构建关键技术，基于种质配置与产量效益优化遗传设计、树体与水肥调控、开花生殖调控的实生良种高效繁育关键技术，基于高效体胚、采穗圃系技术、规模化扦插、基质容器等高效标准化设施无性系良种育苗的关键技术，是育种技术体系突破的重点。

参考文献

[1] Llave C，Xie Z，Kasschau K D，et al. Cleavage of Scarecrow–like mRNA Targets Directed by a Class of Arabidopsis miRNA [J]. Science，2002（297）：2053–2056.

[2] Grattapaglia D，Resende MDV. Genomic Selection in Forest Tree Breeding [J]. Tree Genetics & Genomes，2011，7（2）：241–255.

[3] Baker M. Gene–editing Nucleases [J]. Nature Methods，2012，9（1）：23–26.

[4] Hofmann NR. A Global View of Hybrid Vigor：DNA methylation，small RNAs，and gene expression [J]. The Plant Cell，2012，24（3）：841.

[5] Shen H，He H，Li J，et al. Genome–wide Analysis of DNA Methylation and Gene Expression Changes in Two Arabidopsis Ecotypes and Their Reciprocal Hybrids [J]. The Plant Cell，2012，24（3）：875–892.

[6] Chen Z J. Genomic and Epigenetic Insights into the Molecular Bases of Heterosis [J]. Nature Reviews Genetics，2013，14（7）：471–482.

[7] Zapata–Valenzuela J，Whetten R W，Neale D，et al. Genomic Estimated Breeding Values Using Genomic Relationship Matrices in a Cloned Population of Loblolly Pine [J]. Genomic Selection，2013（3）：909–916.

[8] Fikret Isik. Genomic Selection in Forest Tree Breeding：the concept and an outlook to the future [J]. New Forests，2014，45（3）：379–401.

[9] Guan X，Song Q，Chen Z J. Polyploidy and Small RNA Regulation of Cotton Fiber Development [J]. Trends in Plant Science，2014（19）：516–528.

[10] Hsi–Chuan Chen，Jina Song，Jack P Wang，et al. Systems Biology of Lignin Biosynthesis in *Populus trichocarpa*：Heteromeric 4–Coumaric Acid：Coenzyme A Ligase Protein Complex Formation，Regulation，and Numerical Modeling [J]. The Plant Cell，2014（26）：876–893.

[11] Isik F. Genomic Selection in Forest Tree Breeding：the concept and an outlook to the future [J]. New Forests，2014（45）：379–401.

[12] Jack P Wang，Punith P Naik，Hsi–Chuan Chen，et al. Complete Proteomic–Based Enzyme Reaction and Inhibition Kinetics Reveal How Monolignol Biosynthetic Enzyme Families Affect Metabolic Flux and Lignin in *Populus trichocarpa* [J]. The Plant Cell，2014（26）：894–914.

[13] Offermann S，Peterhansel C. Can We Learn from Heterosis and Epigenetics to Improve Photosynthesis [J]. Current Opinion in Plant Biology，2014（19）：105–110.

[14] Quanzi Li，Jian Song，Shaobing Peng，et al. Plant Biotechnology for Lignocellulosic Biofuel Production [J]. Plant Biotechnology Journal，2014（12）：1174–1192.

[15] S Suzuki，H Suzuki. Recent Advances in Forest Tree Biotechnology [J]. Plant Biotechnology，2014（31）：1–9.

[16] Chien–Yuan Lin，Jack P Wang，Quanzi Li，et al. Chiang 4–Coumaroyl and Caffeoyl Shikimic Acids Inhibit 4–Coumaric Acid：Coenzyme A Ligases and Modulate Metabolic Flux for 3–Hydroxylation in Monolignol Biosynthesis of *Populus trichocarpa* [J]. Molecular Plant，2015（8）：176–187.

[17] Jack P Wang，Ling Chuang，Philip L Loziuk，et al. Phosphorylation is an on/off Switch for 5–hydroxyconiferaldehyde O–methyltransferase Activity in Poplar Monolignol Biosynthesis [J]. Proceedings of the National Academy of Sciences，2015，112（27）：8481–8486.

[18] McKeand S. The Success of Tree Breeding in the Southern US [J]. BioResources，2015，10（1）：1–2.

[19] Barabaschi D，Tondelli A，Desiderio F，et al. Next Generation Breeding [J]. Plant Science，2016（242）：3–13.

[20] Guan R，Y Zhao，H Zhang，et al. Draft genome of the living fossil Ginkgo biloba [J]. Gigascience，2016，5（1）：49.

[21] Plomion C，Bastien C，Bogeat-Triboulot MB，et al. Forest Tree Genomics：10 achievements from the past 10 years and future prospects [J]. Annals of Forest Science，2016，73（1）：1-27.

[22] 沈熙环. 建设我国林木良种基地的思考与建议 [J]. 林业经济，2010（7）：47-51.

[23] 苏晓华，丁昌俊，马常耕. 我国杨树育种的研究进展及对策 [J]. 林业科学研究，2010，23（1）：31-37.

[24] 刘红，施季森. 我国林木良种发展战略 [J]. 南京林业大学学报（自然科学版），2012，36（3）：1-4.

[25] 施季森，王占军，陈金慧. 木本植物全基因组测序研究进展 [J]. 遗传，2012，34（2）：145-156.

[26] 施季森. 林木生物技术育种未来10年若干科学问题展望 [J]. 南京林业大学学报（自然科学版），2012，36（5）：1-13.

[27] 万志兵，戴晓港，尹佟明. 林木遗传育种基础研究热点述评 [J]. 林业科学，2012，48（2）：150-154.

[28] 王章荣. 林木高世代育种原理及其在我国的应用 [J]. 林业科技开发，2012，26（1）：1-5.

[29] 廖维华，安新民. 转基因树木研究现状及发展趋势 [J]. 中国生物工程杂志，2013，33（5）：148-160.

[30] 李斌，郑勇奇，林富荣，等. 中国林木遗传资源原地保存体系现状分析 [J]. 植物遗传资源学报，2014，15（3）：477-482.

[31] 国家林业局. 中国林业遗传资源保护与可持续利用行动计划（2015—2025年）[EB/OL]. http：//www.forestry.gov.cn/main/72/content-779590.html，2015-6-23.

[32] 杨传平. 柽柳耐盐抗旱分子基础 [M]. 北京：科学出版社，2015.

[33] 国家林业局. 林业发展“十三五”规划 [EB/OL]. http：//www.gov.cn/home/2016-05/20/5074983/files/adb8a35a31924419a89b92b10bccd2c4.pdf，2016-5-20.

[34] 潘艳艳，单永生，王成录，等. 中国北方落叶松分子遗传改良研究进展 [J]. 分子植物育种，2016（8）：2090-2097.

[35] 罗子敬，孙宇涵，卢楠，等. 杨树耐盐机制及转基因研究进展 [J]. 核农学报，2017（3）：482-488.

撰稿人：杨传平 苏晓华 施季森 卢孟柱 康向阳 陈晓阳
沈熙环 刘桂丰 李 悦 黄少伟 季孔庶 丁昌俊

木材科学与技术

一、引言

（一）学科概述

当前，木材科学与技术的学科范畴包括木材学、木材加工、木制品、人造板、木基复合材料、木结构、竹藤利用等。随着经济社会发展和科学技术进步，木材科学与技术学科范畴不断拓展延伸深化，研究对象由天然林木材扩大到人工林木材，从乔木扩大到灌木，从木本植物扩展到竹材、农业秸秆、芦苇等生物质资源，从木材扩大到以木质材料为基质的复合材料；对木材的认识从粗视构造、微观结构深入到细胞壁、DNA、分子和纳米尺度；加工方式从机械加工发展到化学加工、物理加工和生物加工；加工手段从手工、机械发展到自动化、网络化、智能化；建筑应用领域从低层轻型结构扩大到高层重型结构。随着多学科交叉、融合、外延，出现了木材仿生、木质纳米材料、先进制造技术和生物质化学资源化等新兴学科方向。学科发展的定位是揭示木材和木质资源的组成、结构与性能，通过理论和技术方法的创新，服务于高层次科学研究和工程技术人才培养，为高性能木质产品及其相关产业群的发展提供科学技术和人才支撑，保障木材安全和民生需求，促进木质资源的高效利用，实现林业增产增收增效，推动发展循环经济。

（二）学科发展历程

人类社会的发展和木材的利用息息相关，中国对木材利用的历史源远流长，许多现存的和出土的文物都已证实这一点。中国古代对木材的加工利用也有极深的造诣，如享有盛名的明清家具，结构和造型方面在世界家具中占据独特的地位。中国古代还有对木材的保护，如用火烧下表面使其碳化就是现在木材保护方法的早期原型。我国的古建筑多为木结构或内部使用大量木材的建筑体系，以其独特的建筑结构和形式而著称，是世界上公认的三大建筑体系之一和唯一以木结构为主的建筑体系，如公元 1052 年修建的山西省应县佛宫寺释迦塔（应县木塔）是我国乃至世界仅存的高层木结构塔式建筑，世界最宏大、等级最高的木结构古建筑——故宫，海拔最高、最完整的宫堡式建筑群——布达拉宫，大量的木结构古建筑已成为我国悠久历史文化的重要组成部分。这些木结构古建筑综合体现了我国古代木材利用的先进技术。尽管中国人很早就已经开始利用木材，但受中国传统哲学文化的影响，对木材的研究没有上升到主流的科学层面。直至近代，作为一门科学来进行研究，木材科学仅有一个多世纪的历史。

木材科学与技术学科的研究起始于新中国成立前。1931 年唐燿加入北平静生生物调查所，并专心于中国木材的研究，使得木材科学从植物学科中独立分支出来，并启动专门的调查研究。新中国成立后，木材科学研究和教育开始发展，其学科专业发展开始于 1952 年林业院校的分立和 1953 年中央林业部林业科学研究所（中国林业科学研究院前身）的成立，建立了木材科学的高等教育基础和木材的工业利用框架结构，培养了大量的技术人才。1980年后，国家开始高等学位教育和博士点授权、博士后设站，学科发展得以加快，学科方向日益完善。进入 21 世纪，中国国民经济和科技实力的发展极大地促进了木材科学研究的腾飞。目前，国内已有几十家高等院校和科研院所设有该学科和专业，拥有国家级重点学科的单位为 4 家，省、部、局级重点实验室 20 余个。

二、现状与进展

（一）发展现状

1. 基础学科方向和当前研究重点

（1）木材解剖学。木材解剖学是木材解剖的基本理论，目的是识别分类我国重要木材树种，建立和完善我国重要商品材的宏观、微观和超微观结构特征数据库系统。随着纳米压痕技术、原子力学显微镜（AFM）、纳米红外光谱（NanoIR）等先进技术的应用，在细胞壁多壁层结构及微力学性能方面已有新突破，在木材 DNA 条形码识别新技术研究及其应用方面取得新进展，有望解决传统木材解剖方法无法在“种”水平上识别木材的问题。

（2）木材物理学。木材物理学研究木材基础物理特性及其与加工利用性质的关系，包括木材密度和微密度、木材的表面性质、木材物理特性与水分的关系、木材的热学性质、木材特性与干燥过程的传热传质、木材的声学性质、木材的力学性质和动态黏弹性、基于近现代物理手段的木材无损检测等核心基础理论和技术。近年来，我国在木材与水分关系、木材传热传质和干燥机理、木材声振动特性和乐器材品质、木材动态热机械力学、木材弹性力学和黏弹性力学方面的研究已进入国际前沿行列。

（3）木材加工与木制品工艺学。主要从事木材合理下锯、计算机模拟原木最优定心、木材干燥工艺及设备、木制品设计与制造优化理论、木制品表面装饰技术、家具CAD和CAM技术等技术研究。木材工业走固碳减排和节能低耗的加工之路是国际社会相关领域的科技发展趋势，当前主要围绕产品生产过程和使用环境的节能减排、环保健康新要求带来的技术难题，重点开展节能技术、废水、废气和粉尘污染防控等技术研究。

（4）胶黏剂和人造板。主要从事木质、非木质人造板研究，低毒、无毒环保胶黏剂制造及木材胶接技术研究，重点研究表面胶接的复合理论、环境友好型胶黏剂（异氰酸酯、低甲醛释放脲醛树脂、三聚氰胺改性脲醛树脂胶黏剂、聚醋酸乙烯酯胶黏剂、水性高分子—异氰酸酯胶黏剂）、特种胶黏剂（导电胶黏剂、高湿粘接用胶黏剂、中低温快速固化胶黏剂等）以及大豆蛋白基胶黏剂及其在木质人造板中应用配套技术的研究。此外，新型人造板产品、模压制品和木质工程材料得到较大发展。

（5）木质复合材料。开拓新资源，采用低质、廉价和资源丰富的木材加工剩余物、农作物秸秆等木质化的植物纤维材料作为基本原料，通过复合材料技术生产高性能的木质复合材料，逐步成为木材工业的重要产品系列，也是木材科学的重要研究内容。我国在异质复合材料方面取得了丰富的研究成果和社会效益，其中在木塑复合材、木材—金属复合材料和木材—橡胶复合材料等方面的研究取得显著进步。

2. 新兴研究方向和当前研究重点

（1）木材仿生智能科学。依据木材结构特点，通过构筑具有仿生结构的智能型木竹材或复合材料，实现木竹材的自增值性、自修复性及自诊断性等智能化。当前正研究突破木竹材的天然多尺度微结构与宏观功能的协同机制、木竹材仿生智能纳米界面的形成方法与原理等关键科学问题。

（2）木质纳米材料。系统开展木质纳米纤维素和木质素制备、表征和应用研究，并针对制约纳米纤维素材料发展的生产成本高、物理化学性质解析不清和应用受限等瓶颈问题，重点开展预处理—机械研磨法和预处理—化学法可控制备接枝型纳米纤维素、纳米纤维素高吸附技术及超疏水技术研究，构建系统的纳米纤维素表征和应用体系。未来木质纳米纤维素预处理技术与传统方法的结合是纳米材料绿色制备技术的突破口。

（3）生物质资源转化利用。重点开展以木质纤维为原料炼制转化为高分子材料或产品的重要途径研究。我国在纤维、分子等层面开展木质纤维的高效定向解聚、树脂化、塑化复合及功能化等方面进行了大量研究，在酚醛、脲醛、三聚氰胺树脂和生物质液化、纤维改性、木质素基胶黏剂、生物质基泡沫等新型高分子材料的研发取得了一批具有自主知识产权的专利技术，但尚未建立完善的技术体系。

（4）木质材料功能性改良。重点开展木材防护与改性技术研究。针对人工林木材材质软、易开裂、尺寸不稳定、不耐腐等突出问题，开展人工林木材防腐、提质改性、高效干燥等多功能木质材料制造与加工关键技术研究与示范，突破高效环保防腐剂制备及处理技术、高渗透性无醛改性剂制备技术及木材增强—染色一体化处理技术，构建多功能木质材料制造技术平台。目前，木竹材表面无机纳米修饰技术尚是一个较新的发展领域，国际上尚未形成系统深入研究。木竹材表面纳米修饰和仿生的研究扩展了木材功能性的范畴，也赋予木材疏水、自洁、耐光、耐腐、抑菌、耐磨、阻燃、光降解有机物等特性。我国在此领域已取得丰富成果，处于世界领先地位，这是我国木竹材科学发展迈出的极其重要的一步。

（5）木结构。重点开展现代木结构装配式与传统民居产业化技术研究。针对传统民居建造过程耗材大、房屋不节能也不耐久的突出问题，研究当地木材资源的现代结构应用性能评价，开发高效环保价廉的防腐阻燃处理技术，创制工厂化预制梁柱和墙体等新型装配式结构件。

（6）木质重组材料。重点开展半结构用木质重组材料研究。针对木质资源高效高值化利用总体目标和建筑、家居等领域对新材料的需求，重点突破木质重组材料单元疏解关键工艺技术、结构用木质重组材料制备技术、竹材原态重组制造关键技术及木质重组材料应用评价体系等关键技术，构建木质重组材制造平台。

（7）生物质复合材料。采用木材、竹材、农作物剩余物等生物质材料，以它们特有的表面结构及性质研究为切入点，与合成高聚物、金属、无机质等非生物质材料进行复合，制造新型生物质—非生物复合材料，实现生物质材料的高性能化、多功能化和环境友好特性，从而获得高附加值产品。重点研究生物质—合成高聚物复合材料、生物质－橡胶复合材料、木材—金属复合材料、生物质—无机质复合材料的基础理论和关键技术，建立配套的理论和技术体系。

（8）木制品先进制造技术。重点开展木制品柔性制造技术研究。针对木制品生产过程中多规格、多样式的定制市场需求，研究高速网络信息采集、复杂主从式分级控制、数控柔性加工等生产线关键技术，构建木制品加工过程中信息化与柔性化制造的控制平台。

（9）质量与标准化。质量与标准化研究是进行木材及其产品质量检测方法和技术、标准制修订基础研究、质量与标准化发展战略、林产品质量与标准化管理政策、标准体系建设、木竹产业风险评估和产业政策研究，旨在提高我国木材产品业质量与标准化管理水平。当前研究工作重点是开展木质装饰装修材料健康安全性能检测方法研究和室外用木质材料标准体系研究。针对人造板和木基复合材料产生的甲醛、重金属和有机挥发物等有毒有害物质，研究限量指标、监测方法和关键控制技术，制订木质装饰装修材料有毒有害物质控制、安全性能以及新产品新方法的国家标准，研究构建我国室外用木质材料准体系和结构材认证体系，重点开展木质林产品认证体系及有效性保障技术研究、新型功能性木质材料及其制品质量检测评价技术研究、木质林产品国际标准跟踪与国际标准制定研究、集成家居和智能家居环境下木质林产品标准体系构建及其重要标准制订研究。

（二）发展动态

1. 研究对象由木材扩展到生物质原料，顺应资源变化和经济发展需求

木材是低碳、环保、可再生材料，且具有美丽的天然花纹和色彩，有吸音、隔热、室内温湿度调节等诸多优点。然而，木材资源随着开发建设却日益紧缺，木材供需矛盾日益加剧，保护天然林工程进一步加剧了木材供需矛盾。随着进口木材数量和品种的增多，关于进口新品种木材的材性、干燥特性、产品加工工艺等研究力度相应加大。除加大木材进口外，必须提高木材尤其是人工林小径木的利用率和附加值，加强对木基多功能复合材料的开发利用。此外，随着我国乃至全球木材资源的转变和经济发展的需要，木材科学研究对象发生了重大转变，由传统的天然林木材已向速生人工林木材、竹材、农作物秸秆等生物质材料转变，这是生物质资源所具有的优势及生态环境建设的需要。

2. 研究尺度从宏观向微观发展，科学深度和创新性得以加强

未来的木材科学研究离不开先进手段，需要结合木质材料的特点，通过巧妙试验设计创造性地从微观甚至纳米尺度解决问题，揭示新机制。目前，对木材的认识从粗视构造、微观结构深入到细胞壁、DNA、纳米和分子尺度，将有助于开展深度研究，实现材料高性能利用。

3. 多学科交融推动学科横纵向发展，逐渐形成学科群

木材学与化学、物理学、力学、生物学、仪器科学、材料学等众多学科的交叉融合发展，通过整合资源，组织多学科开展联合攻关，更能解决与国家目标密切相关的重大问题和推动木材学学科体系的完善。因此，形成以木材科学与技术为核心的生物质科学与工程学科群是学科发展的必然趋势。

4. 全面落实绿色发展理念，强化木材高效利用、节能与环保技术研究，促进产业可持续发展

绿色发展理念是新时代发展的重要理论指导，节能环保工业生产技术的开发和应用是产业的永恒追求，我国木材科学与技术学科也应遵循创新发展和绿色发展理念，重点开发木质材料表面绿色装饰、环保胶黏剂、木材绿色防护与改性等绿色生产关键技术，强化研究木材工业节材降耗、安全生产、污染检控等生产管控关键技术，以及木质家居材料健康安全性能检测与评价等产品质量监督技术，以满足越来越严格的安全环保健康要求。

5. 先进制造技术研发结合全产业链集成示范，提高生产自动化和智能化

针对我国木制品性能、附加值及其产业化水平不高等问题，结合国家发展战略需求和产业重大技术需求，系统研究木（竹）结构建筑、木（竹）质重组材料和木（竹）基复合材料功能化等产业重大技术，并开展全产业链增值增效技术集成与示范，推进成果产业化应用；重点开展木制品柔性制造与信息控制、木（竹）材防护与改性、半结构用木质重组材料、木基复合材料轻量化及功能化和室外用木质材料准体系构建等技术研究。未来，木

材产业高效加工生产技术发展的趋势是应用互联网、大数据等现代信息收集处理技术快速准确抓住消费者需求，应用先进制造技术和物联网等先进技术，由集中式控制向分散式增强型控制转变，建立高度灵活的个性化和数字化产品与服务的加工服务模式，向智能、高效和规模化定制方向发展。

（三）学科重大进展及标志性成果

1. 重大进展

速生材改性关键技术方面取得新的突破。采用复合改性技术、微乳化技术、局部增强技术攻克原木均匀浸渍及高温热压快速干燥等关键技术，解决防腐剂渗透性差及抗流失性差的问题，并提高改性速生材木结构构件力学性能，利用新技术对杨木、桉木、松木等速生材进行优化改性处理后，可显著提高速生材力学性能、加工性能和环境学特性。木材改性增强处理技术的突破，有效改善了速生低质木材性能，产品附加值提高 20% 以上。人造板连续平压技术打破国外垄断，装备人造板连续平压机实现了国产化，生产效率提高了 25%，产品优良率提高了 40%，设备价格降低了 60%。竹缠绕复合管技术在绿色材料领域取得重大创新成果，该技术颠覆了传统竹材仅限于板材制造的应用，充分利用竹材弯曲延展性高、纵向力学性能优异的特点，为广泛应用于油气输送、腐蚀介质输送、海水输送、电信电缆等工程的诸多领域提供了“技术通道”，或将引发竹产业的变革。竹基纤维复合材料制造技术使竹材的工业利用率从 50% 提高到 90% 以上，产品远销美国、德国等 46 个国家。学科在创新木材绿色加工、非木质资源高值化利用、生物质能源与材料制造等资源利用关键技术方面进展显著，其中新型木质定向重组材料制造技术与产业化示范、竹木建筑结构材关键技术创新与应用、农林剩余物功能人造板材低碳制造关键技术取得重大进展。

2. 标志性成果

近年来，我国木材科学与技术学科研究取得了一批重大成果，在木材改性、人造板关键技术等方面取得了重要突破，其中“人造板及其制品环境指标的检测技术体系”“无烟不燃木基复合材料制造关键技术与应用”“木塑复合材料挤出成型制造技术及应用”“超低甲醛释放农林剩余物人造板关键技术与应用”“竹木复合结构理论的创新与应用”“高性能竹基纤维复合材料制造关键技术与应用”等成果先后荣获国家科学技术进步二等奖。

“人造板及其制品环境指标的检测技术体系”在突破国外检测环境控制精度极限的关键技术基础上，完成了人造板及其制品检测环境的动态精确控制、极限测试样本制作和人造板及其制品检测仪器的高精度校准 3 项技术，实现了人工气候箱内气体温湿度的鲁棒跟踪控制等 5 种控制方法，并成功开发了自适应模糊控制实验压机、甲醛检测气候箱等 6 类具有自主知识产权、性能先进的系列化产品，颁布实施四项我国人造板及其制品环境指标检测仪器设备的行业标准，在人造板及其制品领域形成了具有我国自主知识产权的检测技术体系，解决了人造板甲醛释放量检测环境动态控制精度低、干扰大的关键技术难题，实现了检测仪器的最优化控制以及相关仪器设备的国产化。

“无烟不燃木基复合材料制造关键技术与应用”以 NCIADH 不燃胶黏剂制备技术、NSCFR 阻燃剂制备技术、无烟不燃木基复合材料增强阻燃层制备 3 项技术成果为基础，根据适用场所和用途的需要，成功研发出具有不同功能的无烟不燃家具装饰木基复合材、地板木基复合材、墙体木基复合材和结构工程用木基复合材。根据原料的结构形态特性和产品应用特点进行结构设计，优化形成粉末、刨花、纤维、网状 4 种坯体结构，采用模压冷固化技术制备出在 1000℃明火下 5 小时内高阻燃抑烟性能的结构单元，实现后续生产的规格化、标准化和模块化。成功解决了长期困扰木材工业中木材—无机材料界面不相融合的技术难题，首次研发出木基复合材料增强阻燃层制备技术，具有重大技术创新，产业化程度高，整体达到国际先进水平，无机不燃胶黏剂和阻燃剂及其应用技术居国际领先水平。

木塑复合材料是采用废旧塑料和木材加工剩余物等木质纤维材料为主要原料，通过熔融复合而制备的新型复合材料，综合性能优异、无污染、可回收循环利用，是典型的生态环境材料。“木塑复合材料挤出成型制造技术及应用”建立了木塑复合材料的挤出成型先进工艺、专用木质纤维制备与改性技术、废旧塑料共混接枝改性技术、纤维增强增韧技术，解决了系列基础理论和技术难题，形成了木塑复合材料的理论体系和挤出成型制造技术体系，推动了我国木塑产业的快速发展，为林产工业结构调整和产业升级开辟了新途径。

“超低甲醛释放农林剩余物人造板关键技术与应用”针对农林剩余物制造的环境友好型人造板胶合性能差、甲醛释放量高和生产设备与工艺不配套等国际性技术难题，通过产学研联合攻关，形成了较为完整的超低甲醛释放关键共性技术的知识体系，破解了人造板中甲醛含量难以降低的难题，并实现了大规模生产。

“竹木复合结构理论的创新与应用”深入分析竹材和木材的材性、加工、经济和应用性能，在国内外率先提出了“竹木复合结构是科学合理利用竹材资源的有效途径”的科学论断，构建了完整的竹木复合结构理论体系，从细观和宏观层面上阐释了不同使用条件下竹木复合结构的失效机制，并提出了竹木复合结构的“等强度设计”准则，为各种高性价比的竹木复合结构产品设计和研发提供了坚实的理论基础，理论到实践均取得重大突破，产生了显著的经济和社会效益。

“高性能竹基纤维复合材料制造关键技术与应用”突破了竹材单板化制造、精细疏解、高效重组等关键技术，创制了疏解、高温热处理和成型等关键装备，开发出四大系列高性能竹基纤维复合材料，攻克了竹材青黄难以有效胶合、竹材难以单板化利用等制约产业发展的瓶颈技术，构建了高性能竹基纤维复合材料制造技术平台，开发出了高强度、高耐候性、高尺寸稳定性和环保型四大系列竹基纤维复合材料，并在风电能源、园林景观、建筑等领域大规模推广应用，是我国在竹材高效利用技术的又一次重大突破，对我国竹产业转型升级起到了巨大的推进作用。

三、本学科与国外同类学科比较

1. 基础性研究

在木材解剖方面，近年来，德国和国内学者将传统木材识别技术与识别新技术结合应用与创新，开始尝试采用包括遗传法（DNA 分子标记）以及化学法（稳定同位素）等在内的新技术分别进行木材树种和产地识别。在木材化学方面，国内外学者采用木材化学成分快速定量分析技术和基于树木化学分类学原理的木材种类识别技术来进行木材识别，同时通过木材微区和原位化学分析技术从分子水平揭示了木材化学成分和细胞壁力学性能之间的关系。在木材物理方面，国内外学者揭示了水分在木材内部的流动路径与迁移规律，还揭示了半纤维素在木材流变行为中的作用，从分子水平上解释氢键对木材机械吸湿蠕变的作用机制，而国内目前还处于模型建立阶段。在木材力学方面，国内外学者开始采用纳米压痕技术从细胞水平测量纤维的力学强度，对木材细胞壁力学性能表征和研究较多，但对木材细胞壁构造、化学组成与力学性能的内在关系以及细胞壁力学模型构建方面的系统研究尚少。

国外木材科学基础研究和前沿技术研究主要由大学和国家级科研机构承担，企业积极参与；而国内主要由大学和科研院所开展基础研究和前沿技术研究，协作不多，企业也很少参与。与当前国际木材科学与技术学科发展面临极大困境不同的是，我国的木材科学与技术学科呈现逆势蓬勃发展的态势，在传统的木材构造、性质、利用、保护、改性及其测试和研究等研究领域取得丰硕成果的基础上，为适应新形势的发展，学科的研究内容逐渐扩展外延，与其他学科的融合交叉更为深入，并向生物质科学和新型材料发展。随着国家对科研工作的重视与支持程度的不断增加，我国木材科学在研究手段与方法上都达到了世界先进水平，我国的基础研究已在国际上具有一定地位，正产生积极的影响力。

2. 前沿技术研究

随着中国经济全球化的发展，传统的木材产业国际竞争尚未结束，战略性新兴产业的竞争已经开始。国际上总的发展趋势是，政府加大科技创新支持力度，均设立了五年期和中长期研究计划，对重点研究方向进行稳定支持，在保持目前技术优势基础上，希望在先进木质材料制造技术方面建立领先优势。

在木质纳米材料方面，美国和加拿大以生物炼制及化学转化生产高附加值生物质材料为主线，在基础研究、应用研究和开发研究方面取得长足发展。我国国内林业高校和科研机构目前整体还处于实验室阶段，研究水平尚处于跟跑阶段，但差距并不大，有望通过努力迅速追上。未来先进功能纳米材料及其组装器件是木质纳米材料应用的发展方向，将木质纳米材料进行功能化复合是赋予传统木质材料新特性、高价值的重要途径。

3. 产业技术研究

发达国家产业技术创新包括新产品开发和新技术开发，以大型跨国企业为主，科研机构和大学参与下完成，而科研机构则主要开展共性关键技术的应用研究。

发达国家木材加工已全面实现了机械化、高精度、高效率和自动化，正朝着智能化方向发展；木材产业节能减排技术走在世界前列，木材产品使用中的甲醛释放量、有机挥发物和重金属含量受到严格控制；生产过程干燥节能和有机挥发物、废水废气和粉尘等污染物综合治理技术取得长足进展并得到广泛应用。未来将进一步严格控制甲醛、有机挥发物和重金属等有害物质释放量，提高木质材料循环利用率；在木结构方面已经形成了完整的工业体系，完全实现住宅产业化，未来向轻质高强、防火、耐久、重型、高层及大跨度方向发展。

在产业技术研究方面，我国企业的自主创新能力较弱、力量分布尚不均衡，但当前通过国家重点研发计划的实施和龙头企业的引领，正重点围绕开拓新资源、提高产品附加值、提高生产效率、实现节能环保等目标积极开展研究，努力从高消耗、低成本、高增长转向低消耗、高技术、稳增长，用机械化、自动化、信息化和新材料等高新技术改造提升传统木材产业。

四、发展趋势及对策

（一）发展战略需求、重点领域及优先发展方向

1. 学科发展指导思想

当前，科学技术从宏观到微观各个尺度向纵深演进、学科多点突破、交叉融合趋势日益明显，颠覆性技术不断涌现，催生了多种新经济、新产业、新业态、新模式。在这个大背景下，木材科学与技术学科正处于可以大有作为的重要战略机遇期，也面临着差距进一步拉大的风险。我国已成为木材产品消费大国和加工大国，对全球木材资源消耗、利用水平和生态环境都具有重要影响。我国科技发展由以跟踪为主转向跟踪和并跑、领跑并存的新阶段，在全球成为具有重要影响力的科技大国。但目前我国木材加工行业经济增长的科技含量还不尽如人意，科技创新国际化水平尚需大幅提升。创造具有特色的核心科学技术、保持学科发展竞争优势，要求我们必须尽快确定新的发展目标和思路。未来几年，我国木材科学与技术学科在国家战略实施过程中必须发挥推动产业迈向中高端、拓展发展新空间、提高发展质量和效益的核心引领作用。

2. 加强学科基础研究与技术开发的关联

国家正在加强科技体制改革措施实施力度，最大限度激发科技第一生产力、创新第一动力的巨大潜能。竞争性的新技术、新产品、新业态开发交由市场和企业来决定。坚持以市场为导向、企业为主体、政策为引导，推进政、产、学、研、用、创紧密结合是国家科技管理的主要方式。在此趋势下，木材科学与技术学科的发展方式必须做出相应调整，着力建设高水平智库体系，发挥好高层次人才群体、高等学校和科研院所高水平专家在战略

规划、咨询评议和宏观决策中的作用。面向国家重大需求，加强协同创新中心建设顶层设计，促进多学科交叉融合，主动推动科技成果与资本的有效对接，实现高等学校、科研院所和企业协同创新。

3. 发展新技术和新领域

伴随世界科技爆发式的进步，木材成为建筑、纺织、能源、化工、医药等众多行业的加工原料与生物基模型。木材科学与技术的应用方向应该突破行业界限，瞄准生物技术、绿色建筑与装配建筑研究的科技前沿，抢抓与各领域融合发展的战略机遇。研发新型纳米功能材料、纳米环境材料、纳米安全与检测技术、高性能生物质纤维及复合材料、3D 打印材料等，是提升我国先进结构材料的保障能力和国际竞争力的需求。同时，通过引入新一代信息技术、网络技术、绿色和先进制造技术，开发原创理论和技术，开展林业及农林生物质的高效利用、品质提升、产业增效等新技术新理论研究，以提升我国主要林产品国际竞争力。

4. 加强创新型人才的培养与引进

人才是科技发展的原动力，是“双一流”建设成功的保障。因此，需要科学研究、工程技术、科技管理、科技创业和技能型各类人才的协调发展，形成各类创新型科技人才衔接有序、梯次配备、合理分布的格局。除学科内部的人才培养外，还需面向全球积极发现和引入具有国际视角的优秀科技人才，提升和改进木材科学与技术学科的人才培养模式，拓宽人才储备范围，尤其要促进师资力量的国际先进性。此外，大力弘扬新时期工匠精神，加大面向生产一线的实用工程人才、卓越工程师和专业技能人才培养。系统提升人才培养、学科建设、科技研发、社会服务协同创新能力，增强原始创新能力和服务经济社会发展能力，扩大国际影响力。

（二）发展战略思路与对策措施

1. 强化学科特色，找准学科持续发展的路径

学科特色是在长期的发展过程中积淀形成的被社会公认的、独特的标志。一个学科只有形成了鲜明的特色，才能体现其存在的意义和价值。木材科学与技术学科归属于林业行业，以天然的、可持续利用的林木为主要研究对象，是民生基础性学科和应用型研究学科，关系到国家的发展和人民的生活质量，与其他材料产业有显著不同，作用不可替代，特色体现非常显著。只有坚持这种学科特色，不偏离或脱离产业背景和行业需求，才能找准学科持续发展的路径。

2. 扩充学科内涵和外延，培育新的学科增长点

从国际范围看，学科的内涵建设和开放建设不仅是世界一流大学建设的重要内容，更是优秀大学的品性。作为具有有机体性质的系统，学科要持续、健康发展，必须求得外在适应与内在适应的有机统一，内外兼修。每一个学科只有开放自己，跨越自己的学科界限

进入目前尚未标界的领域，才能求得新的增长点。应统筹全国大学与科研院所有关资源，有目标、有成效地进行研究探索，推动基础学科的发展，发展优势领域，培育交叉新兴领域，扶持弱势领域，追赶国际先进水平，逐步形成特色和优势的学科和学科群，争创世界一流学科。

3. 加强学科交叉融合建设，面向新形势发展学科综合集群

当今科技发展不仅需要同一门类的学科之间打破壁垒和障碍、进行交流与合作，而且需要不同门类的学科进行跨学科的交叉、渗透与融合，呈现综合化、集成化的趋势。在林业工程的众多二级学科中，虽然学科方向划分不同，但其研究对象和研究目标往往是协调统一的，形成学科综合集群有助于以多角度、系统化的方式实现目标，并形成学科间的共生共荣关系。此外，作为木材加工行业一个潜在发展方向的生物质产业当前正蓬勃发展，生物质产业可以看成是包含林产工业在内的一个多学科交叉和融合的前沿性学科领域，是国家中长期的发展方向和重要支持领域，符合循环经济、低碳经济的战略发展要求。学科需要在未来进行持续、高效的基础平台建设和科技人才培养，高效利用我国丰富的林业生物质资源，提高我国在该领域的国际竞争力，振兴传统产业，促进经济可持续发展。

4. 以人为本，将人才作为学科发展的第一要素

硬件平台是学科发展的基础，而人才却是学科发展的根本和第一要素。因此，“以人为本”理应成为学科发展的价值选择和战略选择。应在现有学科群队伍基础上，结合重点学科方向和任务的需要，加大科研人才培养和引进力度，形成专业互补的科研梯队，为学科发展提供可靠的人才保障。同时，形成一种创新研究和人才培养相互促进评价和选拔人才的长效机制，使团队建设和人才培养再上高台阶，造就一批在国内外享有较高声誉的科学家和学术骨干，建立多学科融合的创新团队，发现和培养一批战略科学家、科技管理专家。

5. 坚持硬件平台建设，夯实学科发展基础

硬件平台是学科发展的基础，好的硬件平台为学科发展提供保障。因此，木材科学与技术学科的硬件平台建设也应该适当遵循国际前沿科学发展趋势、国家重点工程规划区域发展规划以及个体单位的特色化建设，产生多层次的规划布局和交叉配合态势。通过各种渠道争取财政部财政修购专项等经费支持，及时购置、更新关键重大科研仪器设备。在现有国家级和省部级重点实验室的基础上，建成一批以国家级和省部级重点实验室和工程中心为主体的科研平台，具备承载创新研究和重要科研计划的能力，建设若干个在科技成果转化上取得良好社会与经济效益的产、学、研一体化基地。

6. 认清学科研究的关键要素，解决产业关键问题

科学研究是学科建设的生命力和学科发展的关键要素，一方面要瞄准国际学术前沿进行探索，吸收国外一流学科的先进经验；另一方面要瞄准传统林业工程升级的关键问题进行攻关，探索先进科学技术，解决行业发展的关键性问题。承担和实施国家重点研发计划等任务并树立标志性成果，以技术进步提升林业产业建设的规模和效益，促进林业科技成

果转化，并以此带动学科发展。联合全国相关科研机构、大学和企业，加强协同创新中心建设顶层设计，主动推动科技成果与资本的有效对接，真正形成协同创新、优势互补的氛围和机制。

7. 瞄准国家重大需求，与行业和地方发展紧密结合

学科要与产业和社会发展相融通，通过务实规划与国家倡导的发展理念相统一，充分依托学校及科研院所优势资源，建立学科与企业的有效合作机制，加快研究成果的转让和推广进程，促进产学研一站式发展。努力提高规划实施科学化水平，瞄准全局性、战略性、基础性和长期性木材科学与技术重大问题，提升原始创新能力，带动优势传统领域以及相关前沿技术领域快速发展，纵深部署基础和前沿研究，为木材加工行业发展提供理论支撑和基础。针对我国木材工业当前面临的资源、性能、效率、环保等产业关键共性技术需求，以市场需求为导向，以任务带学科，以学科促任务，集成和共享技术创新资源，突破产业共性技术和关键技术瓶颈，完善并建立现代产业技术创新体系，为木材加工行业发展提供技术支撑。

8. 面向国际化趋势，加速人员和项目的国际化交流

认识和吸收一切先进经验是任何事业快速发展的必需。促进广泛开展多层次的国内外学术交流合作，支持踏实肯干的青年骨干瞄准国际学科发展前沿，围绕国家发展目标，努力争取多边和双边国际科技合作项目和国际科技交流项目，创造并增加本学科参与并组织国内外重要学术活动的机会，增加国际学术界的话语权。

参考文献

[1] Guiling Zhao，ZhenliangYu. Recent research and development advances of wood science and technology in China: impacts of funding support from National Natural Science Foundation of China [J]. Wood Science and Technology, 2016, 50 (1): 193–215.

[2] 江泽慧，李坚，尹思慈，等. 中国木材科学的近期发展 [J]. 四川农业大学学报，1998，16（1）：1–43.

[3] 鲍甫成，吕建雄. 中国木材科学研究与国家目标 [J]. 世界林业研究，1999，12（4）：45–50.

[4] 鲍甫成，吕建雄. 中国木材资源结构变化与木材科学研究对策 [J]. 世界林业研究，1999，12（6）：42–47.

[5] 叶克林，陶伟根. 新世纪我国木材科学与技术展望 [J]. 木材工业，2001，15（1）：5–9.

[6] 陈小辉，林金国. 最近 10 年我国木材功能性改良研究进展 [J]. 福建林业科技，2011，38（1）：154–158.

[7] 李坚. 创生新型木质基复合材料实现低质材的高值利用 [J]. 科技导报，2013，31（15）：3.

[8] 郭明辉，刘祎. 木材固碳量与含碳率研究进展 [J]. 世界林业研究，2014，27（5）：50–54.

[9] 李坚，孙庆丰. 大自然给予的启发——木材仿生科学刍议 [J]. 中国工程科学，2014，16（4）：4–12.

[10] 邱坚，高景然，李坚，等. 基于树木天然生物结构的气凝胶型木材的理论分析 [J]. 东北林业大学报，2008，36（12）：73–75.

[11] 李坚. 木材的生态学属性——木材是绿色环境、人体健康的贡献者 [J]. 东北林业大学学报，2010，38（5）：

1–8.
［12］李坚. 木材对环境保护的响应特性和低碳加工分析［J］. 东北林业大学学报，2010，38（6）：111–114.
［13］李国梁，李雷鸿，李坚. 木质基光敏变色功能材料的变色性能研究［J］. 功能材料，2012，23（43）：3325–3328.
［14］李坚. 木质纤维素气凝胶及纳米纤丝化纤维素［J］. 科技导报，2014，32（4–5）：3.
［15］李勍，陈文帅，于海鹏，等. 纤维素纳米纤维增强聚合物复合材料研究进展［J］. 林业科学，2013，49（8）：126–131.
［16］李坚，邱坚. 纳米技术及其在木材科学中的应用前景（Ⅱ）［J］. 东北林业大学报，2003，31（2）：1–3.
［17］郭明辉，关鑫，李坚. 中国木质林产品的碳储存与碳排放［J］. 中国人口资源与环境，2010，20（5）：19–21.
［18］李坚，许民，包文慧. 影响未来的颠覆性技术：多元材料混合智造的 3D 打印［J］. 东北林业大学学报，2015，43（6）：1–9.
［19］朱莉，李坚. 追寻家具的碳足迹［J］. 家具，2012，2（31）：105–107.

撰稿人：李　坚　吕建雄　郭明辉　傅　峰　段新芳　于海鹏

林产化工

一、引言

（一）学科概述

林产化学加工学科（简称林产化工）主要从事木质和非木质生物质资源化学结构与特性、化学与生物化学加工利用基础理论和应用技术的研究，是以森林资源为原料进行化学或生物化学加工，制取人类生产和生活所需要的多种产品的工业群体，是林业产业的重要组成部分。其产品涉及食品、医药、电子、能源、日常生活等几乎所有的行业，具有纯天然性、可再生性、不可替代性和产品结构特有性等特点，在国民经济建设中具有不可替代的地位。传统林产化学加工学科主要包括以木材制浆、木材水解、木材热解（活性炭制备与应用）等为主的木质资源化学与利用过程和以分泌物（松脂、生漆、天然橡胶、紫胶、枫香等天然树脂）、提取物（栲胶、油脂等）、林产精油、林产药物等为主的非木质资源化学与利用过程两大领域。随着人们对能源和环境的日益重视，生物质资源是唯一可以转化成为液体能源和替代石油基化工产品的可再生资源，是未来替代石油、天然气等化石资源的最佳选择。林化学科不断向林业生物质产业纵深方向拓展，该学科已由传统的松脂化学与利用、木材水解、木材热解、植物有效成分提取和木材制浆造纸等方向，拓展到包括生物质能源、生物质化学品、生物质高分子材料、林源活性有效成分利用、木材制浆造纸工程和林产化工过程理论等在内的林业生物质化学与过程研究领域。

（二）学科发展历程

我国的林学家梁希先生首先提出了森林化学，并于 1916—1923 年在北京农业专门学校（现国立北京农业大学前身）任教，首先开设了林产化学应用这门学科，讲授《森林利用》《林产制造》《木材性质》等课程，这是现在林产化学加工和木材科学与工程两专业的发展基础。1933 年，梁希先生在南京国立中央大学任教时创建了中央大学森林化学室，是现在林产化学加工学科的前身。

20 世纪 50 年代，美国和日本的林化工业以木材造浆为主，没有专门设立林产化工类专业；苏联设有林产化学加工专业，我国当时全面学习苏联，林产化学加工专业在中国应时而生。林产化工加工学科始建于 1955 年，自此，我国成为世界上除苏联外，高等教育独立设置林产化学加工专业的国家。1956 年，南京林学院（现南京林业大学）首先建立化学科学与工程专业，1959 年扩建为系。以后东北林学院（现东北林业大学）、北京林学院（现北京林业大学）、中南林学院和福建林学院都设置相应的专业，培养专门人才。1960 年，我国决定以北京中国林科院森林工业研究所的林产化学研究室和森工部上海林产化学试验室为基础，在南京成立林产化学工业研究所，成为我国唯一专门从事木质资源和非木质资源化学加工利用的国家级专门研究机构。在林产化学加工专业的初创时期，专业的培养方向主要有四个：一是木材化学加工工程，包括木材制浆造纸工程、木材热解工程与植物纤维原料水解工程；二是树木提取物化学工程，包括天然树脂如松香、松节油，植物多酚类物质如栲胶、单宁酸，天然精油如樟脑、樟脑油、柏木脑、柏木油、山苍子油等，天然色素如姜黄、辣椒红等；三是林产生物加工与木材保护与改性；四是林产化工装备与控制。1979 年，成立中国林产化学化工学会和林产化学工业科技情报中心站，并出版专业刊物《林产化学与工业》《林化科技通讯》等。

20 世纪 80 年代，世界浮油松香、饲料酵母、糖醛、纸浆等产品的增长速度较快，活性炭在环境保护方面的用量也有增加，用木材热解方法对木材剩余物进行综合利用进一步受到重视。我国自 1981 年批准设立林产化学加工工程学科硕士点、1983 年批准设立博士点以来，形成了集科研教学为一体、研究方向齐全、研究队伍稳定、研究体系完备的教学科研系统。20 世纪 80—90 年代，我国林化科技工作者在各种热解工艺和炉型、生物质气化、成型燃料、纤维素生物转化、木质素热解制备高吸附性能活性炭、糠醛高效分离技术及其系列深加工产品等方面开展了大量研究、开发利用工作，取得了卓有成效的研究成果。

进入新世纪，随着国家对生物质产业的重视，林产化学加工学科得到了长足的进步和发展，我国林产化学工业也得到全面发展，形成了相当大的规模和产业链，具有发展生物质产业的良好基础，重点向生物质能源、生物基材料、生物质化学品、林源提取物深加工利用、林纸一体化等领域发展。

二、现状与进展

（一）国内发展现状

近年来，我国林产化学工业发展较快，主要林化产品产量和出口量均居世界前列，是林业产业中最具活力和影响力的产业之一。据不完全统计，2010 年林产化学工业总产值

328.68 亿元，2013 年林产化学品制造业产值超过 500 亿元，比 2010 年增长 50%，占全国林业产业总产值的 1.6%，比重逐年增大。2014 年，全国松香类产品产量 170 万吨，松节油类产品产量 23 万吨，栲胶类和紫胶类产品产量均为 5000 吨左右，需求量也呈上升趋势。木炭、竹炭、活性炭等各类木竹热解产品产量 134 万吨。我国纸及纸板生产企业约 3000 家，生产量和消费量均居世界第一位，2014 年我国造纸木浆使用比例升至 26.78%，国产木浆比重升至 10%。同时，我国是世界上人造板产量第一的国家，木材胶黏剂的生产和使用量均占世界第一，年产量超过 800 万吨，预计到 2020 年将超过 1100 万吨。

1. 木质资源化学与利用过程

木质资源化学与利用主要进行木质生物质能源和活性炭、木材制浆、木材胶黏剂和化学品的化学与利用过程的基础、应用基础和关键技术研究。

（1）生物质能源。生物质能源在我国起步较晚，经过 10 余年的发展，一代燃料乙醇、生物质发电、成型燃料供热和生物天然气的转化技术、装备、产业化生产和商业化运行模式均已初具规模，为以后大规模发展打下了基础。随着国家对生物质能源的重视，我国对各种裂解工艺和炉型、生物质气化、成型燃料等也都开展了广泛的研究和工业化生产，开发出生物质催化转化技术、富氧气化新技术、流化床生物质气化发电机组产业化技术以及天然油脂制备生物柴油新技术。

（2）活性炭制造。主要集中在活性炭微结构及表面基团定向调控技术、分子筛型活性炭制备技术、催化及载体专用活性炭制备工艺及装置、高比表面积物理法活性炭快速制备工艺及装备、化学法活性炭清洁制备工艺、空气净化专用活性炭及配套装置和木质颗粒活性炭制备技术等研究方面。已开发出超大容量电容器专用活性炭、变压精制氢气专用活性炭、柠檬酸专用活性炭、溶剂回收专用活性炭以及各种催化剂载体用活性炭。而木炭由于比表面积较大、吸附性好等特点，近年的研究主要集中在炭化机理、电磁屏蔽材料、抗静电材料和电热材料制备等方面。

（3）生物基材料。我国生物质材料产业科技取得了显著的成效，国内对木质纤维和林业淀粉等生物质资源的化学改性技术进行了深入研究，形成了如全降解生物基塑料、生物质热固性树脂、木塑复合材料、生物质增塑剂等一大批具有自主知识产权的技术。在热固性树脂方面，对木质素 – 酚醛树脂、环氧树脂及聚氨酯的合成和应用进行系列研究，研制生物质基环氧树脂、不饱和聚酯树脂；研究了木质素有机—无机纳米复合材料及其吸附功能特性，实现了木质素基酚醛树脂连续化发泡生产工艺。在具有特定电、生物、机械性能的木质纤维新材料合成与改性等方面开展研究。

（4）木材制浆造纸。主要集中在高得率制浆、化学机械浆和生物制浆技术等方面，开展了传统的材性和纤维形态等木材化学分析与高效化学机械法制浆工艺技术研究。在生物法降解木质素机理、酶法预处理辅助漂白和改善纸浆性能、废水污染特征分析和处理工艺技术研究等领域不断深入，研究了农业剩余物（麦草、稻草和芦苇）和杨木板皮高效清洁高得率制浆技术—化学机械制浆技术，制浆得率是传统技术的2倍，污染负荷仅为传统制浆的1/4~1/6。

（5）木材水解。近年来在木质纤维原料爆破法预处理、纤维素酶解、戊糖己糖同步发酵方面进行了大量工作。戊糖的利用主要集中在开发糠醛及其衍生的糠醇、呋喃树脂、四氢糠醇、四氢呋喃和聚四氢呋喃等一系列产品，木糖和木糖醇方面研究较多。

（6）材胶黏剂。研究了木素制备胶黏剂技术，开发出低成本、低甲醛释放人造板制胶压板技术、快速固化酚醛胶技术、木材二次加工用复合高分子乳液制备技术、水基聚氨酯木材胶黏剂技术和高固体含量乳液胶黏剂技术。

2. 非木质资源化学与利用过程

主要利用存在于原料中的各种天然有机产物，如萜类化合物、生物碱、黄酮类化合物、多酚、脂肪酸、多糖及其他天然化合物。目前的主要产品为松香、松节油、植物单宁、紫胶、桐油、芳香油、生物活性提取物及其深加工产品等。

（1）松脂化学与利用。主要研究采脂方法、加工工艺、松香松节油深加工利用、松树化学分类以及松树病虫害化学等基础研究。就松香松节油深加工而言，我国已经能够生产大部分深加工产品品种。开发出浅色松香、松节油增黏树脂系列产品、耐候性环氧树脂高分子材料、松节油高得率制备高附加值加工产品、松香—丙烯酸酯复合高分子乳液技术。

（2）油脂化学与利用。主要以天然油脂为原料合成替代石化材料的生物质化工产品，着重研究油脂定向聚合、选择性加成、酰胺化及水性化等关键技术，研究木本油脂替代石化资源制备生物基精细化学品、高分子材料的合成工艺、反应机理、应用性能等，开发系列油脂精深加工产品，解决生物质液体能源与生物质材料工程化制备技术、应用技术及综合利用等相关问题。

（3）植物提取物化学与利用。广泛开展对植物提取物在种质资源、化学成分、加工工艺与应用等方面的研究，众多高价值的林产植物资源提取物的基础研究、应用基础研究与开发利用取得较大进展。主要包括多种植物提取物中天然化合物成分的化学结构研究，多种林产植物资源有效成分的定量分析方法研究，多种林产植物资源有效成分的含量分布规律研究，多种林产植物资源有效成分的提取、分离和纯化方法研究，林产植物资源生物活性物质的活性功能与利用研究，多种林产植物资源有效成分的化学转化机理与高效利用研究。开发了五倍子单宁深加工技术、银杏叶有效成分提取精制技术、天然胭脂红色素提取技术及产品以及紫胶深加工技术，取得了染料单宁酸、焦性没食子酸、3，4，5–三甲氧基苯甲醛新工艺及高纯没食子酸等多项成果。

（二）学科重大进展及标志性成果

1. 农林剩余物多途径热解气化联产炭材料关键技术开发

针对农林剩余物热解气化过程存在的原料适应性窄、系统操作弹性小、运行稳定性和可控性差、燃气品质低、技术单一、气化固体产物未高值化利用等问题，开展热解气化反应过程的基础理论、控制机制、反应器新型结构等研究，突破内循环锥形流化床气化、大容量固定床气化、富氧催化气化、联产高附加值炭材料等技术瓶颈。特别是研究揭示了粉粒状原料的流态特性及规律，建立了工程化放大数学模型，发明内循环锥形流化床气化技术及装备；研究了适用于枝桠、秸秆等块状原料的气化工艺，创制大容量固定床气化技术及装备；研究生物质富氧气化新工艺，使燃气热值提高到 9MJ/Nm^3 以上，开发出富氧气化和催化裂解制备高品质燃气技术；研究了木质原料热解过程固体炭的微结构变化趋势，创新农林剩余物热解气化联产炭材料技术。该技术成果在国内外大量推广，国内市场占有率达 30% 以上，并出口到英国、意大利、日本和马来西亚等多个国家。

2. 农林生物质定向转化制备液体燃料多联产关键技术

针对农林生物质转化利用过程中存在的热化学降解产物定向可控性差、间歇式生产能耗高、利用率和附加值低等问题，历经 10 多年的科技攻关，通过以木质纤维、植物油脂等农林生物质为研究对象，从定向液化反应规律及控制机制、催化裂解产物定向转化的作用机理等基础理论着手，创新研究了降解产物定向调控、连续酯化和酯交换、多联产高值化利用等关键技术与装备，创制出生物质液体燃料和燃油添加剂、酚醛泡沫以及生物基增塑剂等生物基产品，实现了农林生物质资源的能源化和高值化综合利用。技术已成功推广到江苏、浙江、山东、内蒙古、安徽等地区，每年可转化生物质 50 余万吨，废弃物资源增值超过 10 亿元，替代化石资源 30 万吨以上，减排 CO_2 约 100 万吨。

3. 松香改性木本油脂基环氧固化剂制备技术

针对我国非耕地发展工业油料植物存在优良品种缺乏、加工技术和装备落后、产业效益较低等难题，通过利用油脂结构修饰技术，独创性地将改性多元脂肪酸经 F–C 反应、Mannich 反应、酰胺化等反应获得高耐热性聚酰胺固化剂、柔性环氧树脂、环氧结构胶及环氧沥青材料等新产品，建立了以无溶剂、无废水排放条件下油脂改性制备环氧树脂的环保技术，实现了油脂基环氧树脂柔性化与功能化，开发出柔性环氧体系在结构胶及环氧沥青等领域的应用技术；技术成果突破了目前国内外道桥用环氧沥青材料高温固化的限制，其性能可满足钢桥面铺装施工要求，能耗低、施工方便，并在润扬大桥及浙江象山大桥等钢桥梁上成功应用。

4. 低等级材制高得率纸浆清洁生产关键技术

我国是世界纸和纸板产量和消费量第一大国。针对我国制浆造纸原料短缺，进口依存度达 47% 以上，每年产生约 1 亿吨以上的低等级木材（枝桠材、小径材、加工剩余物等）无法用于高档纸浆的生产，且制浆过程普遍存在电耗高、化学品用量大、废水难于处理等难题，通过研究木材微孔结构、界面活性、药液浸润机理、污染物变迁机制等基础理论，突破了低等级木片均质浸渍软化、磨浆功能区调控、漂液稳定化和高效漂白、废水预处理厌氧好氧耦合深度处理等关键技术，打破了国外公司对我国高得率浆技术和装备的长期垄断，对行业转型升级和科技进步起到了重要推动作用。

三、本学科与国外同类学科比较

1. 生物质能源化学

国内外学者开始把研究重点转向“第二代生物柴油”，目前用于脱氧的方法包括催化裂化法、加氢脱氧法、脱羧/脱羰法。20世纪90年代，荷兰Shell石油公司开发了以水为溶剂液化木材等生物质废弃物为生物原油的技术。荷兰的Biofuel公司于2000年启动了HTU工艺生产原油项目，2004年4月示范工厂正式投料试车，处理量为100千克/时，原油产量8千克/时，低位热值为30~35MJ/kg。国内外系统研究了纤维素酶组分及其降解木质素的协同机制，开展利用基因技术、突变技术、克隆技术及基因序列分析等研究，在纤维素酶及酶解机制、酶结构与功能关系、固态发酵技术等方面取得进展。

2. 生物基材料化学

2014年，全球生物基材料产能已达3000万吨以上，据产业情报机构Lux Research报道，全球生物基塑料产能在2018年将跃升至740万吨以上。美国和加拿大以生物炼制及化学转化生产高附加值生物基材料为主线，开展了生物质功能材料的基础与应用技术研究，处于国际领先地位。以纤维素、木质素为原料，利用原位活性聚合、自组装等技术开发新型生物质基高分子功能材料已成为国内外研究的热点。在生物质复合材料研究方面，环保、性价比优越的木质素碳纤维开始逐步进入人们的视野。美国橡树岭国家实验室成功利用硬木木质素和软木木质素制备新型碳纤维材料；国外学者以碱木质素为原料，利用二氧化硅为模板制备新型介孔纳米碳纤维材料，用静电纺丝技术制备了PAN/木质素纳米碳纤维材料用作高能锂电池阳极材料；将纳米纤维素与PVA和木质素共混复合，利用静电纺丝技术制备碳纤维材料，这些研究使得木质素作为低成本、可再生原料制备纳米碳纤维材料成为新的研究热点。国内更多地聚焦在对木质纤维和林业淀粉等生物质资源的化学改性技术研究上，形成了一些具有自主知识产权的新型生物基材料。

3. 生物质提取物化学

目前，国外发达国家在植物提取物研究领域已经达到了较高层次，通过采用现代化技术进行植物提取物加工，开发各种精细化学品、医药保健品、化妆品、食品添加剂、生物农药等，并转化为产业优势及巨大的社会效益和经济效益；同时利用现代植物化学和仪器分析等手段对林产植物有效成分进行提取、分离和鉴定，采用现代医药学、营养学和免疫学等方法对林产植物有效成分的作用机理进行研究。随着生物技术的飞速发展及广泛应用，以基因工程、发酵工程等高新技术为手段开发新型的饲料资源和各类添加助剂。已成为世界各国尤其是发达国家饲料与饲料添加剂革新的重要手段。植物提取物涉及活性成分提取、安全性评价、资源扩大、生产技术研发、实际功效确定等因素，加强交叉学科的结合，重视植物生物活性成分的提取工艺、功能维护和增效等基础性研究是当前研究的重点。国内研究更多地集中在林源资源提取物的筛选、活性成分的表征和初步的功能化利用和开发方面。

4. 生物质化学品加工与利用

以生物质为原料的生物炼制及化学转化是生产高附加值生物基化学品的重要途径，威斯康星大学在 *Nature* 中提出了一种可将生物废弃物木质素转变为简单化学制品的新方法——对木质素进行氧化、弱酸处理，可获得高产量的芳烃，这一创新是朝着利用可再生生物质资源取代石油基燃料和化学品迈出的重要一步。美国利用萜烯、松香、植物油脂等合成了系列活性聚合单体，用于制备生物基热塑性高分子材料，美国农业部林产品实验室在利用林业资源研究可生物降解电脑芯片上也取得了突破性成果。国内更多地聚焦在松脂、木本油脂等深加工利用研究，实现替代石化资源制备生物基精细化学品，开发系列林化精深加工产品。

5. 制浆造纸工程

国外发达国家制浆造纸领域的研究十分系统完善，通过研究筛选控制木质素合成的基因，探明木质素形成机制，成功培育出低木质素含量的新型速生杨树品种；研究不同制浆方法的化学、生物、机械作用机制和机理，阐明了制浆过程中药液的渗透机理、微生物生长和酶解作用、机械磨浆纤维行为和能量传递机制、制浆过程中木材主要成分的变化和各类化学品的选择性等，为开发新型高效制浆技术积累了坚实的理论基础；对氧、臭氧、有机溶剂、过氧化物等脱木素和消除木质素发色结构的作用机理进行了系统研究；对成形过程的纤维行为和脱水机理进行研究，开发了喷射流浆箱技术、夹网超级成形器等产业化技术，改善了成纸性能和纸机的生产效率；开展纤维电化学性质的基础研究，开发了附加值很高的制浆造纸系列化学品；开展污染机制和环境关系的研究，开发出多种环境友善的生产技术和废弃物资源化利用技术，实现了水资源的封闭循环利用。国内更多地集中在高得率制浆、化学机械制浆和生物制浆技术等方面的研发，开展了传统的材性和纤维形态等木材化学分析与高效化学机械法制浆工艺技术研究。

四、展望与对策

（一）发展趋势

美国等发达国家将发展生物质产业作为一项重大的国家战略，纷纷投入巨资进行研发。美国 2000 年通过了《生物质研发法案》，2002 年成立了“生物质项目办公室”和“生物质技术咨询委员会”，并提出了《生物质技术路线图》；日本、印度等国家也相应制订了“阳光计划”“绿色能源工程计划”等。我国对发展生物质产业亦十分重视，2006 年颁布了《中华人民共和国可再生能源法》；2007 年 4 月国务院发布了《生物产业“十一五”

发展规划》，同年9月发布了《可再生能源中长期发展规划》；2011年科技部制订了生物质能源、生物基材料等产业科技“十二五”发展专项规划。林产化工行业是生物质化学利用产业组成的重要分支，学科技术发展呈现以下特点及趋势：

1. 加强基础研究

重点开展林业生物质资源的化学组分结构的定向分离新方法、产物的精练机制和反应动力学等基础研究；探索纤维类生物质、油脂、松脂、淀粉和糖类生物质原料的分子结构重组新途径；解决制备过程中的科学问题，为制备新产品和开发新技术奠定理论基础。

2. 发挥林业资源的优势和特点，发展“专、精、特”新产品

在林化产品精深加工领域，利用传统的林化产品资源，深入研究应用绿色、清洁化学技术和生物生化化学及化工等高新技术改造传统的林化产品及深加工技术；结合新能源、新材料、专用精细化学品和有效活性成分等新产品的发展，改造或创新合成具有林化特色的新产品；重点发展具有天然和可再生资源特点的、国民经济和人民生活不可或缺的新技术和新产品。

3. 积极开展传统林产化学加工过程的关键共性技术研究

主要研究开发森林资源化学深加工的连续化、绿色化、催化、DCS控制、生化反应等关键技术；延伸和拓展木材热解、松脂化学、高分子材料、植物资源利用化学与化工等关键技术创新研究。

4. 加快林化产品精深加工和生物基能源和材料在内的成套工艺技术、装备的优化集成开发

通过对科研技术成果的工程化孵化过程，提高技术的成熟度，形成能满足不同需求的技术成果群；提升过程与装备的开发设计制造水平，从而加快林化产品精深加工产业的发展。

（二）发展战略需求

1. 强化林产化学加工学科是现代林业产业转型发展的需要

林业产业是与民众生活息息相关的绿色产业。2014年林业产业总产值达到5.4万亿元，林产品进出口贸易额1399.5亿美元，分别比2013年增长14.2%和8.4%，直接从业人员总量达到6000多万人，是国民经济和社会发展的重要基础产业。2015年，全年实现林业产业总产值5.94万亿元，比2014年增长9.86%。林产化工是林业十大支柱产业之一，2014年，全国松香类产品产量170.07万吨，松节油类产品产量23.08万吨，樟脑产量1.32万吨，冰片产量2610吨，栲胶类产品产量5013吨，紫胶类产品产量4645吨，木炭、竹炭、活性炭等各类木竹热解产品产量134.08万吨。随着人们生活水平的提高，全社会对天然可再生产品的需求量日益旺盛，天然树脂、天然香料、天然色素、天然染料、植物农药、天然提取物等倍受人们青睐。但林产化工产业发展结构不尽合理，生产过程存在一定程度污

染，资源利用过程粗放，深加工程度不足，迫切需要强化学科科技创新，驱动产业转型升级。

2. 强化林产化学加工学科是推动山区经济发展的需要

山区农民的增收问题是实现全面建成小康社会国家战略的瓶颈所在。我国山区占国土面积 60%，山区人口占全国人口 69%，全国贫困人口的 56% 在山区。山区经济发展、农民脱贫致富已成为建设新农村、实现小康社会的重点和难点。但山区林业资源极其丰富，具有转化为林产化工产业的极大优势，发展林产化工产业对广大山区农业增效和农民增收具有关键作用。迫切需要通过科技创新，助推山区企业发展，促进增收，增加就业，提升区域经济发展能力。

3. 强化林产化学加工学科是实施创新驱动发展战略的需要

党的十八大提出实施创新驱动发展战略，到 2020 年科技进步对经济增长的贡献率大幅上升，进入创新型国家行列。林产化工行业与社会经济发展息息相关，林化产品广泛地应用在能源、化工、轻工、医药、造纸、食品等工业部门，成为国民经济和人民生活不可缺少的产品。新时期，根据林业生物质资源的可持续供给条件以及原料结构特性、化学特性和生物特性，开发以绿色化学转化利用为特征的功能化、环境友好化的生物质能源、生物基材料和生物质化学品具有广阔的战略需求，因此切实需要创新驱动支撑和引领林产化工产业不断发展。

4. 强化林产化学加工学科是增强自主创新能力的需要

《国家中长期科学和技术发展规划纲要》在农业领域的发展思路中明确提出“发展农林剩余物资源化利用技术，以及农业环境综合整治技术，促进农业新兴产业发展，提高农林生态环境质量；延长农业产业链，带动农业产业化水平和农业综合效益的全面提高。”加快发展生物质化学利用相关学科和产业是国家发展战略需要。《“十二五”国家战略性新兴产业发展规划》《生物产业“十二五”发展规划》以及 2012 年中央一号文件等都明确提出，加快生物质能以及生物基新材料和化工产品等生产关键技术的开发。当前，国内外掀起生物质化学利用技术开发热潮，以生物质资源化学利用为重点的林化学科面临着重大机遇与挑战。面对新形势，迫切需要通过强化学科科技创新，着力解决当前面临的学科领军人才严重短缺，部分学科重复，研究力量分散，围绕国家中长期重大目标集中力量、持久攻坚、形成研究积累和重大突破的能力不强，创新机制缺乏活力的问题。

（三）重点领域

围绕国家生物质产业和国民经济发展的需求，以可再生林业生物质资源为对象，以资源综合高效利用为目的，开展生物质替代化石资源产品的化学基础研究，突出生物质热化学转化、生物转化、生物质化学品创制以及生物质高分子材料化学的基础研究，加强植物提取物有效成分化学基础研究和“林纸一体化”技术创新体系建设，通过将信息技术、生物技术、新材料技术和新能源技术等高新技术与传统林产化工技术不断融合发展，显著推进林产化工学科快速发展。

1. 生物质能源

开展木质纤维素生物质细胞壁解构和组分高效分离等农林生物质原料低能耗预处理方法、控氧控炭水蒸气协同热解气化制备中高热值燃气、多相催化生物柴油脱羧制备烃类燃料等关键技术研究。开发定向催化的各类功能材料，转化单糖结构与多酚结构的液化产物，实现高效、低成本的液化油精炼反应。开展燃气多元净化制备洁净生物燃气技术研究，开发将生物质转化为糖类中间产物的生物质低温解构和组分分离技术，重点研究林业生物质生物转化关键技术，开发制糠醛、乙酸、功能性低聚糖等化学品的生物转化制备液体燃料及高值平台化合物。加强生物质液化反应的定向调控以及液化油提质等生物质直接液化技术研究。根据中国工程院《中国可再生能源发展战略研究报告》，“十三五”期间，中国含太阳能的清洁能源开采资源量为21.48亿吨标煤，其中生物质占到54.5%，是水电的2倍和风电的3.5倍。

2. 生物基材料

重点开展活性聚合、可控修饰、自组装、生物基大分子纳米化等合成及功能化技术研究，开发具有耐高温、防腐、阻燃、吸附、自清洁、自修复、抗菌、储能、药物缓释控制、智能凝胶等特性的生物质功能与纳米材料、生物质碳材料。研究光固化生物质基抗菌剂的制备及抗菌性能调控、高吸附性纤维素与木质素基重金属吸附材料的制备及改性、支链型/星型生物质高分子材料的结构设计及合成、无卤协同阻燃泡沫材料高效炭化等关键技术，开发多功能集成金属杂化松香基纳米抗菌材料、木质纤维基重金属吸附材料、支链型/星型生物质基弹性体等生物基功能高分子新材料，构建基于林业生物质资源的功能高分子新材料制备技术体系。预期到2020年，我国生物基材料产能达1300万吨，我国生物产业产值有望达8~10万亿元。

3. 生物质化学品

开展松香松节油类、木本油脂类生物质化学品精细化分离与利用技术和松香松节油深加工特色新产品及工艺技术研究。具体包括松脂、油脂绿色化学加工技术；松香树脂酸结构与利用性能研究；脱氢枞酸基荧光衍生物结构与性能关系研究；松脂、油脂仿生选择性化学加工技术；松脂、油脂绿色催化剂催化加工技术；微波、超声波、仿生催化氧化、等离子体技术等高新技术在松香、松节油、天然精油与香料、木本油脂、生物质基功能助剂等深加工利用中的应用。《中国生物工业投资分析报告2016》指出，生物基化学品（不含生物医药产品）替代率逐渐提高，预期2020年销售收入在全部化学品市场销售收入的占比将达到10%~12%。

4. 生物质提取物

以银杏、五倍子、漆树、松树及沙棘、越桔等林业特色树种及林下药用植物为研究对象，开展林业生物活性物的化学结构、化学修饰和生物转化及其应用等基础技术研究，并在林业天然活性物加工技术及循环应用领域取得突破。利用超声波、微波等现代高效辅助萃取技术，定向提取林产植物的不同部位和有效成分，筛选具有明显药理作用的生物活性物质，采用现代医药学、营养学和免疫学等方法，对林产植物有效成分的作用机理进行研究。以生物质资源松香或其衍生物为原料，采用化学合成等手段制备一系列新型衍生物，并对衍生物进行黏虫、蚜虫等昆虫的杀虫活性研究。探索新型松香基杀虫剂的高效合成方法，采用计算化学软件探索松香杀虫剂的定量构效关系模型，指导高活性化合物的设计，总结构效关系。预计到 2020 年，植物提取物市场规模将达到 62.1 亿元。

5. 制浆造纸工程

重点开展林纸一体化工程过程中急需解决的关键基础理论和应用技术研究，林纸一体化清洁制浆与装备关键技术；低质材及混合材高效清洁制浆技术，化学品减量、低能耗磨浆；高效节能制浆装备研究，均质预浸渍装备研究，新型节能磨浆装备研究；高效废水处理和资源化利用技术集成与示范；生物质预处理及生物质转化技术，林纸一体化过程木质纤维素生物质的高效利用和转化；基于造纸工厂的生物质炼制技术（木质纤维素生物质制备生物乙醇技术）；木质素、纤维素和半纤维素组分分离及高附加值利用技术与示范工作等。

（四）发展对策

1. 加强队伍建设

加强学术梯队建设，特别是学术带头人及中青年专家队伍的培养建设。扩大研究生招生规模，增加博士生比例，注重研究生创新能力的培养。引进、培养、培育一批在重点学科领域有一定影响的领军人物和学术骨干，逐步形成若干学术水平高、创新能力强、结构合理、富有协作精神的科研团队。

2. 加大研究投入

在积极申请国家财政和科研项目立项的基础上，吸引企业投资和赞助，形成多渠道的投入机制，不断增加学科建设的经费投入，促进产学研结合与成果转化，切实提高应用学科的自我发展能力。

3. 拓展研究方向

调整拓展研究方向，以发展生物质产业这一战略目标为出发点，以学科的交叉融合为增长点，不断开拓生物质能源、生物质新材料、生物质化学品、生物质提取物等生物质产业的研究领域。

4. 强化协同创新

积极推进林产化工学科相关高校、科研院所与林化企业产学研新模式建立，强化区域、领域协同创新。切实推进行业联盟建立，发挥行业协会作用，积极开展学术、技术交流等活动；贯彻国家和行业主管部门的有关政策，搭建企业、科研机构、政府之间的桥梁和纽带。

5. 加强国际合作

把握国际科技发展趋势，围绕学科建设，针对薄弱环节广泛开展国际合作，加强智力、技术及标准的引进，加强科技资源战略储备。围绕“一带一路”等国家战略部署，重点做生物质气化发电、低质材清洁制浆、活性炭等成套技术装备的技术转移，加快技术“走出去”步伐。

6. 优化学术环境

大力倡导学术自由和尊重知识、尊重创造的良好风尚，鼓励学术拓新，创造宽松和谐、竞争向上的学术环境。营造激励创新、宽容失败的学术氛围，推动学科发展与学术繁荣。

参考文献

[1] Halilturgut S，Raymonda Y. Auto-catalyzed Acetic Acid Pulping of Jute [J]. Industrial Crops & Products，2008，28 (1)：24-28.

[2] Bomgardner M M. Making Rubber from Renewables [J]. Chemical & Engineering News，2011，89 (50)：18-19.

[3] Adetoyese O O，Ka L L，Chi W H. Charcoal Production via Multistage Pyrolysis [J]. Chinese Journal of Chemical Engineering，2012，20 (3)：455-460.

[4] Huang Y B，Fu Y. Hydrolysis of Cellulose to Glucose by Solid Acid Catalysts [J]. ChemInform，2013，44 (31)：1095-1111.

[5] Wood M. Boosting Butanol's Role in the Biofuel Wold [J]. High Plains Journal，2014，132 (48)：8.

[6] Harmsen P F H，Hackmann M M，Bosh L. Green Building Blocks for Bio-based Plastics [J]. Biofuels，Bioproducts and Biorefining，2014，8 (3)：306-324.

[7] 宋湛谦. 我国林产化学工业发展的新动向 [J]. 中国工程科学，2001(2)：1-6.

[8] 蒋剑春. 生物质能源应用研究现状与发展前景 [J]. 林产化学与工业，2002，22 (2)：75-80.

[9] 周艳琼. 我国植物提取物市场发展综述 [J]. 上海化工，2006，31 (3)：51-52.

[10] 黄利，吕杰，中国主要非木质林化产品贸易分析 [J]. 林业经济问题，2008，28 (1)：33-36.

[11] 宋湛谦，商士斌. 我国林产化工学科发展现状和趋势 [J]. 应用科技，2009，17 (22)：13-15.

[12] 胡娜娜，傅峰. 木材高温炭化及导电功能木炭研究进展 [J]. 世界林业研究，2010，23 (4)：51-55.

[13] 柏云爱，梁少华，刘恩礼，等. 油脂改性技术研究现状及发展趋势 [J]. 中国油脂，2011，36 (12)：1-6.

[14] 徐桂转，常春. 纤维素生物质新型水解技术的研究进展 [J]. 生物加工过程，2012，10 (3)：71-76.

[15] 黄利，周密. 中国主要林化产品出口竞争力分析 [J]. 林业经济，2013 (7)：53-59.

[16] 周卓瑜. 林化产业发展的现状与对策 [J]. 科技传播，2014 (2)：132-133.

[17] 冯培良，王君，陈明强，等. 生物质水解制备糠醛的研究进展 [J]. 化学与生物工程，2014，31 (8)：6-9.

[18] 王涛. “十三五”期间生物质能源大有可为 [J]. 能源研究与利用，2015 (6)：4，10.

[19] 王学川，王晓芹，强涛涛. 生物质废弃物资源化利用研究进展 [J]. 现代化工，2015，35 (8)：63-66.

[20] 许国平，王云鹏，周亚杰. 浅谈植物提取物现状与发展趋势 [J]. 医药，2015 (4)：46-46.

［21］黄博林，陈小阁，张义堃，等. 木炭生产技术研究进展［J］. 化工进展，2015，34（8）：3003–3008.
［22］钟根秀，任琰，于志斌，等. 我国植物提取物产业发展状况及建议［J］. 中国现代中药，2015，17（10）：1087–1090.
［23］刘培，唐国民，赵光磊. 农村秸秆废弃物清洁制浆技术研究及应用进展［J］. 江苏农业科学 2015，43（10）：446–448.
［24］于建荣，李祯祺，许丽，等. 全球生物基化学品产业发展态势分析［J］. 生物产业技术，2016（4）：13–21.
［25］刁晓倩，翁云宣，黄志刚，等. 国内生物基材料产业发展现状［J］. 生物工程学报，2016，32（6）：715–725.
［26］王欣，张晓宇，张鑫，等. 制浆新技术研究进展［J］. 黑龙江造纸，2016（2）：23–25.
［27］石元春. 我国生物质能源发展综述［J］. 智慧电力，2017，45（7）：1–5，42.
［28］林凤，江月明，梁洁萍，等. 在石化竞争情况下松脂行业发展趋势［J］. 科技经济导刊，2017（31）39–40.
［29］顾继友. 我国木材胶黏剂的开发与研究进展［J］. 林产工业，2017，44（1）：6–9，19.

撰稿人：宋湛谦　蒋剑春　黄立新　刘军利　王　艳

森林经理

一、引言

（一）学科概述

按照国家的学科分类，森林经理学（forest management），属于林学一级学科中的二级学科，是研究如何有效地组织森林经营活动的应用基础理论、技术及其工艺的一门科学。它的内容包括通过森林资源调查监测获取森林资源和生态状况，揭示森林的生长、发育和演替规律，预测短期和中期的变化，根据自然的可能和人们的需求，科学地进行森林功能区划，在一个可以预见的时期内（如一年、一个或几个作业期）内制订年度、短期和中长期计划和规划，在时间和空间上组织安排森林的各个分区的各种经营活动（如更新、抚育、主伐、土壤管理等），以期达到在满足森林资源可持续发展的前提下，最大限度地发挥森林的服务功能和获取物质收获。森林经理学不是管理科学，而是一门理论和技术科学。

森林经理学的学科内涵是随着时代的推进而不断发展的，起初以木材收获为目的，所以它的原则叫做木材的永续利用。森林经理多以一个具体的森林经营单位为对象进行森林经理研究和实践；随着社会和经济的发展，森林的多种服务功能，例如减缓气候变化、户外活动、游憩、野生动植物保护、放牧、水源涵养和水土保持等越来越受到人们的重视，森林经理的目的也发展为多资源多目标森林经营，并且发展出一套相应的技术。在 20 世纪 80 年代提出可持续发展概念后，森林经理发展到一个新的阶段，明确提出了森林可持续经营（sustainable forest management）的概念，即在森林资源可持续发展的条件下，最大限度地发挥森林的服务功能和获取物质产品。森林经理研究的实践范围可以是一个林分，也可以是一个森林经营单位、森林经营实体，或者是区域，甚至是国家；在时间跨度上以 5~10 年的中期规划为主，也可以是年度的项目作业计划，或者长期规划。从永续利用到可持续森林经营，体现了人们经营森林价值观的改变，即将森林作为利用的对象转变为将森林作为经营的对象。

我国使用"森林经理学"的名词是借鉴国外的习惯语。18 世纪末，以德国为代表的欧洲国家从森林资源经营和管理活动中总结并形成了符合当时的森林经理基本思想和方法，德文称 forstein richtung，即组织和安排；传入英美后用过的名称有 forest regulation（森林调整）、forest organization（森林组织）和 forest management（森林管理或森林经营）；引入日本时曾定为"森林设制学"或"森林施业学"。1902 年，志贺泰山将德文 forsteinrichtung 译为"森林经理学"，随后在日本普遍使用。1925 年前后，"森林经理学"名词传入我国，国际林业科学研究协会把森林经理分为清查（inventory）、生长（growth）、收获（yield）和经营管理科学（management science）。有的国家的森林经理学是在森林资源的资产管理基础上展开的，重视经济分析和数学规划，把"林价算法"和"森林较利学"归于森林经理学科的范畴。我国目前在森林经理学二级学科下设森林经理学（forest management）、森林测计学（forest measuration）、森林测量学（forest survey）、林业遥感（forestry remote sensing）、林业信息管理（forestry information management）和林业系统工程（forestry system engineering）等三级学科。作为介绍森林经理基本理论、模式的课程，森林经理学是林学专业的主干课程。由于词汇翻译的混乱，在实际应用中，往往把森林经理、森林资源管理、森林经营管理看成是同义词，但其严格意义仍有所不同。以下着重介绍二级学科层面的森林经理学。

（二）学科发展历程

我国森林经理学科始建于 1952 年，为林学学科成立最早的两个学科之一，当时含经理、测树、测量 3 个方向。1955 年北京林业大学创办第一届森林经理研究生班，为全国培养高校师资，1959 年教育部批准招收研究生。改革开放后，森林经理学科的研究和实践在各个院校、研究所、规划设计以及资源管理部门广泛开展起来，森林经理学科的组织体系开始恢复和建立。80 年代开始，一批高等院校和研究所设置了森林经理学科的硕士研究生学位授权点，有的还设立了博士研究生学位点，相应学术活动得到了加强。全国及省、市、县（林业局场）各级森林经理的实践组织——林业调查、规划和设计单位得到加强，森林资源管理实施了一系列重要措施。1982 年，国务院学位委员会授予硕士学位点，1986 授予的第一批博士学位点就包含森林经理学，1989 年国家教委确定的国家重点学科目录中也含森林经理学。1992 年，开展全国森林经理硕士点评估，1996 年国家实施"211 工程"建设，部分高校的森林经理学科进入"211 工程"重点建设学科。60 多年来，随着国家林业发展战略的转变，森林经理学科的发展经过了多次起伏，现在形成了一个比较完备的学科群，在学术研究和实践应用等方面取得了一些显著成就，为国家的林业发展做出了重要贡献。

二、现状与进展

（一）发展现状与动态

1. 森林经营理论与技术模式

在森林经营理论方面，20世纪90年代初，受“林业分工论”思想的影响，根据森林多种功能主导利用分工，我国开始实行森林分类经营，将森林划分为商品林和生态公益林。1998年开始实施天然林保护政策。21世纪初提出了森林生态采伐理论，引进了近自然林业理论。目前处于森林可持续经营指导下的近自然经营、多功能经营等的实践探索和理论验证阶段。

在森林经营评价的标准指标方面，参与了“蒙特利尔进程”等研究森林可持续经营标准和指标体系的国际行动，编制了《中国森林可持续经营标准与指标》（LY/T 1594–2002）、《中国森林认证森林经营》（LY/T 1714–2007）、《中国东北林区森林可持续经营指标》（LY/T 1874–2010）、《中国热带地区森林可持续经营指标》（LY/T 1875–2010）、《中国西北地区森林可持续经营指标》（LY/T 1876–2010）、《中国西南地区森林可持续经营指标》（LY/T 1877–2010）等森林可持续经营的行业标准。同时，参照相关标准和指标开展了森林认证体系的研究和推广应用。

在可持续经营技术模式方面，20世纪80年代开始，在吉林汪清林业局持续开展了检查法的研究试验，总结形成了适用于我国天然林的结构调整技术。2005年提出了天然林生态采伐更新技术体系，由森林生态采伐更新的理论基础、规划决策技术、采伐作业技术、作业规程等共性技术原则以及针对具体森林类型的生态采伐更新个性技术模式组成，针对5种模式林分提出了适用的生态采伐模式。同时，发展了近自然森林经营方法，从2005年开始在北京、陕西、广西等地开始了近自然森林经营的实践研究，建立了适合我国国情的近自然森林经营林分作业技术体系。2010年研究提出了结构化森林经营技术体系，包括用于森林经营类型划分的林分自然度指数、用于确定森林经营方向的林分经营迫切性指数、用于调整林木空间分布格局的空间结构参数角尺度、用于调整树种空间隔离程度的混交度、用于调整树种竞争关系的大小比数等参数。2010年开展了天然林保护与生态系统经营研究，提出了东北天然林经营诊断和结构调整技术、基于景观规划和碳汇目标的森林多目标经营规划技术等。近两年，建立了国家层面的森林健康状况诊断和评价指标体系，提出了典型森林类型健康经营技术模式和森林健康经营政策保障体系建议；提出了从理论、指标、技术、工艺、措施到示范案例的完整的中国人工林多功能经营体系，包括多功能经营理论、经营设计指标、功能区划与作业法设计、作业措施规范和典型案例与示范等内容。

2. 森林资源调查监测和管理

森林资源调查和监测历来是我国森林经理学科研究的主要服务对象，特别是在建立和完善我国森林资源连续清查体系过程中，森林经理学科的研究提供了重要的技术支撑，如20世纪50年代的森林航空测量、角规测树研究，60~70年代的抽样技术研究都对改进我国森林资源调查方法和形成全国森林资源连续清查体系发挥了重要作用。1991年，我国在联合国粮农组织支持下开展了建立国家森林资源监测体系研究，制定了新的林地分类系统技术标准、遥感技术应用技术方案，设计了森林资源清查统计系统框架，优化了森林资源连续清查技术体系。

20世纪90年代后，随着科学技术的发展，遥感（RS）、地理信息系统（GIS）、全球导航定位系统（GNPS）在森林资源调查中的应用研究得到了广泛开展，取得了较好的应用效果。在森林调查的仪器设备方面，激光测树仪、超声波测高器、电子角规、手持掌上电脑（PDA）等便携式测树仪器以及全站仪、原野服务器、远程通信等新技术也得到了初步应用。

从20世纪90年代末开始，开展了森林资源及生态环境综合监测研究，引进并建立了一套适合我国国情林情的森林资源监测指标体系，包括森林生长指标、森林健康指标和相关的生态环境指标等。“十一五”期间，研究提出了天—空—地一体化的森林资源综合监测技术体系，涵盖了森林资源、湿地、荒漠、重点林业生态工程和重大森林灾害的监测。近年来，开展了区域性森林资源或生态状况年度监测和年度出数研究，提出了与森林资源调查相结合的森林生物量测算技术，研发的基于连续清查样地的加权BEF法解决了与森林资源清查体系相结合的大区域森林生物量估算问题。

在森林资源管理方面，20世纪80年代末，开展了森林资源管理模式的研究，提出了基于决策、实施和信息三个反馈环的现代化森林资源管理模式，该模式把森林资源经营管理工作看成以森林资源信息为基础的、科学组织营林工作的全过程，将森林资源调查和年度档案管理相结合，实现了森林资源信息的动态管理；并基于此模式设计森林资源管理技术系统，包括一套组织机构、工作制度和计算机系统软件，在全国得到了普遍应用。20世纪90年代中期，开展了天然林资源经营管理研究，提出了天然林区森林资源动态管理技术体系，该技术体系与林业局的生产经营活动相结合，充分利用各类资源数据的历史资料，较大幅度地提高了资源调查数据的精度，能有效改善现行森林资源管理体系、提高效益、降低二类调查成本。建立了基于地理信息系统平台的森林资源动态管理系统，具有数据管理、图形管理、生长预测、图面和资源数据自动同步更新等综合功能。构建了天然混交林木生长预估模型系列，适用于东北同类天然林区小班主要林分调查因子的更新。

3. 林业统计和林分生长收获模型

20世纪80年代，随着计算机技术的迅猛发展，林业统计和生物学模型的研究逐步深入并取得了显著进展。

在林业统计方面，1985年出版了《多元统计分析方法》，使林业系统的统计分析知识得到普及。1987年研制了基于DOS操作系统并适用于IBM–PC系列微机的林业常用统计软件包，并配套出版了《IBM-PC 系列程序集》，这是我国林业系统第一套数学统计分析软件，在全国得到了普遍应用。2002 年出版了《生物数学统计模型》，系统完整地介绍了生物数学模型的统计学基础，包括一元线性模型、联立方程组、混合误差模型、度量误差模型以及向非线性模型的推广等。同时，基于 Windows 操作系统的统计软件的升级和改进版本——统计之林（ForStat）研发成功，该软件吸收了国内外最新统计计算方法和国际著名数据分析软件的优点，具有鲜明的林业行业特色，在全国得到了广泛应用。

在林分生长预测模型方面，提出了全林整体生长模型的体系和方法，解决了模型的相容性问题，在生产中得到广泛应用。在经营模型方面，建立了林分最大密度和自稀疏关系的理论，阐明了第一类模型和第二类模型的关系，在生长模型的基础上推导出间伐模型，可进行含有间伐的主伐优化控制；引进度量误差模型进行参数估计的方法，对天然混交林生长预估模型进行了初步探索。90 年代中期，为满足森林资源监测和全球气候变化研究的需要，开展了森林生物量估计模型的研究，提出了一套完整的建立相容性立木地上部分生物量模型的方法，已应用于全国森林资源清查成果汇总中生物量和碳储量的估算。进入 21 世纪，新的统计和模型估计方法不断引进，如混合模型、度量误差模型等，并应用于林分生长模型，有效地提高了模型的估计精度和应用范围。近几年，发展了传统的经验生长模型，研建了我国主要树种的生物量模型、东北天然林相容性生长收获模型系统、气候敏感的林分生长收获模型，开发了基于单木和林分生长模型的林分三维可视化模拟方法。

4. 林业遥感技术应用

林业是我国最早应用遥感技术并形成应用规模的行业之一。早在 1954 年，我国就创建了“森林航空测量调查大队”，首次建立了森林航空摄影、森林航空调查和地面综合调查相结合的森林调查技术体系。1977 年，利用美国陆地资源卫星（Landsat）MSS 图像首次对我国西藏地区的森林资源进行清查，填补了西藏森林资源数据的空白。

20 世纪 80 年代初期，林业行业成功研制了遥感卫星数字图像处理系统，研究了森林植被的光谱特征，发展了图像分类、蓄积量估测等理论和技术，并在“七五”“八五”期间完成了我国“三北”防护林地区遥感综合调查，开展了森林火灾遥感监测技术研究。20 世纪 90 年代中后期，随着对地观测技术的迅猛发展，林业遥感从小范围科研和试点应用扩展到林业建设中各个领域的大规模应用，为森林资源调查与监测、荒漠化沙化土地监测、湿地资源监测、森林防火监测等提供了大量的对地观测信息，为国家适时掌握林业资源的状况及变化情况提供了可靠的技术支撑。为适应新时期林业对遥感技术的应用需求，“十一五”期间开展了森林资源综合监测技术体系研究，较为全面、系统地针对林业资源—灾害—生态工程开展了综合监测技术研究。

在具体技术方法方面，主要集中在遥感影像分类和森林参数反演的研究。遥感影像分类的进展主要体现在支持向量机（SVM）、随机森林、组合分类器、主动遥感分类方法等的深入研究和应用；在森林参数定量反演方面，主要进展集中在激光雷达、多角度光学和极化 SAR、InSAR、SAR 层析技术以及多模式遥感数据的综合反演技术等。主要反演参数包括森林树高、地上生物量、蓄积量、叶面积指数（LAI）、植被覆盖度等。未来研究的重点是基于遥感辐射散射机理模型的反演方法、基于多源遥感数据协同的反演方法以及遥感信息的时空扩展方法。

5. 森林资源信息管理系统

森林经理是林业系统信息技术应用最早的学科。特别是 20 世纪 80 年代末期得到了快速发展，这一时期开展了卫星图像计算机处理系统、异龄林多目标决策系统、森林资源动态预测系统等应用系统开发。

进入 20 世纪 90 年代，林业信息技术的应用进入了飞速发展时期。1990 年研发的“面向森林经营的决策支持系统 FMDSS”初步实现了森林经营计算机辅助决策。1991 年完成的“广西国营林场资源经营管理辅助决策信息系统”由森林资源管理、生产计划管理、财务物资管理、劳动人事管理、科技信息管理和资源分析预测决策 6 个子系统构成，当时在我国林业系统林场资源信息管理方面居国内领先水平。1992 年“森林资源管理系统（FORMAN）”和“图面管理的微机地理信息系统（PCGIS）”研发成功，首次实现了森林资源信息管理中属性和空间数据一体化管理。特别是微机地理信息系统（PCGIS）是当时我国林业系统真正意义上的第一套地理信息系统软件，具有划时代的意义。1996 年，基于 Windows 操作系统的第一套国产林业地理信息系统软件 WINGIS（后改名为 ViewGIS）研发成功，当年获得了全国地理信息系统软件测评第一名，后来经过不断的完善日趋成熟，在全国得到了普遍的推广应用。现在森林资源管理信息管理系统已经广泛应用于各级林业部门的日常工作系统中。进入 21 世纪，各种经营决策系统成为研发的热点，如马尾松毛虫综合管理—防治决策专家系统、杉木人工林计算机辅助经营系统研究、杉木人工林林分经营专家系统研究、森林资源资产评估专家系统等。

近几年，根据国家林业发展规划需要，开展了全国林地“一张图”数据库管理系统的研建，采用“分布式文件系统 + 数据库”模式，实现了包含遥感影像、地理信息、林地图斑与林地属性信息的全国林地“一张图”管理；采用 SOA 服务架构，实现了二维、三维信息服务，使林地分布置身于三维的立体环境中，图文并茂、动态直观，可多层次、全方位反映各类林地空间分布及其变化规律。另外，在林分三维可视化模拟、森林资源信息共享、国家重大林业生态工程监测与评价、自然保护区管理与灾害监测等方面也构建了一些信息技术的系统平台。

（二）学科重大进展及标志性成果

近年来，我国森林经理学科研究取得了一批重大成果，在森林生态采伐、森林资源调查监测的理论、技术、方法等方面取得了重要突破，在一些领域已接近或达到世界先进水平。“东北天然林生态采伐更新技术”“森林资源遥感监测技术与业务化应用”“与森林资源调查相结合的森林生物量测算技术”“森林资源综合监测技术体系”先后荣获梁希科技奖一等奖和国家科学技术进步奖二等奖。

1. 东北天然林生态采伐更新技术

成果首次提出了森林生态采伐技术体系，完善了森林生态采伐理论。该体系由一般共性技术标准和适合于具体森林类型的个性技术模式构成。共性技术标准包括森林采伐类型和方式、禁伐区和缓冲区、采伐设计、伐木作业、伐区清理和更新、景观规划等一系列技术要求，其中引入了目标树经营和森林发展类型设计等“近自然森林经营”技术；5 种模式林分的生态采伐个性技术模式包括模式林分特征（树种组成和分布）、采伐（择伐周期、强度、保留木树种和径阶组成）、集材、清林和更新等技术方法和指标。形成了具有实用性和可操作性的东北天然林生态采伐更新技术指南，也拓宽了森林生态系统经营研究的范围和深度；发展了林分空间结构优化理论，建立了择伐空间优化模型。以保持理想的空间结构为目标，包括混交（最大限度保持树种相互隔离）、竞争（竞争强度低）和分布格局（林木均匀分布）3 个方面；约束条件主要包括林分结构多样性、生态系统进展演替和采伐量不超过生长量。最优择伐方案采用 Monte Carlo 法求解得到。在此基础上开发了林分空间结构分析和生态采伐优化计算机软件 SSSAS，为生态采伐提供了实用的工具支持；引入了最大覆盖模型，建立了森林类型多样性最大覆盖模型，创新性地解决了森林类型多样性保护地的最优选择的技术关键。该成果获得第三届梁希林业科学技术奖一等奖。

2. 森林资源遥感监测技术与业务化应用

成果分别以中、高空间分辨率卫星遥感数据作为基础数据源，首次建立了全国森林资源遥感调查综合样地系统和国家级森林资源遥感监测三阶抽样技术体系，完善了国家森林资源清查技术系统；提出了森林资源变化概率、郁闭度、蓄积量等级的遥感估测方法，发展了相应的技术平台；建立了国家级、县级森林资源遥感监测业务运行系统，满足了国家相关技术规范要求。首次建立了二类调查林相图的快速智能更新的技术体系，建立了基于星载激光雷达分解波形特征参数的林分平均高的估测方法；提出并建立了影像—基元—目标的高空间分辨率遥感影像分析方法体系，研发了目标特征提取和目标检测融于一体的识别算法，实现了包括 GMRF、Gabor 滤波器等十余种高分辨率遥感影像分割算法，发展了自适应高斯神经网络、局域自适应子波 / 高斯神经网络、进化子波网络和局域进化子波网络、模糊子波神经网络、多重分形和神经网络目标检测、进化模糊推理神经网络等地块边界自动提取模型，开发了通用、高效、功能齐备、自主知识产权的高空间分辨率遥感影像分割与地物特征提取专业模块。成果突破了森林资源遥感数据综合处理、分析及集成应用的关键技术，规范了遥感技术应用的技术流程与标准，建成了面向一类和二类调查两个服务层次的森林资源遥感监测业务应用系统，实现了森林资源遥感监测与信息管理的自动化、智能化和流程化。该成果获得 2009 年国家科技进步奖二等奖。

3. 与森林资源调查相结合的森林生物量测算技术

成果首次提出了非线性模型联合估计方法，解决了生物量模型的相容性问题，研建的11个树种（组）的生物量模型是世界上第一次建立的相容性生物量模型。对树木平均密度和干物质率估计、自适应树高模型的应用等内容的研究结论，规范了森林生物量建模中的数据采集处理、模型研建和评价等方法。提出的基于连续清查样地的加权BEF法，解决了与森林资源清查体系相结合的大区域森林生物量的估算问题。该成果已在国家森林资源连续清查和广东、贵州省等部分省的森林资源监测工作中得到了推广应用。特别是在第七次全国森林资源连续清查中，利用本成果提出的技术路线和方法，首次进行了中国森林生物量和碳储量的估算，结果已由国务院新闻办公室对外发布，这是我国首次向世界公布中国森林生物量和碳储量数据。该成果为结合森林资源调查编制森林生物量表提供了一套可行的技术路线和方法，可以节约大区域生物量调查成本，为计量森林生态效益提供了强有力的手段。利用本成果首次对中国森林生物量和碳储量进行估算，在国际和国内产生了重要影响，为应对全球气候变化和国际谈判提供了基础数据支持。在广东、贵州省的应用，为两省的森林生物量和碳储量估测提供了坚实基础。该成果获得2012年国家科技进步二等奖。

4. 森林资源综合监测技术体系

成果系统地构建了森林—湿地—工程—灾害一体化森林资源综合监测指标体系，提出了国家级森林资源综合监测抽样设计方案，改进和优化了我国森林资源监测技术体系；研建了森林、湿地、工程精准监测技术，建立了非木质森林资源调查方法和监测技术。提出了低、中、高分辨率森林植被遥感信息快速提取技术方法，研发了集GIS、RS、GPS和移动通讯等技术于一体的多专题快速采集系统，实现了森林资源宏观动态信息的快速、准确提取。提出和发展了典型区湿地信息提取技术，建立多元、多尺度湿地资源空间预测模型和算法，实现了湿地资源信息的快速提取和准确预测。提出了基于多源遥感数据的林业重点生态工程多尺度工程实施进展—规模—质量—效果综合监测技术，构建了国家、省、市、县工程任务检查验收新体系；提出了森林灾害一体化监测与预警技术，研发了森林灾害远程监控系统。研建了森林灾害监测平台系统；研发了基于3S技术的森林资源综合监测集成平台；构建了森林资源综合监测服务模型，研发了森林资源综合监测网络服务系统与森林资源综合监测可视化服务系统，完成了森林—湿地—工程—灾害一体化综合监测、评价分析、辅助决策等综合服务的无缝集成和统一运行。该成果获得2013年国家科技进步奖二等奖。

三、本学科与国外同类学科比较

森林经理作为一门传统学科，其主要任务是通过组织森林经营，合理利用人类干预自然和充分发挥自然力的作用，制定森林经营规划，并通过不断实践和调整，培育健康稳定高效的森林生态系统，最大限度地发挥森林的多种功能。近年来，我国在多功能森林经营理论与技术、森林经营规划、森林资源监测等方面开展了大量工作，但是研究和实践总体上处于跟跑世界林业发达国家阶段。

1. 森林可持续经营实践亟待深入

森林可持续经营的指导思想已经明确，但森林可持续经营具体实现的途径、手段还需要探索。多功能森林经营作为一种实现森林可持续经营的途径，受到了各国的重视。林业发达国家在多功能森林经营的概念、原则和实施途径等方面都取得了实质性科技进展，如多功能森林区划、异龄林作业法、决策支持工具等，形成了各自特色的多功能森林经营理论与技术体系。我国开展了多功能林业的宏观研究，建立了多功能森林经营的理论框架，并参照国际先进经验进行了近自然森林经营、森林健康经营、结构化森林经营等方面的实践，但尤其缺乏异龄林作业法、森林经营单位多功能经营的实践，总体上尚未形成中国特色的完整的多功能森林经营的理论与技术体系。

2. 监测技术处于世界前列

森林状况和功能监测的地位和作用越来越重要，联合国粮农组织定期发布全球森林资源状况和全球森林资源评估报告。基于统计抽样的森林资源调查是世界的通用做法。国家森林资源清查除用于国家林业和生态规划和政策外，还用于国际报告。监测信息和标准的统一化成为一种趋势，包括森林可持续经营的各个标准和指标。我国建立了森林资源与生态状况综合监测体系，不仅清查方法和技术手段与国际接轨，而且组织管理和系统运行也规范高效，尤其是样地数量之大、复查次数之多，说明我国森林资源清查体系已经居于世界先进行列。但是从发展的观点看，我国森林资源连续清查自动化水平还有待提高，实现国家与地方森林资源监测的一体化，提供更多内容和更精细时间和空间分辨率的高质量数据，以满足新时期经济社会发展的需要，还需做出更多的探索和努力。

3. 缺少森林规划和决策工具

由于森林生长的长周期性，需要编制不同层次的森林经营规划，包括战略规划、战术规划和年度作业计划。国际上已经形成了比较成熟的森林经营规划方法，以森林的多功能最大化为目标，并通过森林生长收获预估模型和决策支持系统工具来支撑。如德国的天然异龄林经营管理分析与决策支持软件 PEP、单木生长模拟软件 SILVA，美国的生长模拟软件 FVS、OREGON，加拿大的多功能优化决策软件 FSOS、空间规划软件 Woodstock 等。近年来，我国在生长收获模拟领域尤其是针对天然林开展了大量工作，建立了林分和经营单位层次的多目标规划模型，但总体来说比较分散，尚未形成可以应用的生长收获模拟系统和多目标优化决策软件平台，不能满足森林质量精准提升的要求。

四、展望与对策

未来森林经理学科将以保障国家生态安全和木材安全为己任，以为森林生产力和生态服务功能提升提供技术支撑为出发点，开展创新性研究，构建具有中国特色的森林可持续经营理论与技术体系。

（一）重点研究领域

森林经理学作为一门独立的学科，主要研究森林区划、森林资源调查、监测与评价、森林生长与收获、森林经营决策与控制调整等。从整体上讲，它包括学科的理论基础、研究方法、技术和工艺三个领域。

1. 理论基础

森林经理学的理论基础主要指研究森林自然生长发育规律、森林结构与功能的耦合关系、人类计划性经营活动对森林资源生长发育以及演替、生态和环境的影响和规律。

2. 研究方法

森林经理学科的研究方法主要指研究森林资源调查方法、野外经营试验方法、实验室测定方法、统计分析及建模方法、计算机可视化模拟方法等。

3. 技术和工艺

森林经理学科的技术研究包括研发不同尺度森林资源、生态和环境数据获取及监测技术，数据分析、模型模拟、计算机仿真技术，森林经营决策及规划技术，林分作业法，森林资源评价与控制调整技术等。工艺研究包括研究制定这些技术的标准、指标和流程。

（二）重点研究方向

根据森林经理学科的发展目标，进一步发挥多学科综合交叉研究和产学研相结合的优势，开展学科的基础理论、研究方法和技术工艺研究，提高我国森林经理学科在国内、国际上的地位和竞争力，为实现我国森林可持续经营提供科技和人才支撑。主要围绕以下四个主要研究方向开展科学研究和实验。

1. 森林可持续经营方向

该方向以研建中国特色的森林可持续经营及多功能经营的理论和技术体系为目标，主要研究森林经理区划（经营单元、经营范围和功能区）和规划的理论和方法；森林资源与环境综合调查监测技术；各种典型森林生态系统对计划性经营的反应；利用林分经营优化决策模型及多目标经营决策技术，构建多目标、多功能优化经营模式；森林多尺度（林分、经营单位、景观水平）经营规划决策及森林恢复技术；大空间、大时间范围内的森林经营活动对自然、社会和经济的影响；森林经理与林业发展战略、森林资产评估、森林认证等相关工作的结合。目前，应抓住森林质量精准提升这一契机，开展针对性的研究和示范，发挥森林经理学科在此工程中的核心技术支撑作用。

2. 森林生长与收获模型方向

森林生长模型及模拟技术作为研究各种典型森林生态系统对计划性经营的反应的一个

基本手段，可以显著缩短研究周期和减少研究费用，已成为各国争相发展的热点领域。该方向主要基于近代统计方法（如混合效应模型、度量误差模型、联立方程组模型、空间加权回归模型等）及计算机模拟技术，研究森林多水平随机生长模拟理论框架和分析方法；立地质量空间评价模型；树木和林分随机生长与收获模型；林木树冠结构、树干形状、木材质量及机理模型；森林经营条件下生长收获模拟与演替机理；森林经营（植被控制、间伐、施肥、遗传改良等）随机效应模拟及经营效果定量分析；构建不同尺度林木及森林资源、生物量及碳储量预测模型。

3. 林业遥感技术应用方向

森林可持续经营或多功能经营需要不同尺度森林资源、生态和环境的综合数据，因此利用新技术和新方法建立和逐步完善森林资源、生态和环境综合监测体系是一个重点发展方向。该方向主要研究遥感图像数字化处理及测量技术；多源遥感（光学、激光雷达、高光谱、多角度遥感等）技术在森林资源、生态和环境信息的采集、提取、分析和管理的应用研究；基于新型遥感和机理模型的区域森林资源综合信息提取技术；利用多时相、多分辨率的数据源、远程图像传输和移动通讯等技术，实现对森林资源动态变化以及灾害等监测；“3S”技术在森林资源监测、生态环境评价、森林生态效益、荒漠化、灾害预警和生物多样性监测和评价等领域的应用研究；基于 GIS 的森林资源及生态效益的空间分析、评价和经营决策。

4. 森林资源信息管理方向

把森林资源、生态、生产等有关数据集成到一个信息管理系统中，可以提高信息的利用效率和森林经营单位的经营和管理水平。构建高精度森林资源管理信息系统，实现森林资源信息的智能化管理和动态监测是现代林业建设的基本要求。该方向主要研究天、空、地一体化森林资源、生态和环境海量数据的存储、交换、处理和表达方法以及分析评价技术；森林资源信息流的智能关系和交换机制；多源、多时相、多分辨率森林资源数据融合及一体化管理；森林空间数据信息系统和集成的数字化方法；基于“3S”技术的森林多资源和环境监测的管理信息系统及服务平台；基于 WebGIS 构建网络化、智能化的森林资源信息管理框架及辅助决策的优化算法；林业三维仿真虚拟技术与三维可视化系统。

（三）保障措施

1. 进一步完善和充实学科知识体系

研究建立统一的研究方向和课程体系，加大实践环节的比重，更新本科教材，增加森林经营作业法和异龄林经营等内容，启动研究生教材的编写工作。在重视教学内容基础性的同时，更加注重课程教学的前沿性和时代性，将教学与科研相结合。

2. 加强师资和人才队伍建设

实施人才强学科战略，积极利用国家“万人计划”“千人计划”以及地方的人才培育政策，采取培养、引进等多种方式加大人才建设力度，建设结构合理的学科研究梯队和师资队伍，造就一批学科领军人才和优秀创新团队，带动学科的快速发展。

3. 加强基础条件平台建设

主管部门和学科单位要采取多种途径，加大对森林经理学科条件平台的支持力度，在国家工程技术（研究）中心、省部级重点实验室、局级工程（技术）研究中心、森林经营长期试验示范基地等基础条件和平台上给予倾斜，提高学科创新研究的基础条件。

4. 加强科学研究，提高创新能力

加大对森林经理研究的支持力度。首先，国家要从根本上重视森林经理的科学研究，特别是在一些基础研究领域，如森林立地评价、生长模型、经营数表、经营方案等，加大投入力度，在国家重大研发计划中积极建议设立森林经营方面的重大专项或项目；其次，各学科单位应积极争取承担和参与已有的国家科技重大研发计划、国家自然基金等科技项目，以项目带动学科发展，提高创新能力。

5. 加强技术成果的推广应用

加强产学研的密切配合，试验研究和示范应用相结合。同时，积极利用国家关于科技成果转化的新政策，加强成果的推广应用，使之在实践中开花结果。

6. 加强学科内外的合作交流

一是充分利用森林经理分会的学术交流平台，加强学科内部的交流合作；二是通过中国林学会的各种学术交流平台，加强与其他学科之间的交流合作；三是通过走出去和请进来，加强与国际同行的交流合作。通过交流合作，实现强强联合、优势互补，促进学科发展。

参考文献

［1］ Duncker P S，Raulund-Rasmussen K，Gundersen P，et al. How Forest Management Affects Ecosystem Services，including Timber Production and Economic Return：synergies and trade-offs［J］. Ecology and Society，2012，17（4）：50.

［2］ Kuuluvainen T，Tahvonen O，Aakala T. Even-aged and Uneven-aged Forest Management in Boreal Fennoscandia：A review［J］. Ambio，2012（41）：720-737.

［3］ Mäkelä A，del RíoM，Hynynen J，et al. Using stand-Scale Forest Models for Estimating Indicators of Sustainable Forest Management［J］. Forest Ecology and Management，2012（285）：164-178.

［4］ Skovsgaard J P，Vanclay J K. Forest Site Productivity：a review of spatial and temporal variability in natural site conditions［J］. Forestry，2013（86）：305-315.

［5］ Garcia-Gonzalo J，Bushenkov V，McDill M E，et al. A Decision Support System for Assessing Trade-offs between Ecosystem Management Goals：an application in Portugal［J］. Forests，2015，6（1）：65-87.

［6］ Kangas A，Kurttila M，Hujala T，et al. Decision Support for Forest Management［M］. Cham：Springer International Publishing，2015.

［7］ Keenan R J. Climate Change Impacts and Adaptation in Forest Management：A review［J］. Annals of Forest

Science，2015（72）：145-167.

[8] Reyer C P O，Bugmann H，Nabuurs G-J. Models for Adaptive Forest Management [J]. Reg Environ Change,. 2015(15)：1483-1487.

[9] Sharma M，Subedi N，Ter-Mikaelian M，et al. Modeling Climatic Effects on Stand Height/site Index of Plantation-Grown Jack Pine and Black Spruce Trees [J]. Forest Science，2015（61）：25-34.

[10] Frew M S，Evans D L，Londo H A，et al. Measuring Douglas-fir Crown Growth with Multitemporal LiDAR [J]. Forest Science，2016，62（2）：200-212.

[11] O'Hara K L. What is Close-to-nature Silviculture in a Changing World? [J] Forestry，2016，89(1)：1-6.

[12] 唐守正，张会儒，孙玉军，等．森林经理学发展 [C] // 林业科学学科发展报告（2006-2007）．北京：中国科学技术出版社，2007.

[13] 吴承祯，洪伟，陈平留．重点学科的建设核心及其发展的设想——以森林经理学学科建设为例 [J]．中国林业教育，2007（5）：2-5.

[14] 张会儒．森林经理：问题与对策 [J]．林业经济，2009（6）：39-43.

[15] 黄选瑞，李永宁，张玉珍．森林经理学科面临的任务及其建设思路 [J]．中国林业教育，2009，27（4）：15-19.

[16] 黄家荣．森林经理学科与现代林业建设 [J]．中国林业教育，2010，28（1）：17-20.

[17] 汤孟平，周国模，韦新良，等．森林经理学教学改革探讨 [J]．中国林业教育，2010（6）：63-65.

[18] 詹昭宁．中国森林经理再探讨——森林经理学科滑坡诊断 [J]．华东森林经理，2011，25（3）：1-7.

[19] 张会儒，唐守正．我国森林多功能经营的理论与技术体系 [C] // 南方林业发展问题研究——第九次南方森林经理理论与实践座谈会暨南方林业发展论坛论文集．北京：中国林业出版社，2013.

[20] 唐守正，雷相东．加强森林经营，实现森林保护与木材供应双赢 [J]. 中国科学：生命科学,2014,44(3)：223-229.

撰稿人：刘国强　张会儒　李凤日　孙玉军　雷相东　丰庆荣

森林生态

一、引言

（一）学科概述

森林生态学科是生态学的一个分支学科，同时作为林学的一个分支学科，是研究森林与其环境相互关系的科学。森林生态学的研究内容主要包括各种环境因子及其对林木组成、结构、生长、发育、种群变化的影响；森林生物种群对环境的响应和适应；森林生物的种间关系及种群动态；森林群落及立地分类；森林群落的组成、结构及发生、发展、演替规律；森林生态系统的结构与功能及其对环境变化的响应与适应；森林景观格局、生态过程、干扰体系与动态变化；森林对环境的影响和作用以及森林生态系统管理的生态学原则和技术体系等内容。森林生态学的研究目的是阐明森林的结构、功能及其调节、控制原理，为不断扩大森林资源、提高其生物产量、充分发挥森林的多种功能和维护自然界的生态平衡提供理论基础。

随着生态学和林学的发展，森林生态学日趋广泛地与自然科学的其他学科紧密融合。目前，森林生态学已由阐明森林与其环境相互关系、指导森林培育和经营管理的经典定义，发展为指导人类科学合理地处理人与森林的相互关系、最大限度地发挥森林多种服务功能以增加人类社会的福祉和维持地球系统的平衡、健康和可持续性的科学。当前世界上的许多重大全球性问题，如气候变化、能源、环境、资源利用等都与森林密切相关，都涉及森林生态学研究的范畴。因此，应用现代科学技术建立更加符合实际的系统模型，以求更加准确地预测生态系统变化，提出最佳人工生态系统的设计和经营方案，已成为森林生态学面临的紧迫任务。

随着近四十年重点林业生态工程的实施，我国实现了森林面积和蓄积的双增长，生态环境得到了巨大改善。但是，作为一个发展中大国，历史的原因使我国森林的覆盖率低，质量差，生态服务功能弱。我国经济社会的快速发展仍然对森林生态系统构成巨大压力，尤其是全球气候变化所导致的增温、气候异常波动和极端气候事件增加使森林的保护、恢复和森林健康维护面临更加严峻的挑战。

（二）学科发展历程

森林生态学起源于19世纪后期和20世纪初期的造林学、营林学。欧美等发达国家林业的发展促进了林学中关于森林与环境的关系的科学认识，各环境因子、立地条件对造林、营林的影响以及树种生态学特性等问题的研究。同期的植物地理学、植物生态学的发展也促进了对森林分类、分布，森林群落的组成、结构和演替的研究。20世纪20~40年代，在两者发展的基础上逐渐形成了森林生态学前身的若干分支，如森林立地学、林型学、森林学等。20世纪50年代，生态学基础理论有了进一步发展，形成了明确以森林为对象、以研究森林与环境相互关系等自然规律为任务的森林生态学。因此，森林生态学是林学的一个分支，也是生态学的一个分支。

19世纪后期及20世纪初期，一些国家的林业发展促使人们关注森林与环境相互关系的研究。1902年美国B.E.Fernow等编著的《森林的影响》，俄国Г.Ф.Морозов于1902年编著的《森林学说》，德国K.C Schneider于1906—1912年撰写的《落叶树手册》I、Ⅱ册，都详述了树种的分布和生态习性。1935—1937年，日本中村贤太郎撰写《育林学原理》，本多静六等人于1939年发表《实用森林学》；美国J.W.Toumey等人研究日照与树木根系和天然更新的关系，并分别于1928年和1947年出版和再版了《生态学基础的造林学》。这一时期，植物地理学、植物生态学（地植物学）的发展促进了森林分布、分类的研究。20世纪70年代，日本只也良夫的《森林生态》、美国S.H.Spurr等人的《森林生态学》都把森林生态学作为独立学科加以系统介绍。随后，森林生态学的专著被大量出版，反映了这门学科的迅速发展，其中加拿大大不列颠哥伦比亚大学教授J.P.Kimmins所著的《森林生态学》（1987）经过多版，成为国际上森林生态学科的经典之作。同时，国际上先后发起的全球性研究计划，如国际生物学计划（IBP）、人与生物圈计划（MAB）、国际地圈、生物圈计划（IGBP）以及20世纪90年代后的一系列关于生物多样性和可持续发展的研究等，都广泛涉及森林生态学问题，有力地促进了森林生态学的发展。

我国森林生态学学科起步较晚，但发展很快。20世纪50年代开始的全国天然林区调查在推动森林生态学学科发展方面发挥了重要作用；中国林业科学研究院森林生态学学科早在20世纪50年代初就在我国川西亚高山林区开始了相关的研究工作，在川西米亚罗建立了森林长期定位观测站，最早完成了中国森林土壤分布、中国森林立地分类的研究，之后开展的中国森林生态系统结构与功能以及林木栽培生态、经营生态、环境生态和长期定位观测等方面研究都取得了多项原创性研究成果，为国家林业发展和森林保护提供了科技支撑，同时也促进我国森林生态学向纵深发展。

20世纪90年代初，以中国林业科学研究院为牵头单位，第一次完成了中国森林生态系统结构与功能规律的综合集成研究。尤其是2000年以来，以气候变化、土地利用和土地覆盖变化为背景，通过生态学、水文学、气象学、地球系统科学等交叉，森林生态学学科在森林与生物多样性、森林水文过程与效应、变化环境下的森林响应与适应、退化森林生态系统的修复与重建、森林生态系统长期监测与评价、农林复合系统等理论与应用、坡面和流域尺度的森林植被生态水文过程的耦合和模拟、森林植被水土调控规律、森林植被恢复过程中的生态水文响应机制、定量化模拟并评估森林植被恢复工程与大规模人工植被建设对区域水文过程的调控幅度和范围等方面，都取得了国内外同行认可的创新成果，为新时代森林生态学的发展奠定了坚实基础。

随着现代科技的发展，森林生态学的研究重点集中在森林的动态规律、森林对区域环境的屏障作用、森林对气候变化的响应和适应以及森林涵养水源和保持水土的作用和机理等方面。

二、现状与进展

（一）发展现状与动态

1. 全球气候变化及森林的响应与适应

以提高林业应对气候变化能力为目标，观测并分析我国气候变化敏感区域林木生长和更新、物候、永冻层、树线等对气候变化的响应，研究了气候变化对我国重要造林树种、珍稀濒危物种以及森林植被地理分布和森林生产力的影响。以提高森林碳汇能力为目标，重点研究了森林碳汇 / 源的时空格局、退化土地造林再造林固碳、高碳储量森林结构优化、森林碳储量计量与固碳潜力模拟、碳汇林定向培育、土壤碳管理、碳汇监测与计量等技术，初步建立了多尺度、多元数据整合的全国林业碳汇计量监测技术体系。

2. 人工林生产力生态学

围绕人工林生态系统生产力形成机制、人工林生态系统结构对养分平衡的影响机制和人工林生态系统生态功能与生产功能（木材生产）的权衡与协同关系三个科学问题，国家重点基础研究发展计划（“973”计划）项目——“我国主要人工林生态系统结构、功能与调控研究”以我国面积较大的主要树种——杉木、落叶松、杨树等人工林生态系统为对象，开展了人工林生态系统生产力形成机理、结构对养分平衡的影响、主要生态功能与木材生产权衡关系、人工林生态系统结构优化原理与功能评估四个方面的系统研究。据此，提出人工林生态系统结构优化、功能提升的调控对策，为实现人工林功能高效、健康稳定提供了科学支撑，促进了人工林生态学研究领域的发展。

3. 基于大样地的森林群落学和生物多样性研究

中国森林生物多样性监测网络（chinese forest biodiversity monitoring network，CForBio）是近年来发展起来的森林生物多样性研究网络平台。该网络是中国生物多样性监测与研究网络，也是全球森林生物多样性监测网络（CTFS–Forest GEO）最活跃的区域网络，包括北方林、针阔混交林、落叶阔叶林、常绿落叶阔叶混交林、常绿阔叶林以及热带雨林等类型。截至 2015 年年底，该网络已经建成 13 个大型森林固定样地。过去十多年来，CForBio 开展了森林群落中植物、动物及微生物等结构、动态以及不同营养级之间的相互作用的监测以及内在机理探索，已成为我国生态学发展最具影响力及研究进展最快的平台。基于该平台跨气候带谱的数据，我国已陆续在国际主流生态学刊物发表了具有国际影响力的学术论文。同时，研究团队也带动了林业、环保和教育部等部门的森林生物多样性动态监测的研究。

中国林业科学研究院在海南尖峰岭林区的热带山地雨林典型分布区域建立了一块面积为 $0.6km^2$ 的森林动态监测样地，这是我国最大的森林生物多样性动态监测样地，其目标是了解热带山地雨林的物种组成、结构特征和空间分布格局等基本信息，并通过复查的形式探索热带雨林生物多样性形成、维持机制和长期动态变化规律。作为一个长期监测与研究平台，尖峰岭大样地已经获得了超过 600 万个监测研究的海量数据，包括植物个体属性数据、植物功能性状与系统发育信息以及土壤理化性质数据。2014 年，尖峰岭大样地加入了美国热带林研究中心（CTFS）网络，该大样地是 CTFS 网络中迄今为止已建好的单个面积最大、单次监测植株数量最多的森林动态监测样地。

4. 林业生态建设的科技支撑

针对生态建设和森林生态系统保护的科技需求，重点研发了高抗逆植物材料快速选育、困难立地造林及植被恢复、林分结构调控、效益监测与定量评价等关键技术。以支撑天然林资源保护、退耕还林、三北及长江中下游防护林等工程建设为目标，重点开展了工程区及其重点区域不同尺度防护林体系构建、低效和退化防护林更新与改造、防护林质量与生态功能提升、防护林工程效益量化评价等技术研究。

5. 生物多样性保护

自然保护区建设与生物多样性保育技术。以野生动植物保护及自然保护区建设为目标，重点研究自然保护区退化生境恢复、典型自然保护区生物多样性保育、功能区优化和生态监测、综合成效评估以及生物资源可持续利用等技术，实现了主要保护对象及其生境的动态监测。

珍稀濒危、极小种群野生植物保护技术。以珍稀濒危、极小种群野生植物保护为目标，重点研究珍稀濒危、濒危野生动植物解濒与再引入，极小种群野生植物生境恢复、资源扩繁、原生境仿生栽培等拯救保护以及种群监测、管理和评价等技术，极大地提高了珍稀濒危、极小种群野生植物的保护与恢复能力。

（二）学科重大进展及标志性成果

1. 退化天然林生态恢复技术取得创新性突破

系统开展了林隙动态和生物多样性维持机制的研究，阐明了典型天然林树冠干扰特征和不同树种交替更新的森林循环途径，揭示了林隙时空动态对调控森林群落与环境协同变化的影响机理以及不同生活史特性的多个物种长期共存机制，创新性提出了天然林动态干扰与生物多样性维持的理论框架和退化天然林的分类与退化程度评价指标与方法；研发了典型天然林重要珍稀濒危树种的保育技术、天然次生林林隙调控更新和生态抚育技术、天然次生林封育改造与结构调整技术、天然林区严重退化地的植被重建技术和天然林区人工针叶纯林近自然化改造技术；创建了天然林景观恢复与空间经营规划系统和森林生态系统管理决策支持系统；解决了我国天然林保护工程建设中多项关键技术，显著提高了典型退化天然林的生态恢复速度和质量、生物多样性和稳定性，改善了区域生态环境，对我国天然林保护工程提供了强有力的科技支撑。成果在我国 9 省的天然林保护工程区应用，示范推广面积 2189km^2，新增产值 27.61 亿元，新增利润 1.94 亿元，新增税收 0.15 亿元。大大提高了天然林保护工程的科技含量，提高了天然林的生物多样性、稳定性、健康和生物生产力，以及退化天然林的水源涵养和水土保持的生态效益，减少了水土流失和自然灾害，明显改善了天然林区和大江大河流域的生态环境。

2. 中国森林对气候变化的响应与林业适应研究

定量评估了气候变化对我国主要森林植被 / 树种 / 珍稀物种物候、地理分布以及森林生产力的影响，阐明了区域森林植被覆盖变化对气候的反馈调节作用；提出了适应气候变化的生态恢复与采伐平衡的森林经营管理对策；提出了“发展中国家通过减少砍伐森林和减缓森林退化而降低温室气体排放，增加碳汇”等（REDD+）政策机制构架以及土地利用、土地利用变化和林业（LULUCF）议题的对策建议，为我国应对气候变化、国际谈判和履约提供了科技支撑。

3. 减缓气候变化技术研究

开发我国林业碳计量与核算系统。基于政府间气候变化专门委员会（IPCC）国家温室气体清单指南，首次在国内开发了林业碳计量与核算系统。该系统不仅与国际规则和方法保持一致，同时还兼顾了我国土地利用和林业的特点，尤其包括了我国温室气体自愿减排交易体系下的林业碳汇项目方法学，具有较强的实用性。系统已用于编制北京市及区县土地利用变化和林业温室气体清单，估算了北京市 2005—2010 年土地利用变化和林业领域的温室气体排放源和吸收汇状况。该系统的研发有助于提高 LUCF 清单编制的规范性和准确性，系统未来可以用于编制国家和省级土地利用变化和林业温室气体清单、开发国家温室气体自愿减排交易（CCER）林业碳汇项目。

典型森林土壤碳储量分布格局及变化规律。按照气候区（热带、亚热带、温带和寒温带），选择典型代表的森林主要树种及其森林类型进行研究，制定林业行业规范《森林土壤碳储量调查技术规范》；构建了典型森林土壤碳储量深度分布模型；建立了我国主要气候带典型森林土壤有机碳空间数据库 10 个，完成了莽山亚热带常绿阔叶林土壤碳储量地理信息系统 1 套。通过本项目的实施，完善了我国森林土壤有机碳调查方法，提高了森林土壤有机碳的计量精度，为早日绘制完成我国首张森林土壤碳储量分布图提供了技术支撑。

研发森林增汇与碳计量技术。在西北半干旱地区、西南亚高山、暖温带、亚热带和热带地区，选择代表性典型森林类型系统开展了生态系统增汇减排技术研究，筛选出提高固碳能力强的优良树种6个，优化了增加植被与土壤碳储量、减少森林碳排放的经营措施。建立了暖温带油松人工林、长江下游地区杨树人工林、散生毛竹林和丛生吊丝单竹林的增汇技术及其不同经营模式，评价了不同树种、造林密度、整地方式、混交模式以及抚育措施等对人工林碳汇和发展潜力的影响。完成了主要人工林造林树种的碳计量和监测方法体系研究，建立了基于样枝法的林分水平人工林碳计量和监测方法；建立了12个主要树种的生物量方程和完善森林碳储量计量体系的基础参数。初步构建了基于森林资源清查的国家尺度的森林碳汇监测与计量技术体系，并在第八次森林资源清查中应用估测森林碳储量。

4. 森林生态系统服务功能评估

针对森林生态系统服务功能评估急需规范方法的迫切需要，开展森林生态系统服务功能定位观测与评估体系研究，创立了“森林生态系统服务功能分布式测算方法”，发展了森林生态系统物种多样性保育价值评估方法，完成了“中国森林生态系统服务功能评估支持系统”的建设。制定行业标准《森林生态系统服务功能评估规范》和《森林生态系统长期定位观测方法》，构建了包括涵养水源、保育土壤、固碳释氧、营养物质积累、净化大气环境、森林防护、生物多样性保护和森林游憩8个方面的科学评估体系。采用“分布式测算方法”，基于生态定位站长期定位观测和第八次森林资源清查数据，首次评估了全国的森林生态服务功能的总物质量和总价值量。结果表明，全国森林年涵养水源量达到5807亿立方米，森林植被总碳储量达84.27亿吨，年生态服务价值为12.68万亿元。

5. 森林与水的关系研究

在长江上游岷江流域，围绕森林植被生态—水文过程耦合机制、尺度效应等核心科学问题，系统开展了森林植被对流域水文过程影响及其调控机理研究，建立了大流域分布式生态水文模型和大尺度森林植被蒸散的模拟方法；利用动态的、基于物候变化的归一化植被指数（NDVI）定量反映植被结构、格局和功能的时空变化，在景观尺度上提出了植被生态学过程和水文过程的耦合方法；发展了多源生态水文模型的框架，基于SWAT建立SWAT-Minjiang和基于IBIS模型的动态植被—水文模型（IBIS-Minjiang），模拟了气候变化、土地利用覆盖变化的森林植被和水文响应过程，定量辨析了气候变化和森林植被变化对流域长期径流量的影响；运用氢氧稳定同位素示踪技术，辨识流域降水水汽与水文循环过程的主要来源，研究在不同径流时期不同水源对河水的贡献率和不同植被配置与径流的关系。项目首次在大流域尺度实现森林植被生态—水文过程的耦合，揭示了森林植被格局－生态水文过程动态变化机制及其尺度效应，发展了森林生态水文多尺度观测与跨尺度模拟的理论与方法，推动了大尺度空间生态水文学的发展，提高了对流域生态水文学过程及其变化机制的非线性和复杂性的科学认识，为林业生态工程建设的决策和实施提供了理论依据。

针对干旱缺水地区林水协调管理上的瓶颈，构建了西北地区森林生态水文研究平台，开展了蒸散耗水、径流形成、植被结构、林水管理等方面的过程机理、模型预测、决策支持、技术标准等研究，将植被承载力概念从仅考虑植被水分稳定性扩展到兼顾林地及流域产水需求；将局限在林分（群落）尺度的植株密度单一承载力指标扩展为从区域到林分的多层指标体系（包括森林覆盖率、植被分布格局、植被类型和树种组成、叶面积指数等林分结构）。提出了分层确定植被承载力的技术途径；制订了科学、简洁、实用的山地水源林多功能经营技术规程，凝练出多功能水源林分理想结构，创新了多功能森林合理密度的确定方法；开发了“区域水资源植被承载力计算系统”决策支持工具。

6. 三峡库区防护林和沿海红树林恢复工程

三峡库区高效防护林体系构建及优化技术集成。在区域尺度，基于土地利用与环境变化、土壤侵蚀动态及其风险评估研究，提出了三峡库区生态功能区划方案；结合植被恢复土地适宜性评价和森林立地划分，研发了区域尺度防护林优化配置的多目标定量分析、类型配置及空间定位技术；在小流域尺度，以拦蓄地表径流、降低土壤侵蚀、控制面源污染为综合优化目标，研发了以农林复合和山地森林小流域为代表的防护林体系及林种结构优化技术和优化配置模式；在林分尺度，建立了防护林健康评价指标体系，从模式林选择、典型经营模式配置和经营效果评价 3 个方面形成了防护林质量调控与优化经营技术体系，提出了调控经营模式；筛选出消落带适生植物 40 余种，构建了历时 6 年水位涨落考验的 5 种植被恢复模式，研发了以生物和工程措施相结合的保土护坡植被快速恢复技术；提出了以生态防护林、林农复合、生物篱、庭院生态和消落带植被恢复为主的防护林植被恢复模式系统及 18 种模式类型 80 种具体模式的优化应用方案。成果应用于长江防护林三期工程和三峡后续工作规划，推广应用面积累计达 0.29 万平方千米，优化模式的应用可削减径流 61.2%~77.4%，减少土壤流失量 47.5%~66.3%，与传统种植类型相比减少年土壤侵蚀量 90% 以上。

沿海红树林快速恢复与重建技术。利用速生无瓣海桑实现了大面积人工红树林的恢复和重建；阐明了互花米草的生态控制机理，攻克了互花米草入侵控制这一国际性难题并取得显著成效。成功研制了适用于滩涂育苗造林的红树林菌肥，显著提高了红树林苗木质量和造林成活率；系统研究滩涂后缘主要半红树植物的物候、育苗及造林技术，制定了红树林消浪效益定量评价指标体系，提出了消浪红树林带的构建技术与林分结构标准，有效提升了生态防护功能。根据不同生境条件，针对我国南部沿海困难滩涂不同类型，即水深浪大、高盐高沙、贫瘠、互花米草侵占 4 种类型，采取不同恢复与重建模式。系统开展了 4 种半红树植物的物候观测、采种、种实处理、育苗、造林试验研究，提出了半红树育苗造林配套技术，将滩涂前缘真红树和滩涂后缘半红树在空间配置上进行耦合，有效拓宽了消浪红树林带，提升了生态防护功能，极大地提高了红树林生态工程质量。

三、本学科与国外同类学科比较

随着区域及全球尺度生态与环境问题的突出，森林生态学在个体、种群、群落和生态系统各个层次的研究快速发展，并同时向宏观和微观两个方向发展，尤其是与自然地理、水文水资源、气候变化、土地利用、生物多样性、地球表面过程等研究内容紧密结合。随着现代科学技术的进步，森林生态学的研究手段不断发展更新，如分子生物学技术、物联网技术、野外自动记录仪器和便携式移动观测仪器、稳定同位素技术、“3S”空间技术、高速电子计算机模拟、大型野外控制装置等。森林生态学发展趋势是以全球气候变化为切入点，开展多尺度、多过程、多学科、多途径的综合集成研究；开展基于生态系统与全球变化研究网络的多尺度联网试验与长期动态监测，包括生物多样性大样地动态监测、FACE、增温、氮添加等大型试验研究；开展跨尺度的生态过程机理、多源观测数据和模型的融合研究。研究热点集中于森林生态系统对气候变化的响应与适应、生物入侵的生态学效应、森林生物多样性与生态系统功能、森林生态保护与修复、大尺度森林生态水文学、森林生态系统碳氮水耦合与生物地球化学循环。

由于国外总体起步要早于国内，采用的先进研究手段、统计分析方法等均领先于国内，欧美等先进国家发表的高水平学术论文也远高于我国。但中国是生物多样性特别丰富的少数国家之一，也是唯一具有从北部寒温带到南部热带的完整气候带谱的国家，森林类型复杂多样，近些年我国森林生态系统结构与功能的研究突飞猛进，在国际生态学主流学术杂志发表的高水平学术论文呈现不断增加的趋势，取得了一些可喜的创新性研究成果。不仅对国际上一些原来的理论进行了验证和探讨，还通过建立大型的森林生态系统研究平台，加强国际合作与交流，提出了具有创造性的基础理论和模型，对促进全球森林生态系统的研究产生了积极影响，受到越来越多的国际关注。

四、展望与对策

（一）发展战略需求、重点领域及优先发展方向

1. 发展战略

在深度与广度发展上推进定量分析、过程研究，深入揭示森林结构与功能的时空演变规律和驱动机制，更多地获得原始性创新成果，更好地服务于森林生态学学科发展、林业发展和生态建设。针对未来我国生态文明建设的国家战略需求，以森林生态系统为主要研究对象，围绕国家生态环境建设的重大科学问题积极开展具有前瞻性、创新性的多尺度、

多学科基础及应用基础研究。在理论上，综合运用各相关学科的方法，观测和研究不同尺度森林生态系统结构特征、过程机理、功能规律；在方法上，研究森林生态系统长期定位观测、森林生态系统分析、评价和综合管理的理论和方法；在应用上，综合研究国家和区域生态环境特征与森林发生发展的演替机制，探索退化森林生态系统修复的模式和技术、森林生态系统管理与可持续经营技术，为国家及区域生态环境建设提供科学依据。

2. 重点领域及优先发展方向

（1）森林生态系统关键生态过程与效应。依托中国森林生态系统研究观测网络（CFERN），开展森林生态过程和水文过程的长期规范化定位观测，积累长期的科学数据，研究不同时空尺度生态过程的演变、转换与耦合机制；综合运用植被生态学、生态水文学、景观生态学的理论与方法，研究典型区域和典型森林类型的结构特征及其生物生产力、森林碳通量、土壤碳积累与转化等森林碳循环过程；通过多过程耦合和跨尺度模拟，研究水分限制区、水资源敏感区和丰沛区森林生态过程与水文过程的相互作用机理及对区域水资源和环境的调控能力；研究水碳耦合机理及其区域效应；研究变化环境下区域林水综合管理的适应性对策与途径；定量评估和预测变化环境下重点林业生态工程的生态环境效应演变。

（2）森林生物多样性形成、维持与保育。依托典型地区森林动态监测样地平台，研究典型森林的种群和群落结构特征、功能性状变化规律和组配原理，分析森林物种多样性形成、维持机制及其生态系统功能；综合运用保护生物学、景观生态学、岛屿生物地理学和定位跟踪、3S 和生态模型等理论和方法，研究珍稀濒危动植物的濒危机制和保育策略，气候变化与动物迁徙和栖息地选择利用的生态关系及监测、预警；研究干扰与野生动物种群变化、自然保护区的功能区划、网络化监测与数字化保护的手段和方法；运用分子生态学方法，研究土壤微生物多样性及其对森林生态系统功能的调控机制；研究全球气候变化和人类活动影响下生物多样性敏感区和脆弱区的适应策略和生物多样性保护对策。

（3）变化环境下森林生态系统的响应、适应与恢复。基于野外观测台站和 3S 技术，运用植被生态、生理生态和生态模型模拟方法，多尺度识别气候变化（特别是极端气候事件）对森林树木和生态系统的影响方向和程度，研究气候敏感区和典型森林对变化环境的响应与适应策略，研究全球变化背景下森林生物生产力和净初级生产力数量特征及其变化规律及森林结构、分布的适应性变化规律。从生理生态、涡度相关、生长发育与繁殖对策等角度，研究变化环境下森林下垫面的碳水通量、树木对环境胁迫的生理生态适应机制和适应环境变化的对策；研究典型退化森林生态系统的退化原因、生态过程和机理，区域森林恢复的适应性评价、生态区划及恢复与重建的生态—生产模式和时空配置；研究土地利用变化和森林经营活动对森林生态系统碳固持和排放过程的影响机理。

（4）森林健康及其生态调控。运用生态学、生物防治理论和方法，研究森林立地条件、林分结构和经营管理对有害生物的影响和调控机理；研究天敌生物的利用途径及其对森林有害生物控制的生态学机理；运用现代化学生态学的理论和方法，研究重大森林有害生物的化学通信机制及其生态调控和分子调控机理；研究气候变化条件下大尺度重大森林有害生物监测、预警、预报技术以及爆发和成灾机理及森林健康的维持机制。

（5）森林生态系统管理与重大林业生态工程。针对重大林业生态工程的技术需求，开展不同类型的生态系统管理研究，包括人工林生态系统管理和天然林生态系统管理。人工林生态系统管理主要研究人工林地力衰退机制与地力和生产力长期维持机制、人工林近自然化改造的生物多样性与生态功能变化、人工林生态系统多目标经营与生态系统服务功能提升；天然林生态系统管理主要研究天然林生态关键种的保育与种群复壮、天然林非木质资源的可持续利用、森林抚育和采伐对天然林结构与物种多样性的影响、森林火灾对树种天然更新和天然林演替的影响、天然林次生林结构调整与定向恢复、天然林景观优化与空间经营规划。

（二）发展对策

1. 强化学科和人才队伍建设

采取培养与引进相结合、重点培养提高的方式，加强学术梯队建设，特别是学术带头人及其队伍的建设。依托重大科研和建设项目、重点学科和科研基地以及国际学术交流与合作项目，加大学科带头人的引进、培养力度，积极推进创新团队建设。培养一批既懂生态学又懂林学的精英，瞄准国际森林生态学的发展趋势和学科前沿，结合我国实际与优势条件，在先进科学技术手段的支撑下，重视资源、平台、数据、信息的整合与传统积累的挖掘与提高；加强多学科、交叉学科的综合研究，逐步形成一支一流水平的中国森林生态学科研究队伍。

2. 加强基地和平台建设

加强森林生态定位研究站和重点实验室等平台建设，把长期连续定位观测工作从单一生态站点逐渐扩展到景观单元、区域和全国尺度。优化生态站网整体布局，强化生态站标准化建设，加强数据资源共享，改善工作条件，为全面推进国家林业科技创新体系建设服务。

3. 提供稳定的经费支持

森林是生命周期漫长而复杂的开放系统，因此森林生态学科的观测与研究工作需要稳定的经费支持。稳定资助学科基础研究、重点方向研究，并培育学科新兴研究领域及交叉学科领域，从而为生态学学科持续高水平发展提供保障。

4. 加强国际交流

跟踪国外最新研究无疑是提高我国森林生态学研究水平的重要途径之一。因此，通过国际合作与交流，借鉴国外森林生态学研究中的先进方法和手段，对提高我国森林生态学科的研究水平十分重要。与世界著名高校、研究机构联合申报国际合作项目，吸引国际知名科学家或组建国际合作创新团队开展联合攻关，联合主办国际性专题性或综合性的学术会议等学术活动，力争在全球性重大森林生态学基础理论取得突破性成果，在应用森林生态学理论与技术解决全球性森林问题方面取得实质性进步。

参考文献

[1] 蒋有绪．我国森林生态学发展战略研究［C］// 中国生态学发展战略研究．北京：中国经济出版社，1991.
[2] 国家自然科学基金委员会．林学（自然科学学科发展战略报告）［M］．北京：科学出版社，1996.
[3] 国家自然科学基金委员会．生态学（自然科学学科发展战略报告）［M］．科学出版社，1997.
[4] 蒋有绪．论 21 世纪生态学的新使命——演绎生态系统在地球表面系统过程中的作用［J］．生态学报，2004（8）.
[5] 蒋有绪，罗菊春．森林生态学发展［C］// 2008—2009 林业科学学科发展报告．北京：中国科学技术出版社，2009.
[6] 中国科学技术协会，中国生态学学会. 2009—2010 生态学学科发展报告［M］. 北京：中国科学技术出版社，2010.
[7] 国家自然科学基金委员会，中国科学院．未来 10 年中国学科发展战略 · 农业科学［M］．北京：科学出版社，2011.
[8] 国家自然科学基金委员会，中国科学院．未来 10 年中国学科发展战略 · 生物学［M］．北京：科学出版社，2011.
[9] 黄东晓，毛萍，周华，等，森林生态学研究态势计量分析［J］．世界科技研究与发展，2015，37（4）：450–456.
[10] 杨敏，鲁小珍，张晓利．近 20 年国内森林生态学热点问题综述［J］．中国城市林业，2015，13（4）：14–19.
[11] 国家自然科学基金委员会生命科学部．国家自然科学基金委员会“十三五”学科发展战略报告 · 生命科学［M］．北京：科学出版社，2017.

撰稿人：刘世荣　肖文发　史作民　张炜银

森林昆虫

一、引言

（一）学科概述

森林昆虫学（forest entomology）是研究昆虫在森林生态系统中生命活动基本规律的一门科学，主要研究森林昆虫的分类和森林害虫的发生机制、预测预报、综合防治与管理技术等。森林昆虫学是森林保护学、害虫生物防治、森林植物检疫学、经济林昆虫学、森林昆虫生态学、草坪保护学、资源昆虫学、森林植物化学保护等学科的基础，是昆虫学的一个分支学科，同时也是森林保护学科和林学学科的重要组成部分。

森林昆虫学是以德国昆虫学家 Ratezburg 在 1837 年发表《森林昆虫》一书为标志而逐渐发展起来的。百余年来，森林昆虫学作为一门基础和应用学科逐渐成长和壮大。许多新技术的采用，使得森林昆虫学无论从理论上还是从技术上都取得了长足的发展。我国森林昆虫学科是随着森林保护学科的发展而发展的。1903 年，《奏定高等学堂章程》规定：农科大学林学门（林学系）开设森林保护学课程。20 世纪 30 年代初，国立中央大学森林系开设了森林保护学课程。自此，打开了森林昆虫学的发展局面。1954 年，中国林业科学研究院林业研究所成立森林昆虫研究室，系统开展了森林病虫害防治研究工作。1958 年，中国的森林保护学科正式建立，森林昆虫学科也随之诞生。

（二）学科发展历程

19 世纪末 20 世纪初，随着森林与人类利益关系逐渐被社会重视，在继承和发扬我国古代树木病虫害防治方法和技术的同时，西方有关森林保护的技术、方法和理念被引入我国，促进了我国森林昆虫学科的快速萌生。我国森林害虫的研究始于 1923 年，第一篇林虫论文为陈安国的《普通木材穿孔虫》。自 1903 年设立“森林保护学”课程到 1949 年，是我国森林昆虫学科的萌芽期，学科还未成型，理论水平较低，只有少数林学家和昆虫学家对个别林木虫害做过一些零星的研究，或对个别林区的森林虫害作过初步调查，全面的森林虫害调查、研究和防治实践尚未开始。我国森林昆虫学科的先驱们在借鉴国外森林虫害研究与防治早期经验和技术的同时，依靠各自的个人力量和科技兴国的抱负零星地开展了一些森林虫害相关的研究和调查，并且取得了一定的成就，为我国森林昆虫学科的正式形成积累了经验和基础。

新中国成立后，全国 13 所农业院校设置了林学系，森林昆虫学课程正式列入各高等农林院校教学计划。1953 年 1 月，中央林业部林业科学研究所成立，造林系下设森林害虫组。1954 年起，我国开始在高等农林院校开设森林昆虫学课程。1964 年 10 月，中国林业科学研究院成立，在林业所下设森林保护研究室。1979 年，我国开始正式招收森林保护学硕士研究生；1981 年，北京林学院、东北林学院、南京林产工业学院、云南林学院、华南农学院、中国林业科学研究院等单位的森林保护学科被国务院学位委员会批准为硕士学位授权点。1986 年，东北林业大学和南京林业大学森林保护学科被国务院学位委员会批准为博士学位授权点。1995 年，中国林业科学研究院与北京林业大学共建的“林业部森林保护学重点实验室”、东北林业大学建立的“林业部森林病虫害生物学重点实验室”“广东省森林病虫害生物防治实验室”成为林业部重点实验室。1998 年，国家教委发布《普通高等学校本科专业目录》，森林保护专业被取消，纳入林学专业，停止招收本科学生。

2006 年，北京林业大学、东北林业大学、南京林业大学、中国林科院、中南林业科技大学、西北农林科技大学的森林保护学科被评为国家林业局重点学科。2006 年，“首届中国森林保护学术论坛”在新疆乌鲁木齐召开，形成了《中国森林保护发展共识》和《中国森林生物灾害研究亟待解决的科学问题》两个重要文件，对我国“十一五”森林保护科学研究起到了重要作用。2012 年，森林保护专业恢复本科生招生。

经过几十年的努力，我国森林昆虫学科有了较大发展，初步形成了教学、科研、生产三个环节协调发展的完备学科。培养的各类人才被源源不断地输送到科研和生产单位；科研队伍不断壮大并取得多项成果，应用在生产实践；建立了国家、省、市、县四级森防部门、测报点、检疫检查站等管理和生产队伍，有效推动了科研成果的应用，控制了多种森林害虫的危害。随着经济贸易的全球化、生态环境恶化、极端天气事件频发，我国林业生物灾害发生趋势总体增加，外来入侵害虫不断增加，全球气候变化导致一些森林害虫危害加重，森林昆虫学科将面临更多挑战。森林昆虫学科应以此为契机，紧扣现阶段国家的重大需求，促进国民经济和学科的快速发展。

二、现状与进展

（一）发展现状与动态

1. 森林昆虫分类学研究

2009 年以来，我国森林昆虫分类学研究取得较大发展。以小线角木蠹蛾、沙棘木蠹蛾、锈斑楔天牛、红缘亚天牛等林木钻蛀性害虫为代表的寄生性天敌昆虫新记录种被相继报道；西北地区柠条林重大钻蛀性害虫柠条绿虎天牛被首次发现并详细报道了主要天敌种类；2015 年杨忠岐的著作《寄生林木食叶害虫的小蜂》系统总结了作者 30 多年来对我国林木食叶害虫寄生蜂所做的调查和研究工作，书中记述了 8 科 41 属 115 种寄生于林木食叶害虫的小蜂，包括 42 个新种、3 个中国新记录属、15 个中国新记录种，另外杨忠岐还发表了多个蛀干性天牛、吉丁的寄生蜂新种。粉蚧、毡蚧和链蚧等多种蚧科新记录种被进一步发现并报道。2009 年以来，《中国动物志昆虫纲》广翅目、鳞翅目粉蝶科、尺蛾科尺蛾亚科、弄蝶科、枯叶蛾科、波纹蛾科、卷蛾科、毒蛾科、灯蛾科、夜蛾科、天蛾科、舟蛾科等，双翅目寄蝇科、鞘翅目叶甲亚科、半翅目盲蝽亚科、膜翅目细蜂总科等的出版，记述了诸多森林昆虫新种、新纪录种。森林昆虫的分类学是森林昆虫研究的基础，传统的形态学观察仍是最主要的研究手段。随着分子生物学的迅猛发展，新的研究技术对昆虫形态学之外的其他特征进行分析，使研究方式由表及里、由宏观转向微观，补充与完善了传统昆虫分类方法。如将分子技术与形态研究相结合，对切梢小蠹分类进行了系统研究，并鉴定了新种华山松切梢小蠹。人工智能技术也在森林昆虫的自动识别方面得到应用。

2. 重要森林害虫生物学、生态学研究

生物学和生态学是研究害虫防治的基础。学者们对我国重要森林害虫的生物学习性进行了深入研究。众多研究者对云斑天牛、沙蒿尖翅吉丁、栗山天牛、光肩星天牛、长足大竹象等的生物学特性进行了研究，为它们的防治打下基础。在全球气候变化的大背景下，加强了环境对害虫发生的影响及害虫的适应对策方面的研究，预测了未来气候变暖情景下星天牛、锈色棕榈象和红脂大小蠹在我国的潜在适生区和发生世代数；系统研究了不同地理种群和不同寄主树种上光肩星天牛幼虫的耐寒性及适应机制；明确了温度对锈色棕榈象种群增长的影响并预测了其在中国的地理分布区，首次在野外证实松树对小蠹共生菌的抗性存在一个阈值，不超过该阈值则抗性与干旱程度呈正相关，而超过该阈值其抗性与干旱程度呈负相关。

3. 分子生物学和生物工程技术研究

利用蛋白质研究技术，对一些重要森林害虫、天敌昆虫和病原微生物的蛋白质（酶）结构进行了分析鉴定、类型分析等研究；开展了基因测序、分子标记、基因转移和基因治疗、基因克隆和鉴定等核酸层面的研究，探索了美国白蛾、栗山天牛、沙棘木蠹蛾、舞毒蛾、红脂大小蠹、松毛虫等多种重要森林害虫的亲缘关系、遗传多样性、系统进化规律

等；将一些外源基因转到杉木、杨树、白桦等树种中，增加了这些树种对蛀干性害虫和食叶性害虫的抗性；探索了利用基因编辑技术、RNA干扰技术防治害虫的可能性；开展了生物大分子间的互作、细胞凋亡、细胞信号转导途径、细胞程序化死亡及过敏性反应等分子互作方面的研究，为揭示诱导抗性机理及新型森林保健药剂的开发奠定了基础。

4. 森林害虫生物防治研究

近年来，中国林业科学研究院森林生态环境与保护研究所做了很多这方面的工作。对10余种重大森林害虫及其重要天敌进行了系统深入的研究，如白蜡窄吉丁重要寄生性天敌昆虫白蜡窄吉丁肿腿蜂、美国白蛾周氏啮小蜂等；攻克了多种天敌昆虫的人工繁殖和田间释放技术，并在美国白蛾、松突圆蚧、红脂大小蠹、落叶松毛虫、马尾松毛虫、松褐天牛、光肩星天牛、白蜡窄吉丁、桑天牛、栗山天牛等重要森林害虫的野外控制试验中取得良好效果。在利用天敌防治林业有害生物上开展了大量工作，在全国建立了数十家天敌繁育中心，迄今已有松毛虫赤眼蜂、白蛾周氏啮小蜂、管氏肿腿蜂、花绒寄甲、平腹小蜂、花角蚜小蜂等多种天敌广泛应用于林业害虫生物防治。在天敌昆虫生殖与衰老机理研究方面也取得了较显著的成绩，特别在天牛类蛀干害虫重要天敌花绒寄甲研究方面，明确了花绒寄甲成虫肠道细菌群落组成、饲料成分与幼虫及成虫肠道细菌群的变化关系，选出了最佳人工饲料；揭示了线粒体基因组及转录组的遗传信息；明确了与成虫寿命相关的基因，揭示出其发育、生殖和衰老与相关基因表达及其酶活水平相关。

5. 化学生态控制技术研究

森林害虫的化学生态控制技术研究主要集中于昆虫信息素、昆虫化学感受机理、昆虫与植物相互作用以及植物—昆虫—天敌（或微生物）三级营养关系等方面，其研究对象也集中在鞘翅目的小蠹、天牛，鳞翅目的舞毒蛾、松毛虫以及膜翅目的叶蜂等主要森林害虫。

目前，国内已经开展了30多种主要森林害虫的信息素控制技术的研究和探索，其中白杨透翅蛾、松毛虫、沙棘木蠹蛾、光肩星天牛、松墨天牛、红脂大小蠹、华山松大小蠹、落叶松八齿小蠹、云杉八齿小蠹、纵坑切梢小蠹、横坑切梢小蠹、云南切梢小蠹、靖远松叶蜂等已成功应用于林间害虫的有效控制。关于森林昆虫化学感受机理的研究，近年来主要集中在昆虫化学感器的形态功能和昆虫气味结合蛋白的鉴定及结合特性两个方面，其中利用扫描电镜和透射电镜等对多种林业害虫（华山松大小蠹、红脂大小蠹、切梢小蠹、青杨脊虎天牛、油松毛虫等、马尾松毛虫等）的触角化学感器的形态学观察，均揭示了昆虫触角化学感器的形态多样性。随着分子生物学的发展，相关研究进入分子水平，越来越多的昆虫气味结合蛋白被鉴定；相关功能研究也表明昆虫具有多样化的气味结合蛋白用于识别特异性的气味分子和昆虫信息素，这也是昆虫进行寄主定位和种群密度调控的重要内在机制。

昆虫与植物的相互关系的研究主要集中在植物诱导抗性机理和害虫克服寄主化学防御体系两个方面，二者关系是揭示昆虫与植物相互适应、协同进化等内在机制的主要研究方向。

在森林昆虫学科中，关于寄主植物诱导抗性的研究主要开始于近十年，在多种杨树、油松、马尾松和落叶松等我国主要成林树种的虫害诱导抗性相关化学物质以及森林害虫主要解毒酶系克服寄主抗性物质的分子机制等研究方面取得了一定成果。国内尚未见关于森林昆虫三级营养关系的系统研究报道，仅在天敌与昆虫（周氏啮小蜂与美国白蛾、管氏肿腿蜂与天牛、花绒寄甲与天牛）、昆虫与共生微生物（小蠹虫与共生真菌）等二级营养关系中取得了一定进展。在昆虫与共生菌互作关系研究中，从红脂大小蠹与其共生微生物的化学信息互作角度，明确了共生微生物在红脂大小蠹进攻和定殖寄主中的作用，系统阐明了红脂大小蠹–微生物共生入侵机制。在昆虫触角感器超微结构研究中，明确了臭椿沟眶象和沟眶象触角感器的类型、数量和分布以及二者之间的差异。

6. 林业资源昆虫研究

目前发现的资源昆虫种类已达3000余种，针对资源昆虫的教材出版多部。2009年由陈晓鸣和冯颖编写的《资源昆虫学概论》增加了药用昆虫的药用活性成分及昆虫细胞的科学价值及应用。针对不同利用方向的资源昆虫或者关注度较高的某类昆虫也有大量书籍出版，如《药用食用昆虫养殖》《白蜡虫自然种群生态学》《紫胶虫培育与紫胶加工》《中国观赏蝴蝶》《中国食用昆虫》等。这些科研成果的出版顺应了社会发展的需求，对昆虫资源教学、科研及产业化发展具有重要意义。

除了上述以应用基础为主的成果外，从事资源昆虫研究的科研工作者在科研生产一线也产生了大量的服务于昆虫产业化的重大成果。中国农业科学院蜜蜂研究所周婷等完成了中国蜜蜂主要寄生螨种类鉴定及防治技术；吉林省养蜂科学研究所牛庆升等完成了蜜浆胶高产蜜蜂良种选育研究；浙江大学莫建初等完成了白蚁高效转化利用木质纤维素的机理研究和黑翅土白蚁自然转化木质纤维素的机理研究；中国林业科学研究院资源昆虫研究所陈晓鸣等完成了紫胶资源高效培育与精加工技术体系创新集成和紫胶虫、白蜡虫、五倍子蚜虫及胭脂虫等资源昆虫的高效培育与新产品研发；广东省生物资源应用研究所完成了黑水虻规模化人工繁育关键技术及应用；湖南农业大学研制出了三叶虫茶，并与湖南省天下武陵农业发展有限公司共同组建“武陵山片区三叶虫茶开发研究中心”；泰山黄粉虫养殖基地结合山东农业大学昆虫研究所黄粉虫资源产业化利用课题组的养殖技术，并以其为依托，探索、总结出一整套规范的黄粉虫工厂化生产技术。在活性物质研究方面，完成了家蚕血液型脓病生物药物技术研究；贵州大学李尚伟等完成了九香虫抗菌肽CcAMP1的分离纯化和抗菌活性检测；河北工业大学完成了家蝇抗菌肽/蛋白提纯条件优化及其基因工程菌株构建；华中农业大学周定中等从昆虫黑水虻分离的肠道细菌中获得有拮抗活性的肠道细菌；石河子大学动物科技学院朱小奇等完成了黄粉虫抗菌肽的提取及其生化特性的研究；中国农业科学院蜜蜂研究所秦加敏等完成了昆虫海藻糖与海藻糖酶的特性及功能研究；中国林业科学研究院资源昆虫研究所完成了白蜡虫多糖分离纯化与抗氧化、免疫活性研究和优化紫胶综合利用产品中附加值较高的紫胶色酸脂的制备工艺。这些研究成果将极大地推动资源昆虫产业化发展。

（二）学科重大进展及标志性成果

2009年以来，我国森林昆虫事业迅速发展，取得了辉煌的研究成果，“真菌杀虫剂产业化及森林害虫持续控制技术”研究成果获得国家科技进步二等奖，并且还获得多项省级科技进步奖。森林有害生物控制技术达到世界先进水平，解决了我国森林病虫害防治实际中的诸多难题，如利用天敌昆虫花绒寄甲防治重要林木害虫光肩星天牛、黄斑星天牛、桑天牛、栗山天牛、云斑天牛、松褐天牛，利用核型多角体病毒LDNPV、Bt制剂、性信息素解决了舞毒蛾的防治等。“真菌杀虫剂产业化及森林害虫持续控制技术”于2009年获得国家科技进步二等奖，成果整合了项目组23年来的14个国家及省部级科研项目的核心成果，在虫生真菌资源的搜集与保育、固态发酵生产技术、菌种防退和改良技术、森林害虫持续控制技术等方面取得了一系列创新成果。

三、本学科与国外同类学科比较

虽然我国在森林昆虫学科上做了不少工作，但与国外相比近年来的发展较为缓慢。总体来说，国内森林害虫防治的理论和实践仍落后于国外发达国家，特别是与美国、澳大利亚等国家存在较大差距。国外近年来倡导的近自然林业使得他们对本土有害生物的偶尔发生一般都置之不理，而更关注于外来入侵生物。例如，光肩星天牛和白蜡窄吉丁传入美国后，很快成为美国危害最严重的林业有害生物，他们亦将国内大多数力量用于这类有害生物的防控研究。此外，美国和欧洲都会对某些尚未传入的有害生物进行前瞻性研究。而我国仍然有大量的人工纯林，导致部分本土有害生物频繁爆发成灾。从生态系统平衡的角度看，如何改造人工纯林、提高森林抵抗害虫的能力、增加天敌多样性，从而营造更多的近自然森林，改善森林的健康水平，是实现大多数有害生物持续防控的关键。当前，国家林业局推广实践的六大林业工程使得更多的森林得以休养生息，正在逐步恢复其应有的生态功能。通过人工释放天敌以增加天敌多样性和丰富度是持续调控有害生物种群的重要方式之一。天敌昆虫释放到林间后，对靶标害虫的控制效能评价需要长期的观测试验。国外在天敌释放后，会进行长期的观测试验；而我国主要以项目为主导，项目结束之后，相应的观测点和试验亦随之结束，缺乏系统的观测数据。近年来，生态定位观测站的建设为长期观测数据提供了条件，但我国有害生物种类较多、发生区不同，目前少量的定位站远不能满足生产需要。此外，从其他国家引进天敌的生态风险评估是国外比较重视的研究内容。美国建立了专业的检验检疫实验室，对从国外引入的天敌昆虫先在室内开展安全性风险评估，再决定是否推广释放到野外应用，这一过程往往持续数年甚至更长时间。而在我国，风险评估目前并不受重视，林业上尚未建立相应的实验室开展引入天敌的生态安全性评估，绝大多数天敌由不同单位引入，往往没有进行风险评估就被释放到林间推广应用。

在化学生态研究方面，国外已对重要的森林害虫的信息化学物质进行了研究，而我国近年虽然取得了较大进展，但还有很多重要的森林害虫的信息化学物质没有得到鉴定，不能满足害虫监测和防治的需要。信息素监测、防治技术的研究水平和应用规模都非常有限。

在监测技术方面，美国已经很好地将3S应用到害虫的大面积监测中，并与地面信息素监测紧密结合；欧洲具有对其整个森林健康的长期系统监测项目。而我国对新技术的应用非常有限，仅局限在局部小试验，没有成为常规的监测手段，地面信息素监测等技术的应用也非常有限。

四、展望与对策

（一）发展战略需求、重点领域及优先发展方向

1. 基于3S技术及智能技术的害虫监测预报及管理

3S技术、网络技术、大数据及智能技术发展促进了多个学科的发展，将成为森林昆虫学科不可或缺的组成部分。应用3S的整体集成必将成为今后虫害动态监测研究中的重要发展趋势。以往对于害虫本身的监测及害虫产生危害的监测研究较多，对害虫栖息环境的监测研究不多，而只有掌握害虫本身的数量增长规律与其生态影响因子的关系，才能对害虫的为害进行预测和动态监测，所以综合监测害虫及其栖息环境将是今后虫害动态监测的主要研究方向。在遥感数据源方面，高分辨率、高光谱和高时间分辨率的遥感数据应用将成为研究热点，所以应用高分辨率航天遥感影像研究虫害动态监测将成为今后的研究热点。在研究尺度方面，随着遥感图像的时空分辨率的进一步提高及对高分辨率、高光谱和高时间分辨率的遥感数据的进一步应用研究，对于虫害动态监测的研究将会突破传统大尺度的定性研究，而开始走向小尺度的定量研究。网络技术、大数据及智能技术在害虫的自动识别、发生规律研究、预测预报、智能化管理和防治设施方面都将越来越广泛地应用，给害虫管理带来革命性的变化。

2. 生物多样性研究与利用

害虫的发生是与寄主植物、所处的环境及其动物区系紧密相连的，所以生物多样性的状况与害虫的发生也存在着多方面的关系。大量的研究和观察结果表明，一旦原始的植被被单一的作物所取代，生物多样性就急剧下降，随之而来的是有害生物的大发生，这就是为什么原始森林中很少有病虫害发生、而人工林总是出现大面积害虫的原因。通过各种措施增加生态系统中植物的遗传多样性、物种多样性，包括中性昆虫、天敌昆虫、有益微

生物和植物种类，结合食物网关系（如寄主—害虫—天敌）可实现对虫害的有效控制。因此，将物种多样性控制虫害机理与防治对象和生态环境相结合，确定多样性结构和模式，可以为虫害的有效防控和林业可持续发展提供新的策略。

3. 遗传防治

遗传防治是利用遗传学原理进行害虫防治，遗传防治的发展趋势包括以下三个方面。第一，化学不育剂的作用机制、施药时间、施药地点和对昆虫生活习性的影响研究，研究不育剂与食物引诱剂、性引诱剂、光或声音等物理引诱剂的配合应用技术，使害虫自动产生化学不育。第二，通过基因工程技术来控制害虫的性别，如将一种热休克蛋白基因的启动子插在决定雄虫的显性基因之前，就可以在该虫胚胎发育时用高温处理虫卵，使该启动子启动雄性基因表达，那么所有个体都将发育成为雄虫，可大大简化昆虫饲养的除雌手续。第三，在单个不育因子的基础上，加强建立多因子的综合品系用于防治。如将胞质不亲和性和雄性连锁易位结合为综合系，或者通过“遗传合成”使易位品系的染色体上带有隐性致死因子和条件致死因子，使得释放品系在不同时期和害虫的不同发育阶段都能起到降低群体密度的作用，从而大大提高防治效果。

4. 现代生物技术对森林昆虫学科发展的影响

生物技术的发展尤其是分子生物技术的飞速进展及突破，对森林昆虫研究产生了巨大影响。如利用分子生物学方法可进行昆虫的系统分类研究，对检疫性害虫进行快速准确的鉴别，RAPD、AFLP 等方法可以寻找抗病虫的植物种类和品种。现代生物技术可促进化学防治技术的进步。利用分子技术研究杀虫剂的分子毒理学，可知道昆虫体内的酶系、受体、抗药性机理，从而改善药物配方，精准防治。现代生物技术中的转抗虫基因研究将抗虫基因转入作物，外源基因的转移和表达将特定的目的基因导入受体植物，产生理想的工程品种，使目的基因能在工程植物中有效地发挥抗虫作用。利用基因编辑技术、RNA 干扰技术防治害虫也是目前研究的热点，这些技术将大大促进森林昆虫学科的进步。

5. 外来入侵害虫

外来有害生物入侵已经对我国森林资源和生态建设成果构成严重危害。据统计，入侵我国并能造成严重危害的外来林业有害生物有 38 种，其中 2000 年以来发现的主要入侵种类就达 13 种，几乎每年 1 种；年均发生面积约 2.8 万平方千米，年均损失 700 多亿元，约占林业有害生物全部损失的 64%。2013 年，在黑龙江、海南相继发现松树蜂、椰子织蛾两种重大入侵有害生物。2010 年，农业部、国家林业局联合发布公告，决定将扶桑绵粉蚧增列为检疫对象。此外，松材线虫病、美国白蛾、松突圆蚧、日本松干蚧、湿地松粉蚧、双钩异翅长蠹、红脂大小蠹、松针褐斑病等重要的森林有害生物早已在我国定居且持续危害，这些外来有害生物一旦入侵成功，用于控制其危害、扩散蔓延的代价很大，要彻底根除极为困难。

6. 气候变化

气候是林业生产重要的环境因子和自然资源，决定着森林生态的类型和物种分布。森林昆虫是森林生态系统的一个组成部分，所以气象因素也是影响森林虫害发生发展的重要因子，对其分布、发生及发展有着显著的影响。我国森林病虫害约 8000 多种，危害严重的有 200 多种。由于气候变暖、异常气候频发以及森林生态系统结构失衡等原因，导致我国森林虫害种类逐年增多，为害面积增大。以气候变化和生态环境恶化为诱因的虫害发生频繁，一些次要的病虫害将逐步演化成主要灾害，病虫害为害加剧。未来气候变化对我国森林害虫发生和危害的影响研究也将是一个重要的研究方向。

（二）发展战略思路与对策措施

1. 加强人才队伍建设

学科发展要坚持以人为本，完善人才培养体系，注重人才培养和团队建设。一是引进、培养优秀的青年科技领军人才；二是组建结构合理的学科团队；三是建立科学合理的奖励、激励机制。对我国森林昆虫事业而言，最迫切需要的是掌握当今世界本领域发展前沿、能够带领学科团队做出重大学术突破的中青年科技领军人才。国家、地方政府、高校或科研院所应从项目、经费和人员配备等各方面对中青年科技领军人才的培养和引进提供支持，并多方吸纳青年科技人员进入项目和管理工作，努力培养青年人独立研究的能力，在实践中不断成长。

2. 加强基础条件平台建设

学科的平台建设包括仪器、设备、图书资料等硬件建设和学术氛围、管理体制等软件建设。我国森林昆虫学科经过近百年的发展，科研实验和野外基地日臻完善。但是，较其他学科而言，由于长期的资金投入不足、历史欠账较多，我国森林昆虫学科在重点实验室、生态定位站、长期试验基地、工程技术（研究）中心等科技创新平台建设方面还存在数量不足、布局不合理、发展不均衡等问题，特别是缺乏国家级的创新平台，严重制约了重大科研成果的产出和学科的快速发展。

3. 加强科学研究，提高学科创新能力

科研创新对一个学科的发展至关重要。首先，应该创新管理机制，提高管理水平。国家应该从顶层设计，协调高校、科研机构和成果应用部门之间的关系，提供创新土壤。科研项目与重大林业工程项目的结合是始终没有解决的问题。其次，强化评价体系建设，完善科学评价方式。不能过分注重科研人员论文的数量和刊物级别，应重视是否解决了生产中急需解决的问题以及科研成果的质量和成果转化对社会的贡献。再次，注重人才团队建设，激发创新活力。探寻高层次创新型科技人才成长规律，注重加强科技领军人才、拔尖人才培养，培养具有突出创新能力的骨干队伍，带动团队发展。

4. 加强技术成果的推广应用

一是促进科技成果转化能力进一步提高。不断完善科技成果转化政策法规体系建设，抓好重大科技成果转化项目和共性关键技术的推广应用，重点扶持科技成果转化中间试验

基地、示范性生产线、工业性试验基地、技术创新组织和科技成果转化服务中心建设，加速科技成果转化。二是重视产学研科技开发与合作。不断完善产学研合作机制，以产业科技攻关、企业技术攻关和技术升级为重点，全面拓展企业与高等院校、科研院所的合作，推动各种形式的战略合作联盟建立，鼓励企业与高等院校共建企业技术中心、工程技术中心、博士后工作站，鼓励企业和地方政府定向支持重点实验室建设和研究项目开发，支持企业与高等院校、科研机构联合申报国家科技项目。

5. 加强学科内外的合作交流

我国森林保护学科发展到今天，现代生物学和分子生物学、分子遗传学、生态学和信息科学等学科的观点和方法已逐步渗透到学科各个领域的研究中，促进了学科的迅速发展。以转基因为主的树木抗性育种是控制森林病虫害最根本的措施，抗松毛虫、抗天牛及抗溃疡病等高抗林木新品种的成功培育将彻底解决我国主要造林绿化及商品林树种的苗木来源问题，这是我们努力的方向之一；进一步完善森林病害与虫害监测技术体系，运用遥感、地理信息系统和全球定位系统 3S 技术对重大森林病虫害进行监测和预警，为森林重大病虫害的预防提供技术支持，并逐步向精准预测预报方向发展；进行高效高毒毒株的筛选，研究利用生物工程技术重组构建工程菌，以提高杀虫生物农药的质量和产量；应用分子生态学的理论和方法研究森林重大病虫害广布型类群的地理分布格局，阐明其形成机制以及森林病虫害对生态环境和寄主地理变化的响应动态等，也是未来一段时期内的热点方向之一。

参考文献

[1] Wang X Y, Yang Z Q, Gould J R, et al. Host-seeking Behavior and Parasitism by Spathius agrili Yang (Hymenoptera: Braconidae), a parasitoid of the emerald ash borer [J]. Biological Control, 2010, 52 (1): 24-29.

[2] Deng S, Yin J, Zhong T, et al. Function and Immunocytochemical Localization of Two Novel Odorant-binding Proteins in Olfactory Sensilla of the Scarab Beetle Holotrichia oblita Faldermann (Coleoptera: Scarabaeidae) [J]. Chemical Senses, 2012, 37 (2): 141.

[3] Li H, Zhang G, Wang M. Chemosensory Protein Genes of Batocera Horsfieldi (hope): identification and expression pattern. [J]. Journal of Applied Entomology, 2012, 136 (10): 781-792.

[4] Chen F, Luo Y Q, Li J G, et al. Rapid Detection of Red Turpentine Beetle (Dendroctonus valens Leconte) Using Nested PCR [J]. Entomologica Americana, 2013, 119 (1&2): 7-13.

[5] Sun J H, Lu M, Gillette N E, et al. Red Turpentine Beetle: innocuous native becomes invasive tree killer in China [J]. Annual Review of Entomology, 2013, 58 (1): 293-311.

[6] Yu Q Q, Wen J B. Antennal Sensilla of Eucryptorrhynchus chinensis (Oliver) and Eucryptorrhynchus brandti (Harold) (Coleoptera: Curculionidae) [J]. Microscopy research and technique, 2013, 76 (9): 968-978.

[7] Yang Z Q, Wang X Y, Zhang Y N. Recent Advances in Biological Control of Important Native and Invasive Forest Pests in China [J]. Biological Control, 2014 (68): 117-128.

[8] Zhang W, Song W, Zhang Z Q, et al. Transcriptome Analysis of Dastarcus helophoroides (Coleoptera:

Bothrideridae）Using Illumina HiSeq Swquencing［J］. PLos One，2014，9（6）：1–6.

［9］Cao L J，Wen J B，Wei S J，et al. Characterization of Novel Microsatellite Markers for Hyphantria Cunea and Implications for Other lepidoptera［J］. Bulletin of Entomological Research，2015，105（3）：1–12.

［10］Gao X R，Zhou X D，Zhang Z，et al. The Influence of Severe Drought on the Resistance of *Pinus yunnanensis* to a bark–beetle–associated fungus［J］. Forest pathology，2017，DOI：10.1111/efp.12345.

［11］陈辉，袁锋. 森林生态系统中昆虫与真菌的互惠共生［J］. 西北林学院学报，2000，15（2）：96–101.

［12］陈辉，袁锋，张霞. 小蠹虫与真菌共生关系的研究进展［J］. 西北林学院学报，2000，（3）：80–85，90.

［13］武三安. 粉蚧科一新属一新种（半翅目，蚧总科）［J］. 动物分类学报，2010，35（4）：902–904.

［14］杨桦，杨伟，杨茂发，等. 云斑天牛的交配产卵行为［J］. 林业科学，2011，47（6）：88–92.

［15］陈海波，张真. 红脂大小蠹诱导油松树干挥发性单萜相对含量变化［J］. 林业科学，2012，42（1）：97–102.

［16］曾凡勇，王涛，宗世祥. 沙蒿尖翅吉丁幼虫危害特性和空间格局研究［J］. 林业科学研究，2012，25（2）：223–226.

［17］李霞，张真，王鸿斌，等. 切梢小蠹属昆虫分类鉴定方法［J］. 林业科学，2012，42（2）：103–108.

［18］杨忠岐，王小艺，张翌楠，等. 释放花绒寄甲和设置诱木防治松褐天牛对松材线虫病的控制作用研究［J］. 中国生物防治学报，2012，28（4）：490–495.

［19］周定中，曹露，王茂淋，等. 黑水虻肠道细菌抗菌筛选及其活性物质分子鉴定［J］. 微生物学通报，2012，39（11）：1614–1621.

［20］张雄帅，周国娜，高宝嘉. 油松毛虫体内酶系对油松诱导抗性的响应机制［J］. 林业科学，2014（10）：181–187.

［21］李叶静. 落叶松八齿小蠹及其伴生菌与寄主、非寄主的信息化学关系［D］. 北京：中国林业科学研究院，2015.

［22］凌梦沁. 悬铃木方翅网蝽取食诱导寄主的防御反应［D］. 南京：南京林业大学，2015.

［23］秦加敏，罗术东，和绍禹，等. 昆虫海藻糖与海藻糖酶的特性及功能研究［J］. 环境昆虫学报，2015，37（1）：163–169.

［24］杨忠岐，姚艳霞，曹亮明. 寄生林木食叶害虫的小蜂［M］. 北京：科学出版社，2015.

［25］朱小奇，谢彩云，聂荷敏，等. 黄粉虫抗菌肽的提取及其生化特性的研究［J］. 应用昆虫学报，2015（3）：712–720.

［26］竺乐庆，张大兴，张真. 基于颜色名和 OpponentSIFT 特征的鳞翅目昆虫图像识别［J］. 昆虫学报，2015，58（12）：1331–1337.

［27］曾凡勇. 中国森林保护学科发展历程研究［M］，北京：中国林业科学研究院，2016.

［28］代鲁鲁. 华山松大小蠹和共生真菌 P450 基因差异性表达与解毒功能研究［D］. 咸阳：西北农林科技大学，2016.

［29］刘慧慧，张永安，王玉珠等. 美国白蛾 Wnt–1 基因的基因组编辑研究［J］. 林业科学，2016（3）：119–127.

［30］马明远. 华山松大小蠹 GSTs 基因的表达和对寄主防御物质的响应［D］. 咸阳：西北农林科技大学，2016.

撰稿人：骆有庆　温俊宝　石　娟　宗世祥　张润志　孙江华　迟德富　陈　辉
郝德君　杨忠岐　张永安　陈晓鸣　石　雷　陈又清　张　真　王小艺
王鸿斌　姚艳霞　张彦龙

森林病理

一、引言

（一）学科概述

我国是世界上的木材消耗大国，木材及林产品需求一直呈刚性增长，缺口越来越大。据统计，2010 年我国木材缺口约有 1.6 亿立方米，而“十二五”期间这一数字达到 3 亿立方米。中国是一个少林和生态环境脆弱的国家，2014 年 2 月全国第八次森林资源清查结果显示，我国森林覆盖率为 21.63%，远低于 31% 的全球平均水平；现有森林面积 208 万平方千米，人均森林面积仅为世界人均水平的 1/4；森林蓄积 151.37 亿立方米，人均森林蓄积 10.151 立方米，仅为世界人均占有量的 1/7。随着国民经济的快速发展，林业的物质、文化和生态产品供给与社会需求之间的矛盾日益突出，森林资源以及林业产品的严重匮缺已成为制约我国国民经济快速健康发展的严重问题。要满足社会经济发展对改善生态环境、维护国土生态安全和日益增长的木材需求，其根本途径是在保护天然林的同时大力发展人工林。

我国天然林以天然次生林为主，面积为 120 万平方千米，占森林总面积的 61.54%。但是，由于人为干扰过度，大部分天然林退化，生物多样性水平降低，林分抗逆和抵御病虫灾害的能力下降，造成病虫害的发生甚至流行。其特征主要表现为：第一，全球气候变化导致突发性病虫灾害大面积流行，如西藏林芝地区一些未受人类直接干扰的天然林出现冷杉大面积带状死亡，被认为与全球气候变化导致真菌病害流行有关；第二，外来病虫与本土病虫协同作用导致灾害蔓延，如松材线虫传入我国后在本土害虫松墨天牛的协同下已在全国 16 个省（区、市）严重发生，年均发生面积超过 670km^2，病死树达 100 万株。

我国人工林面积达 61.69 万平方千米，居世界第一，其中仅马尾松、杨树和杉木纯林就占人工林总面积的 59.4%，而混交林仅占 3%。我国约 80% 的森林病虫灾害发生在人工林，而导致人工林重大病虫害常年暴发成灾的原因在于人工林结构和树龄单一、病原物和害虫群体的广布性及其种群异质性以及经营水平低下等。

同时在我国林业发展的过程中，随着全球经济一体化和国际贸易往来的急剧增加，外来林业有害生物入侵形势日趋严峻，近年来我国林业生物灾害发生严重，损失巨大。据统计，我国近年来每年发生的林业生物灾害面积超过 11.7 万平方千米，造成木材生长量损失 2200 多万立方米，经济损失达 1100 多亿元，年致死树木 4000 多万株。长期以来，一些重大的森林病害严重威胁着全球的森林资源和环境安全，林业生物灾害已成为制约我国森林资源增长、影响生态安全和林业可持续发展的关键因素之一，实现林业生物灾害的有效控制充分体现了国家的长期重大目标需求。

森林病理学作为我国森林保护学一个重要的方向，在我国的发展已有 100 多年的历史，在维护我国森林生态系统稳定、保护森林资源、维护国家生态安全和国土安全、服务地方经济和持续改善生态环境等方面发挥了无可替代的作用。与此同时，我国经济的持续走强、全球气候的持续变暖，又对我国森林病理学的发展提出了新的更高要求。

（二）学科发展历程

森林病理学是以植物病理学的基本概念、原理及方法为基础，结合森林病害自身的特点，以保护森林植物为目标，以森林病害为研究对象，研究森林病害现象、发病原因与发生机理、病害发展规律与防治方法的一门科学，是植物病理学的一个分支学科，同时也是林学学科的重要组成部分。

我国的森林病理学科是森林保护学科的重要方向，也是我国森林保护学专业人才培养的重要依托学科。森林保护学科创建于 1952 年，1981 年建立硕士点，1986 年设立博士点。我国的“森林保护专业”成立于 1958 年，同年在北京林业大学、南京林业大学和东北林业大学开始招生。1961 年，由于在招生、课程设置以及工作分配中出现的种种问题，将森林保护专业改名为“森林病虫害防治专业”，取消了防火、野生动物保护等课程。1963 年前后，又恢复为“森林保护专业”这个名称。

1997 年，国家教育委员会对全国高等院校专业进行了第三次调整，取消了约 50% 的专业。在 1998 年正式颁布的《普通高等学校本科专业目录》中，森林保护专业被取消归入林学专业，停止招收森林保护专业的本科生，这一时期我国的森林病理学科的人才培养主要依托林学专业（森林资源保护与游憩、树木与观赏植物保护等方向）招收本科生。

2012 年，国家教育部调整专业目录，恢复设置森林保护学专业，并于当年开始招收森林保护专业本科生。目前，北京林业大学、南京林业大学、东北林业大学、安徽农业大学、福建农林大学、河北农业大学、华南农业大学、南京农业大学、山东农业大学、山西农业大学、内蒙古农业大学、四川农业大学、西北农林科技大学、西南林业大学、中南林业科技大学、浙江农林大学、新疆农业大学等高校均开设有森林保护专业并招收森林保护专业的本科生。此外，还在部分高等院校设立了森林病理学科的博士点、硕士点，建立了我国森林保护专业人才的培养体系。另外，中国林业科学研究院、省市一级林业研究所还下设森林保护学研究机构，建成了我国森林病理学科的科研机构。

我国的森林病理学科一直紧紧围绕我国林业生产的重大需求攻坚克难，为我国的林业产业与森林资源保护做出了突出贡献，取得了一系列重大科研成果；也培养出李传道、周仲铭、邵力平、袁嗣令等一大批森林病理学的杰出科学家，为我国的森林保护学事业做出了突出贡献，也为我国森林病理学科后续的发展奠定了重要基础。

二、现状与进展

（一）队伍建设

国家和地方林业系统的各级森防检疫站主要承担我国森林病虫害的预测、预报、控制和政策制定等工作，是我国森林保护工作的管理、实施和导向单位。中国林业科学研究院、地方性林业科学研究院等机构都有一批致力于森林保护研究和推广工作的科技人员，在重大林业有害生物的防控研究中不断取得新的重要成果，是我国森林保护领域科学研究的重要力量。目前，我国已经建成了国家、地方从事森林病理学科学研究、应用研究与成果推广应用的专业队伍，同时也建立了国家、省市、区县三级森林保护的管理体系，为我国森林病理学科的发展提供了良好基础。

（二）人才培养

许多农林高等院校承担了我国森林保护人才培养的主要职责，开设有森林保护专业的大学包括北京林业大学、东北林业大学、南京林业大学、西北农林科技大学、福建农林大学、浙江农林科技大学、中南林业科技大学、西南林业大学、安徽农业大学、河北农业大学、山东农业大学、山西农业大学、四川农业大学等，还有相当部分林业职业高等院校和中专学校开设森林保护专业或专业方向。目前，我国已经形成了一支以各级林业森防系统、林业研究机构和农林高等院校为主的学科队伍，这支队伍在科学研究、行政管理、人才培养和科技推广等工作中既有分工，又密切协作，共同驱动我国森林保护事业的快速发展。

（三）平台建设

在森林病理学科的平台建设方面，北京林业大学、东北林业大学和南京林业大学的森林保护学科先后进入了国家重点学科行列，为我国森林保护的人才培养、科学研究、成果转化等奠定了重要基础。此外，由国家林业局与科研院校合作建立的森林保护领域相关的研究机构也为我国森林病理学科的发展提供了良好平台。

2002 年，依托中国林业科学研究院森林生态环境与保护研究所，成立了国家林业局林业有害生物检验鉴定中心，并受国家林业局造林司直接领导。检验鉴定中心的任务和职责主要有：①承担我国林业有害生物的权威检验鉴定任务；②承担林业有害生物疫情的风险评估工作；③承担林用生物制剂的质量检测；④为生产单位提供生物杀虫剂使用技术和人员培训；⑤收集国外林业有害生物疫情信息，完善相关数据库，编写国外林业有害生物疫情动态；⑥为国家林业局林业有害生物预防与管理提供科学数据和信息服务。

2004年，依托北京林业大学的森林培育学、森林经理学、森林保护学三个国家级重点学科及生态学、草学两个北京市重点学科，成立了北京林业大学省部共建森林培育与保护教育部重点实验室。实验室以森林资源培育、经营、森林生态、生物灾害防控的重要基础科学问题和关键技术创新为研究重点，立足国家林业发展相关重大理论与技术需求，设有森林培育理论与技术、天然林经营与林业信息技术、森林生态系统恢复、森林有害生物控制、北京城市绿地生态系统健康与安全5个研究方向和1个公共研究平台。

2005年，国内首个以森林有害生物为主要研究对象的生态定位站——昆嵛山森林生态系统定位研究站获得国家林业局批准建立，依托单位为中国林业科学研究院森林生态环境与保护研究所。昆嵛山森林生态系统定位研究站主要开展森林生态系统结构功能对病虫害调控机制的研究；构建和完善我国森林生态综合观测体系，对山东昆嵛山天然林的环境效益和生态功能进行定位、定量、连续观测和评价；研究昆嵛山森林生态系统结构功能对病虫害的调控机制，构建我国森林有害生物灾害的生态控制研究平台，充实中国森林生态系统定位研究网络及其研究领域；在不同的林分类型中设立长期固定观测样地，配置先进的定位观测仪器设备，建成我国现代化的定位研究系统，以推进森林有害生物灾害生态控制模式化研究。

2007年，依托南京林业大学现有的江苏省有害生物入侵预防与控制重点实验室、江苏省有害生物入侵预防与控制省级工程中心等平台，国家林业局批准建立了全国危险性林业有害生物检测鉴定技术培训中心。培训中心拥有分子检测、病理生理学、组织病理学、真菌毒素、昆虫生理生化、昆虫分子毒理学、昆虫生物学、昆虫种群生态监测、检疫处理、抗病育种、昆虫标本室、真菌标本室以及动物标本室等15个现代化科研实验室，并取得诸多成果：①研发了松材线虫专项自动化分子检测系统，现已成为我国松材线虫病监测检疫等防控的核心技术并在17省广为应用；②创新研发了松材线虫恒温扩增及试纸条判读检测技术，并已在浙江、江苏、上海、四川4省、市推广应用，使松材线虫分子检测技术的基层化推广应用得到进一步深入；③创新开发了松材线虫媒介昆虫特异光源引诱技术，已在安徽、江苏、广西3省推广应用，效果显著；④建立了松材线虫病全国检测网络，监测松林面积超26万平方千米，全面提升了我国松材线虫病监测和检疫鉴定的技术水平；⑤全方位开展防控新技术推广应用技术培训，九年来累计培训全国31个省（市、自治区）森防系统从事松材线虫病防控的专业技术人员2600余人次。

此外，在基层的森防平台建设方面，目前全国初步建成各级森防检疫站2946个、标准站 1559 个、国家级中心测报点 1000 个、省级测报点 2098 个、检疫检查站 858 个、国家级无检疫对象苗圃 469 个，装备了实验室、标本室，建设了药剂药械库，配备了专用交通工具，森林保护的基础设施有了很大改善。

（四）科学研究

近年来，我国森林病理学紧紧围绕国家重大战略需要，针对目前对我国造成广泛影响的森林病害开展了一系列广泛而深入的研究。分子生物学和生物技术的快速发展带动了森林病理学研究从宏观到微观的快速发展，部分揭示了松材线虫的致病机制，为后续进一步探讨该病的致病机制奠定了重要基础。此外，近年来在松材线虫病、杨树溃疡病类、桉树青枯病、松树枯梢病、油茶炭疽病、杨树叶锈病、松疱锈病、泡桐从枝病、柳树水纹病、樱花冠瘿病等重大森林病害的病原物群体多样性、发生规律、防治技术等方面都取得了长足进步。现阶段我国的森林病理学呈现出以下几个特点：

1. 林业外来有害生物在我国森林病理学研究中的比重不断增加

随着我国对外经贸等领域的快速发展，外来有害生物入侵已经成为我国森林有害生物的一个重要研究对象。鉴于外来有害生物对当地森林的生物多样性、生态环境和人体健康等均构成重大威胁，近年来我国林业外来有害生物的风险评估、预警与检测、入侵生物学与生态学等方面的研究取得了长足进步。

2. 病原物与寄主、环境的互作研究不断深入

各种细菌、真菌、植物、昆虫和动物的全基因组序列测序工作的逐步开展及其遗传操作体系的建立，使得对病原物的认识越来越微观，特别是对病原物的致病性、生长发育和对环境条件的适应性等重要表观性状相关基因的研究，使得人们对病原与寄主及环境互作等方面的分子机制越来越清晰。

3. 森林病害研究对象从病原个体不断延伸到森林生态系统

对于森林病虫灾害发生机制的研究，传统森林保护学关注的主要是病原、害虫或寄主等单个个体或小群体。但实际情况是森林病害作为森林生态系统的一部分，其发生、发展涉及森林生态系统中各生物因素之间的互作，同时外界非生物因素对病虫害的发生和发展也有非常大的影响。森林生态系统演替过程中，生物间互作关系的改变或新的种间互作关系的形成都能够促使病原物或害虫进行适应性进化以及遗传结构、形态特征、生活史策略等的改变，从而影响在生态系统中的适应速度和分布区域，甚至暴发成灾。因此，为了全面研究森林病虫灾害的发生机制，近年来，我国森林病害研究除关注病原本身的生物学特性与危害特点外，还兼顾了病害体系中各生物因素及非生物因素之间的互作关系。

4. 森林病理学与其他学科的交叉融合不断加强

随着现代生物科学的快速发展，特别是分子生物学、系统生物学、生物信息学等新兴学科的快速发展，相关理论与技术被广泛应用于森林病原物多样性、遗传分化、致病规律

与防控技术研发等领域。森林病理学与其他学科的交叉融合使得高通量开展病原物的快速检测、病害防治作用靶标挖掘、抗性资源的筛查与利用逐步成为可能，也促进了森林病理的快速发展。

5. 病害防控的新理念、新方法不断发展

随着人类社会的进步和科学技术的发展，我国林业有害生物的防控理念从新中国成立初期的化学防治、70 年代的综合防治、80 年代的综合治理、90 年代的可持续治理与生态调控逐渐转变为 21 世纪的森林健康、依法监管等，其间不断迸发出新的思想，防控理念与时俱进。针对森林生态系统的特点，近年来提出了林业有害生物生态调控理念，强调通过调控森林生态环境实现森林生态系统高生产力、高生态效益以及可持续控制林业有害生物和保持生态系统平衡的目标。

三、本学科与国外同类学科比较

与林业发达国家相比，我国森林病理学研究还存在以下四方面的不足：

一是基础研究比较薄弱。部分重大病害的成灾机制尚不十分清楚；部分常发性森林病害的病原、发生规律、流行规律不清；林木细菌、病毒病害的研究起步晚，研究力量薄弱；重大病害中病原与寄主互作机制、病原物的致病机制等尚不清楚。

二是应用研究急需进一步加强。目前，大量的研究力量都集中在重大森林病害的致病机制研究等方面，但应用研究相对薄弱，特别是以生产需要为导向的应用研究需要进一步加强。

三是研究队伍结构需进一步完善。尽管我国在国家、省市都设立了森林保护科研机构，在国家、省市、区县都设有森防站等业务部门，但这些机构和业务部门普遍存在高级人才贮备不足的问题。

四是国际交流仍需加强，国际组织的话语权不足。尽管近年来我国森林病理学取得了长足的进步与发展，但与国外的交流偏少，缺乏在国际林联等国际性机构任职、参与全球森林保护事业的人才队伍，也存在国际组织话语权不足等客观问题。

四、展望与对策

（一）发展趋势

尽管我国森林病理学学科已经取得了长足的进步，但由于起步较晚、基础较差，尚不能完全满足我国林业发展的需求。展望未来，在队伍建设方面，将进一步加大专业人才的引进与培养力度，在国家层面建立不同学科之间的密切协作和协同攻关机制，保证我国森林病理学科不断有新的力量注入，保持学科的创新能力和良好的发展势头，促进学科的持续健康发展。在学科平台建设方面，进一步完善学科现有平台的建设工作，提高学科基础设施支撑力度，为开展重大森林生物灾害形成机理、森林生态系统自我调控生物灾害的功能与机制、生物防治和营造林等措施持续调控生物灾害等重大科学问题的研究提供平台保障；加强学科间、行业间及国际的交流与合作，借鉴相关学科的研究成果加速森林保护学科的发展。在科学研究方面，结合当前我国林业生产的重大需求，森林病理学未来面临的主要科学问题包括以下六个方面。

1. 全球气候变暖背景下我国森林病害的发生动态与监测

预测全球气候变暖下关键种间关系的维持、结构及重组格局，揭示环境变化条件下森林病虫害的变化趋势，成为当前世界研究的热点和趋势，也为森林病害的长期可持续防控体系的构建提供了依据。在全球气候变暖的大背景下，探讨重大森林病害特别是由外来有害生物所引起的森林病害对全球气候变暖的响应机制，并据此进一步开展外来生物入侵风险分析及其可能的预测预报，是今后森林病理学研究的主要趋势之一。

2. 重大林木病害的早期监测与预警

针对一些可能对我国森林资源造成严重影响和损失的病原物，研发高效、快捷、便于推广应用的技术手段，特别是病害早期的监测与预警对开展森林病害的及时防控具有重要意义。

3. 病原物与寄主互作的分子机制解析

进一步开展病原物致病的分子机制研究，鉴定对病原物致病性具有重要作用的基因，为后期开展病原物的防治工作筛选作用靶标。同时，进一步开展抗病材料的抗病机制研究。

4. 森林病害的生态调控机制及其应用

与农田等生态系统相比，森林生态系统作为陆地生态系统的主体，其结构最复杂、物种资源最丰富，明显有别于其他陆地生态系统。随着天然林生态系统越来越显示出对病原物和害虫具有自我调控能力的稳定特性和优势，森林病虫害综合治理被赋予了新的内涵。森林病原物是天然林和人工林生态系统的有机组成部分，而生态系统的结构和功能决定了森林对病原物具有独特的自我调控和补偿能力特别是自我恢复能力。因此，设计和调节森林生态系统的结构和功能，通过系统自组织潜能保持系统各组分的平衡，建立控制病害的生态调控模式，是天然林保护与恢复、人工林可持续经营的重要基础。

5. 森林病害的绿色防控技术

综合利用林木内生菌、生防菌资源和植物源农药开展森林病害的绿色防治技术研究，为森林病害的无公害防治提供技术支撑。

6. 优良抗病树种的选育与应用

进一步发掘和利用现有林木的抗性资源，开展优良抗病群体和单株的选择，并在此基础上采用组织快繁技术建立优良抗病树种的选育、快繁体系，为抗病材料的大面积推广应用奠定基础。

（二）重点方向

1. 重大危险性外来有害生物的鉴定与检测

重大危险性外来有害生物的鉴定与检测在森林病害的早期监测和预警中具有重要作用，在重大危险性外来有害生物的鉴定和检测技术上的突破将为病原物的运输、流通环节的防控提供技术支撑，特别是开发一些高效、灵敏、操作方便的快速检测技术将大大提高我国森林病害的检疫水平。利用外来生物入侵生态学的原理与方法，研究我国主要危险性林业外来有害生物入侵的生态学过程以及对区域性森林环境的适生性，在此基础上，综合分子生物学、生物信息学、3S 技术等学科的发展成果，全面开展从国外地引进林木、花卉种子、苗木的风险分析与风险管理研究，建立有效的入侵生物监测、预测和早期预警技术。

2. 危险性森林病害与常发性森林病害的流行预警技术

森林病害流行预警是森林病害防控的重要环节，建立高效的病害预测预报、预警和快速反应能力是危险性森林病害与常发性森林病害防控的关键。通过病害的地面监测与航空遥感技术 GIS、3S 为基础的空中监测技术相结合，进一步提高病害预警的时效性与准确性。

3. 病原物 – 寄主互作机制研究平台建立

病原物与寄主的互作机制是森林病理学研究的重要方向，二者互作机制的研究有助于阐明森林病害的致病机制，同时也有助于病害防治理想靶标蛋白的筛选，从而为病害的科学防控奠定基础。加强病原物与寄主植物互作的研究平台建设，特别是二者互作的遗传操作平台的建设，对探讨病害致病的分子机制具有重要意义，将为全面阐明病害的致病机制、发病规律、病害防治奠定良好基础。

4. 无公害森林病害防治技术的大面积推广应用

无公害森林病害的防治技术是森林病害防治的重要防治方向，无公害防治技术是一种可持续的、高效的、无污染的防治手段，该手段的大面积推广应用将大大改善目前依赖于化学农药防治所造成的环境污染等问题。优先支持以生物防治和营林技术防治为主，化学防治、物理防治、诱集防治和人工防治为辅的森林病害持续控制技术体系研究，尤其要攻克目前生产上急需解决的松材线虫病疫情持续控制技术的热点难点问题；重点支持本地天敌控制外来种的方法和技术、引进天敌的大量繁殖和野外种群稳定性维持技术研究。

5. 技术的标准化

森林病害防治技术的标准化将进一步规范森林病害防治的各个关键环节，从而有利于确保病害的防治效果，也便于推广应用。因此，在森林病害的防治中，应进一步加强病害鉴定、检疫、无害化处理、病害防治等方面的标准化、规范化，形成相应的操作技术规程，以利于相关成果的转化与推广。

（三）战略思路与对策措施

1. 加强队伍建设

加强学科教学和科研队伍建设，逐步形成开拓创新、结构合理、适应我国林业发展需要、在国际上具有一定影响力的科教队伍。通过积极引进、鼓励出国留学等措施，逐步改善森林病理学队伍的学历、年龄和学缘结构，培养学科领军型人才梯队，满足参与国际竞争和承担国家重大科研任务的要求。积极创造条件，建立倾斜政策，为青年森林保护科教人员创造良好发展条件，使新一代学术带头人和创新骨干脱颖而出。进一步完善人才培养体系，满足我国现代林业发展对专业技术人才的需要。同时加强森林保护技术推广和管理队伍的建设，健全各级森防检疫机构，充实人员，加大技术培训力度，提高从业人员的创新能力和新技术、新知识的消化、吸收、引进与应用本领。

2. 进一步加强森林病理学基础研究与应用研究的平台建设

依托国家重点学科、国家林业局重点学科等现有优势，结合国家和省级重大科研和工程建设项目，整合资源，加强我国森林病理学科研、成果转化平台的建设，使我国的森林保护研究平台基本上与国际先进科研、成果转化平台接轨，提升我国森林病理学科的研究水平和创新能力，更好地服务于我国现代林业的可持续发展的需要。进一步建立联系全国范围内的森林保护信息交流和数据共享网络，开发建成高效运转的林业有害生物远程诊断系统，加大各地森防检疫站的基础设施建设，保证我国森防检疫部门对重大林业有害生物的高效防控能力。

3. 加强科学研究

加大科研投入，整合资源，进一步加强森林病害的基础理论研究，利用现代生物技术和分子生物学的最新研究成果，加快我国森林病理学的基础研究创新，为森林病害的可持续控制提供理论基础。同时，进一步加强森林病害的无公害控制技术的研究与成果转化，确实解决森林病害的可持续控制技术，并产出一批在国内外具有较高影响力的科研成果，提高我国森林病理学的整体研究水平。

4. 加强森林病理学科与国内外同行的交流

依托省林学会、森林病理学专业委员会，强化学术交流在促进学科发展中的功能，定期举办不同层次的学术交流，邀请海内外学术名家、专家学者做学术交流与合作。同时创造条件，鼓励学科成员积极开展国际交流与合作，引进国外先进技术，进一步提升我国森林病理学研究的水平，加快我国森林病理学后备人才的培养，促进我国森林病理学科更快、更好地发展。

参考文献

[1] 孙志强，张星耀，梁军，等. 景观病理学：森林保护学领域的新视角［J］. 林业科学，2010，46（5）：151-160.

[2] 刘春兴. 森林生物灾害管理与法制研究［D］. 北京：北京林业大学，2011.

[3] 宋玉双，苏宏钧，于海英，等. 2006—2010年我国林业有害生物灾害损失评估［J］. 中国森林病虫，2011，30（6）：1-4，24.

[4] 张星耀，吕全，冯益明，等. 中国松材线虫病危险性评估及对策［M］. 北京：科学出版社，2011.

[5] 福建省林学会森林保护专业委员会. 福建省森林保护学科发展研究报告［J］. 海峡科学，2012（1）：11-20.

[6] 张星耀，吕全，梁军，等. 中国森林保护亟待解决的若干科学问题［J］. 中国森林病虫，2012，31（5）：1-6，12.

[7] 吕全，张星耀，梁军，等. 当代森林病理学的特征［J］. 林业科学，2012，48（7）：134-144.

[8] 展茂魁，杨忠岐，王小艺，等. 松褐天牛成虫松材线虫病的传播能力［J］. 林业科学，2014，50（7）：74-81.

[9] 曾凡勇. 中国森林保护学科发展历程研究［D］. 北京：中国林业科学研究院，2016.

[10] 戴玉芬，张艳，徐蓓，等. 浅谈外来有害生物入侵及预防措施［J］. 内蒙古林业，2016（3）：16.

[11] 曹学仁，周益林. 植物病害监测预警新技术研究进展［J］. 植物保护，2016，42（3）：1-7.

[12] 金勇善. 林业有害生物监测预警与应急防控关键技术研究与应用［J］. 中国科技成果，2017，18（16）：49-50.

[13] 郝传杰. 全国林业生物灾害发生特征分析［J］. 中国森林病虫，2017，36（4）：4-7.

[14] 张鹏霞，叶清，欧阳芳，等. 气候变暖、干旱加重江西省森林病虫灾害［J］. 生态学报，2017，37（2）：639-649.

[15] 张天宇. 创新林业人才培养模式的思考［J］. 中国林业经济，2017（3）：58-59.

撰稿人：叶建仁　张星耀　梁　军　黄　麟　贺　伟
宋玉双　宋瑞清　汪来发　朴春根

经济林

一、引言

（一）学科概述

经济林（non-wood forest）是一个发展中的概念。我国《森林法》规定："经济林是指以生产果品，食用油料、饮料、调料，工业原料和药材等为主要目的的林木"，是五大林种之一，是经济效益、社会效益和生态效益统一性很强的林种，不仅能为人们生产生活提供多样的物质产品，还具有涵养水源、保持水土、净化空气等生态服务功能，是我国现代林业建设的重要内容。发展经济林产业是当前我国集中连片特困山区精准扶贫的最佳选择。

经济林树种种类繁多，经济林产品丰富多样，包括除用作木材以外的林木的果实、种子、花、叶、皮、根、树脂、树液等直接产品，或是经加工制成的油脂、食品、能源、药品、香料、饮料、调料、化工产品等间接产品，国外称为non-wood forest products（NWFPs）。为栽培、利用和经营管理上的方便，根据直接产品或间接产品的化学成分及主要经济用途，可将经济林划分为8大类别：①木本食用油料类，如油茶、油橄榄、核桃、油棕等，其含油器官的含油率一般在30%以上，油脂作为食用植物油；②木本粮食与果品类，如栗、枣、柿、木薯等木本粮食，其果实或种子的淀粉（或糖）含量通常超过50%，另外如扁桃、阿月浑子、香榧、仁用杏、澳洲坚果等含有丰富的糖、蛋白质、维生素等保养成分，适宜作果品食用；③木本香料与调料，如花椒、胡椒、八角、肉桂、山苍子等富含芳香物质，适宜作调料与香料；④木本药材类，如杜仲、厚朴、银杏、三尖杉等富含各种生物碱、厚朴酚、黄酮、内酯、紫杉醇等生物活性物质，适宜作中药材；⑤木本饮料类，如茶、咖啡、沙棘、刺梨等富含茶多酚、咖啡因、维生素C类，适宜饮用；⑥木本蔬菜类，如竹笋、芦笋、香椿、辣木等富含膳食纤维、维生素、蛋白质等，适宜作蔬菜用；⑦工业原料类，如漆树、橡胶、油桐、五倍子、紫胶、白蜡、棕榈等是广泛的工业原料，用途广泛，但多不能食用；⑧其他类，如蜜源树种、饲料树种、农药树种等没有归入上述7大类的经济林都可以归于此类。

（二）经济林学科的成立与内涵

经济林学科是在我国首先创立发展起来的，现在已经得到国际社会和学术界的认可。

20世纪50年代初，我国学者和日本学者就提出了特用树种和特用林的概念。1958年，我国高等林业院校首次正式设置特用经济林专业，使用名称有特用经济林、特用林、经济林。1962年，国家制定的科技发展规划中首次包含了经济林方面的独立课题。1979年，《中华人民共和国森林法》（试行）正式确定经济林为我国5大林种之一，并正式命名为经济林。

经济林学科（science of non-wood forest）是在总结前人的经济林生产经验技术和科学试验研究成果，吸收利用现代生命科学、林业科学、园艺学等学科的科学理论成就以及技术成果的基础上，经系统归纳整理和理论提升而形成的林学一级学科重要的分支学科，是一门综合性很强的应用学科。经济林学科领域覆盖经济林全产业链技术体系，一般设置经济林育种、经济林栽培、经济林产品加工利用、经济林产品检测检验和经济林生物技术等多个研究方向。这一技术科学体系具体地应用在经济林树种的资源开发、遗传改良、良种繁殖、优质丰产栽培、科学经营、产品贮藏加工与综合利用、商品流通等各个生产环节，支撑着经济林科技进步和产业发展。

我国最初将经济林这一科学术语直译成economic forest，由于容易导致歧义，中南林业科技大学的一名英语教师建议将它翻译成non-timber forest。国际上原来没有经济林的概念，至20世纪90年代，国外开始接受non-timber forest这一英文学科名词，但多以non-timber forest products（即经济林产品）的专业术语出现，后来进一步规范其名称和内涵，现在多写作non-wood forest products，简写为NWFPs，已成为国际上学术界通用的专业术语，也是科学文献检索的主题词。许多国家（特别是一些发展中国家）已经把NWFPs作为重要的林业产业来开发，联合国粮农组织还不定期出版non-timber forest product通讯刊物，介绍各国经济林产品资源及产业发展情况。国外很多相关林业院校（系）均设有经济林相关课程，有的学校还招收培养经济林学科（研究方向）的硕士或博士研究生，如北亚利桑那大学、弗赖堡大学、哥廷根大学等。世界各国经济林学科的发展历程不同，经济林资源具有一定的地域性，对经济林学科的认识也具有特异性。在国外，经济林产品（NWFPs）有不同的内涵，例如，日本除包括果品、油料等外，还包括食用菌、竹、木炭、泡桐原木等；泰国和里斯兰卡将经济林产品定义为在森林内生产的、除木材以外的、有利用价值的全部动物、植物、微生物原料，如虫胶、蜂蜜、象牙、兽角、矿物等；印度将经济林产定义为竹、叶、树脂、树胶、油脂、油脂种子、精油、纤维类、非产油类草、革和染料、药材和香料、动物产品、食品等。故相关学科的研究内容在不同的国家、地区有所不同。

（三）经济林学科与森林培育学科的区别

经济林学科与森林培育、果树学关系密切，但经济林学科具有自身特点的理论基础和方法体系，是一个包含多门类、多层次的完整体系，与森林培育、果树学等其他学科有着本质的不同，是森林培育、果树学等其他学科所不能代替的。

经济林学科与森林培育学科在学科理论体系上有一定程度的交叉，但在研究对象、培育机理和经营技术等方面有本质区别。森林培育以用材林、纸浆林、薪炭林及防护林等为研究对象；作为商品林的用材林、纸浆林、薪炭林的利用部位主要是树木茎干等木质部营养器官；其主要产品为原木、木片、薪炭等木质林产品；其培育的机理本质上是通过促进个体营养生长和调控林分结构来提高全林生物产量或材积；其遗传改良的目标主要是生物产量、材积和材性；其育种方法主要为种源和家系选择；其繁殖方法主要以种子园生产良种，通过实生繁殖方法育苗；其经营技术主要是抚育和间伐，按年度实施；其经营策略多为近自然经营，一次种植、一次性采伐利用。

而经济林学是以木本油料林、木本粮食林、果木林、木本药材林、木本香料林等为研究对象；其利用部分主要是生殖器官（果实、种子、花器等）、非木质部营养器官（树皮、树叶等）及树木分泌物（树脂、树液等）；其主要产品为果品、油脂、淀粉、香料、饮料、药材、能源等丰富多样的非木质林产品；其培育的机理本质上是通过调控营养生长与生殖生长的关系来提高目的产品的经济产量和品质，既要考虑生物产量，还要考虑营养物质的转化和积累；其遗传改良的目标主要是经济产量和品质；其育种方法主要为无性系选择；其繁殖方法主要以采穗圃生产良种，通过嫁接、扦插等无性繁殖方法育苗；其经营技术复杂，根据季节、物候采用树体管理、土壤管理、花果管理、病虫防治、产品采收、贮藏保鲜、加工利用等经营技术；其经营策略多为人工经营，一次种植、年年采收利用。

表 1　经济林学科与森林培育学科差异比较分析

比较项目	森林培育学	经济林学
研究对象	用材林、纸浆林、薪炭林及防护林等	木本油料林、木本粮食林、果木林、木本药材林、木本香料林等
利用部位	树木茎干等木质部营养器官	生殖器官（果实、种子、花器）、非木质部营养器官（叶、芽、皮、根）及树木分泌物（树脂、树液）
主要产品	原木、木片、薪炭等木质林产品	果品、油脂、淀粉、香料、饮料等非木质林产品
培育机理	通过促进个体营养生长和调控林分群体结构来提高全林生物产量或材积	通过调控营养生长与生殖生长的关系来提高目的产品产量和品质，既要考虑生物产量，还要考虑营养物质的转化和积累

续表

比较项目	森林培育学	经济林学
育种目标	生物产量、材积和材性	经济产量和品质
育种方法	以种源和家系选择为主	以无性系选择为主
繁殖方法	主要以种子园生产良种，通过实生繁殖方法育苗	主要以采穗圃生产良种，通过嫁接、扦插等无性繁殖方法育苗
经营技术	主要为抚育和间伐，按年度实施	包括土壤管理、树体管理、花果管理、病虫防治、产品采收、贮藏保鲜、加工利用等，按季节、物候实施
经营策略	多近自然经营，一次种植、一次性采伐利用	多人工经营，一次种植、年年采收利用

（四）经济林学科与果树学的区别

果树是人类重要的食物资源，栽培利用历史悠久。果树生产是农业生产的重要门类，在土地利用现状分类上果园和茶园等一并归入“园地”，归口农业部门管理，在学科目录中果树学和茶学、蔬菜学一并归入园艺学学科。按照《森林法》对经济林的定义和资源分类，果木林属于经济林的一个类别，在土地利用现状分类上果木林应归入“林地”，归口林业部门管理，作为经济林的果木林在学科目录中归属于林学学科。从而，在较大程度上导致部门管理上和学科分类上的交叉、混乱。

经济林与果树学在研究对象上有一定程度的交叉，但经济林学与果树学在研究对象、发展空间、经营理念和经营技术上有着本质差别。果树学的研究范围比较集中、单一，作为园艺栽培的果树通常仅为经过长期人工驯化栽培、实现品种化的果树；其产品仅为果品；其经营的效益目标本质上是获取单位面积土地上最高产量和最大经济效益；果园通常要选择在地理位置和环境条件比较优越的低丘平土，采用精耕细作园艺化经营方式，如精细修剪、滴水灌溉、精准施肥、地表覆盖、间种套种、设施栽培等，集约化、标准化程度高；人工干预强度大，对环境的影响也大，生态系统的自我调控和可持续经营能力弱。

而经济林的研究范围要大得多，除了果木林，经济林还包括木本油料林、木本粮食林、木本药材林、木本香料林等；其产品包括果品、油料、药材、饮料、调香料、工业原料，作为经济林的果木林包括人工驯化栽培及野生、半野生果树在内；其生产场地主要在低山丘陵，通常为荒山荒地、采伐迹地或退耕坡地等，原有生态系统脆弱而生态区位重要，兼有水源涵养、水土保持、农田防护等多重生态服务功能；其经营的效益目标不仅仅是经济效益，还必须兼顾生态效益和社会效益，实现综合效益最佳；其经营方式根据立地状况和经营条件，可采用集约高效、轻简节约、生态栽培等多种生态化经营方式，难以采用、也不宜大规模采用精耕细作园艺化经营方式；其对环境人为干预强度较小，生态系统的自我调控和可持续经营能力强。

表 2　经济林学科与果树学科差异比较分析

比较项目	果树学	经济林学
学科归属	园艺学	林学
研究对象	果树，通常为经过人工驯化栽培、实现品种化的果树	果木林仅是经济林的一个类别，包括人工驯化栽培及野生、半野生果树
生产场地	果园，属农用地中的园地，多低丘平地	包括果木林在内的经济林，属林地，多低山丘陵
效益目标	获取单位面积土地上最高产量和最大经济效益	以经济效益为主，兼顾生态效益和社会效益，实现综合效益最佳
经营方式	精耕细作园艺化经营方式，集约化、标准化程度高	根据立地状况和经营条件，可采用集约高效、轻简节约、生态栽培等多种生态化经营方式
生态效应	对环境人为干预强度大，生态系统的自我调控和可持续经营能力弱，生态效益一般	对环境人为干预强度较小，生态系统的自我调控和可持续经营能力强，生态效益显著
产业部门	农业部门	林业部门

（五）学科发展历程

自 1958 年中南林业科技大学（原湖南林学院）和南京林业大学（原南京林学院）创办经济林专业、建立经济林学科以来，我国经济林学科在科学研究、人才培养、社会服务、学会建设、学术交流、文化传承等方面取得了长足发展，现已形成包括经济林产业——经济林科学研究——经济林专业教育三个层次的完整学科技术体系，成为我国林业科学研究和教育事业的重要技术力量。

1. 学科创始阶段（1958—1977 年）

我国是经济林学科形成的发源地。我国对经济林的栽培利用历史悠久，各种历史文献和考古工作证明，我国对核桃、油茶、枣、栗、漆树等经济树种的利用都有数千年的历史但对经济树种进行系统研究和建立经济林学科则很晚，我国经济林树种的系统研究始于 20 世纪 30 年代对油桐的研究，经济林学科的建立则始于 1958 年湖南林学院（中南林学院和中南林业科技大学前身）正式成立特用经济林教研组。

为适应当时经济林产业、科研和人才需求的发展，湖南林学院和南京林学院（现南京林业大学）于 1958 年共同创办了我国第一个大学本科特用经济林专业（湖南林学院还招收了 2 个专科班）；昆明农林学院（现西南林业大学）成立了特用林系，下设特用经济林专业和橡胶专业。1960 年，南京林学院特用经济林专业停止招生，昆明农林学院后来也停止了 2 个专业的招生，只有湖南林学院（1963 年改为中南林学院）一直没有中断特用经济林专业（后改为经济林专业）的本科招生，保持了我国经济林专业和经济林学科的连续性。1975 年，原福建林学院创办经济林专业。

1959 年，安徽农学院主持编写了华东华中高等林学院（校）教学用书《特用经济林》，该教材是我国最早出版的经济林栽培学教材，相当于现在的《经济林栽培学各论》的部分内容。

该段时期只有本科教育，没有研究生教育，是学科孕育与萌芽阶段。

2. 学科形成阶段（1978—1997 年）

1978 年恢复高考后，为了适应经济林人才培养发展的需要，浙江农林大学（原浙江林学院）、河北农业大学（原河北林业专科学校、河北林学院）、西北农林大学（原西北林学院）、西南林业大学（原西南林学院）、广西大学（原广西林学院）、华中农业大学（原华中农学院）等 11 所农林高校相继设置经济林专业，中南林学院和浙江林学院还成立了经济林系。1980 年，全国普通高等林业院校经济林专业教材编审委员会成立（1986 年调整为全国普通高等林业院校经济林专业指导委员会），挂靠在中南林学院，负责本科人才培养的指导及系列教材的编写活动，此后由中南林学院主持、各相关农林高校参与编写出版了《经济林栽培学》《经济林产品利用与分析》《经济林研究法》等经济林专业教材 1 套共 8 册。1983 年，经相关部门批准，正式创立了《经济林研究》学术期刊，为经济林学的学术交流创造了条件。1986 年，中国林学会经济林分会成立，成为中国林学会最活跃的分会之一。

1978 年恢复研究生招生时，经济林学科被列入学科目录，同年福建林学院（现福建农林大学）招收了我国第一名经济林学科研究生；1981 年，原中南林学院招收了我国第一批经济林学科硕士学位研究生（2 名），标志着我国经济林学科的基本成型。1993 年，原中南林学院获得我国第一个经济林学科博士点授予权，并于 1994 年招收了我国第一名博士学位研究生。该段时期，建立了经济林学科学位研究生培养体系，完成了硕士和博士研究生的培养过程，标志着我国经济林学科体系已经形成。

1979 年后，中南林业科技大学和中国林业科学研究院亚热带林业研究所、林业研究所等单位先后成立经济林研究室；1981 年经林业部批准，中南林学院成立第一个经济林研究所；1995 年批准在中南林业科技大学建立经济林育种与栽培国家林业局重点实验室。1981—1986 年，油茶、油桐、核桃、栗、枣等经济树种正式列入“六五”和“七五”国家攻关计划。

3. 学科曲折发展阶段（1998—2017 年）

20 世纪 90 年代末，我国经济林无论是产业发展还是学科专业建设均经历了一个曲折的发展时期。1998 年全国学科和专业目录大调整，经济林学科和经济林本科专业分别并入森林培育学科和林学专业，各高校撤并了经济林专业和经济林学科，仅中南林业科技大学一直在林学专业下独立设置招收经济林专业方向本科生，保存了大部分原有经济林专业的师资等办学资源。各校经济林学科研究生招生也并入森林培育学科，仅以经济林方向招收博士和硕士研究生。

“八五”“九五”“十五”期间，油茶、油桐等主要经济林产业走入“低谷”，国家科技攻关没有设置专门的经济林研究课题，在相关课题中只涉及少数几个经济林树种，造成大批经济林种质资源流失和科研基地被毁，大批经济林专业技术人员流失或转行，严重影响了科学研究的延续性。

随着经济林产业成为林业主导产业和国家精准扶贫的最佳产业，经济林科学研究和学科建设又重新获得迅速发展。2006 年，“十一五”国家科技支撑计划恢复了经济林研究课题，2009 年设置了油茶科技支撑项目，后来又设置了国家林业行业公益性专项、948 项目等，经济林研究项目大幅增加。2008 年，中南林业科技大学获准自主设置经济林学科博士、硕士研究生的招生和培养，此后中南林业科技大学一直以经济林二级学科招收培养经济林学科研究生。2012 年，经国务院学位委员会批准恢复设置经济林学科二级学科，2017 年中国林业科学研究院也恢复二级经济林学科，开始招收博士、硕士研究生。

二、现状与进展

1. 经济林树种的组学研究

国内经济林树种的组学研究始于 21 世纪初。中南林业科技大学在国家自然科学基金资助下，首先以油茶种子为材料开展了 EST 文库构建和转录组的研究，中南林业科技大学在转录组研究的基础上，解析了油茶和油桐种子油脂形成的代谢途径、油茶种子角鲨烯等代谢途径，开发了油茶基因表达芯片，可一次性检测 1 万多个油茶表达基因。以后各有关单位相继开展了银杏、油桐、板栗、锥栗、橡胶、榛、杜仲、香榧、柿树等树种的转录组研究，并且开展了油桐等树种的蛋白质组研究。这些研究发现了一批重要功能基因和蛋白质，并对一些重要基因开展了功能研究。

近 5 年来，国内相关单位开展了经济林树种基因组研究。河北农业大学和西北农林大学完成了枣基因组的测序和解析，刘孟军的《枣复杂基因组测序及其果树生物学性状解析》在国际权威科学杂志《自然通讯》在线发表；浙江大学和南京林业大学完成了银杏基因组的测序和解析；中国林业科学研究院泡桐研究中心完成了杜仲基因组的测序和解析；中国热带农业科学研究院完成了橡胶树的基因组测序和解析；中国科学院昆明植物研究所和安徽农业大学完成了茶基因组的测序和解析；西南大学完成了桑树的基因组测序和解析；合肥工业大学完成了猕猴桃的基因组测序和解析；中国科学院华南植物园完成了麻风树的基因组测序和解析；华中农业大学完成了甜橙的全基因组测序和解析；南京农业大学完成了梨的全基因组测序和解析；中南林业科技大学完成了油桐基因组的测序和解析；中国林科院林业所完成了沙棘的全基因测序和解析。上述研究为今后的分子遗传学研究和分子育种奠定了良好的基础。

此外，国内还对一些经济林树种的叶绿体基因组和线粒体基因组开展了研究，清华大学完成了厚朴叶绿体基因组的测序和解析；浙江大学完成了龙井茶叶绿体基因组的测序和解析；中国科学院武汉植物园完成了猕猴桃叶绿体基因组的测序和解析；西北大学完成了核桃叶绿体基因组的测序和解析；中国林业科学研究院泡桐研究中心完成了杜仲叶绿体基因组的测序和解析；南京林业大学完成了枣叶绿体基因组和线粒体基因组的测序和解析；中南林业科技大学完成了油桐叶绿体基因组的测序和解析，并与中国林业科学研究院泡桐研究中心共同完成了柿树叶绿体基因组的测序和解析；西安大学完成了黄檗叶绿体基因组的测序和解析；中国科学院北京基因组研究所完成了椰子和枣椰树的线粒体基因组的测序和解析。

2. 经济林种质创新研究

种质创新是经济林科技创新的重要内容，其核心是种质改良。20 世纪 70~80 年代，尤其是“六五”和“七五”期间，部分经济树种被列入攻关计划，我国开展了许多经济树种的种质资源调查和收集工作，基本上摸清了全国主要经济树种的基因资源，建立了油茶、油桐、栗、枣、柿、核桃、乌桕等种质资源库。近年来，由于国家级林木种质资源技术平台的建设，许多经济林种质资源相关信息得到整理、整合并建立了相关数据库。经过长时间的资源保存和评价，筛选出一批优良种质资源，为杂交育种等提供了基本素材。但由于“八五”“九五”“十五”经济林树种未列入国家攻关课题，加之一些经济树种如油桐、乌桕的种质资源库遭到严重破坏，相当部分种质资源已经丧失。随着经济林学科和产业的振兴发展，我国重新开始了油茶、油桐、核桃、山核桃、板栗、锥栗、枣、柿、杜仲、乌桕、山苍子、厚朴、猕猴桃、梨、枇杷、柑橘、花椒、青钱柳、蓝莓、五味子、榛子等种质资源收集保存与种质资源库建设工作，开展了这些树种的遗传多样性评价研究和经济林性状评价研究，并通过杂交、自交创制了一批新的种质资源，为进一步的遗传改良及相关基础遗传学研究提供了材料。

当前，经济林种质创新的目标已从早实、丰产为重点转向以优质、高抗为重点。传统的选择育种、杂交育种和引种驯化继续加强，倍性育种、细胞育种、分子育种等新技术已成为重要创新手段。大批种质资源，包括新物种、新品种、新株系、新基因被发掘、选育或引进，成效显著。在枣种质创新方面，河北农业大学刘孟军团队建立起以秋水仙素诱变和花药培养为主、快速高效的枣倍性种质创新体系和胚状体途径一步获得纯多倍体新技术，创制不同倍性种质 9 个，培育出世界上第一个四倍体枣品种辰光；创新建立了枣地方品种分子辅助株系选优技术体系，系统选育出特色各异的换代型新品种 27 个，其中 6 个品种通过国家审定，占迄今国审枣品种的 60%；构建起适于多点综合评价的世界最大枣基因库网络，发掘出 49 份富含 2n 花粉、重要功能成分及抗病优异种质；由刘孟军主持完成的“枣育种技术创新及系列新品种选育与应用”获得国家科技进步二等奖。目前，我国主要经济林树种均选育了大批优良无性系及家系。据不完全统计，我国各地通过审（认）定的经济林良种超过1000个（其中国家审定品种300多个），其中油茶562个、核桃363个、枣171个、板栗93个（锥栗9个）、李51个、梨41个、扁桃32个、柿24个、银杏21个、沙棘20个、猕猴桃14个、油桐4个、乌桕4个、山苍子4个。建立种质资源圃54个，国家重点经济林良种基地40多个。这些优良品种的培育，为我国南方油茶、核桃和其他经济林产区提供了优良的繁殖材料和种植材料，推广应用面积数千万亩，大幅度提升了单位面积产量，改善了经济林产品品质，增强了经济林树种的生态适应能力和抗逆能力，提高了经济林产业的经济效益，有力推动了经济林产业的快速发展。

随着现代生物技术的迅猛发展，经济树种传统意义上的研究及应用手段已经不能满足现今人们充分利用经济林树种这一巨大资源的需求。从20世纪90年代开始，我国开启了利用分子生物学手段开展经济树种的遗传多样性、品种的分子分类与鉴别、遗传图谱构建、重要基因分离克隆等基础研究工作。近年来，深入开展了油茶、油桐、枣、柿等重要经济树种的基因组、转录组、蛋白质组研究，解析了油脂合成、淀粉合成、果实脱涩等重要代谢途径，从基因水平揭示了重要性状和品质形成的分子机理。中南林业科技大学谭晓风主持的“油茶分子育种基础研究”项目获2015年湖南省自然科学二等奖。

开展了油茶、油桐、枣等分子育种基础的研究工作，通过基因发现、基因克隆、超表达和抑制表达转基因等技术，克隆并从功能上确定了一批与产量、品质、抗逆及其他重要功能相关的基因，为进一步分子育种和科学经营提供了科学依据和基因材料。

自交不亲和机理的解释、经济树种自交不亲和等位基因的数目、各品种的自交不亲和基因型的确定是经济树种优质丰产栽培、品种配置和杂交育种最重要的科学依据。我国对油茶、板栗、梨、苹果、杏、李进行了较多研究，并取得了许多有价值的结果。

已经在油茶、油桐、核桃、麻风树等树种上开展细胞水平研究，取得了一系列的成果，一些经济树种的再生体系已经建立起来，为这些树种的快繁和转基因育种奠定了基础。

3. 经济林优质高效栽培技术研究

优质、安全、省力、高效栽培是经济林栽培的发展趋势。近年来，为解决我国经济林产业发展中的关键技术问题，重点开展了主要经济林树种花芽分化与成花机理研究，结合田间控制授粉、生理生化分析和分子生物学技术等手段，筛选出高坐果率的品种组合，建立了部分经济林树种品种配置技术体系；开展了主要经济林栽培品种生长及结果特性观测，探明了主要品种的树体生长发育规律；开展了树体结构与光能利用关系研究、省力化树形和控形培育技术、构建了新型树体管理模式；研究了主要经济林树种树体养分与林地资源环境要素的供需平衡规律及其对产量的影响关系，建立了优质丰产叶片矿质营养诊断标准和科学施肥技术体系。研究部分树种“种草养园”土壤改良技术措施，建立了高效肥水生态经营管理模式。针对经济林低产林技术问题，深入分析不同树种低产林现状、特点及增长潜力，研究了主要经济林栽培树种低产林产量提升技术，提出了有效的增产技术措施。其中，南京林业大学曹福亮的“银杏等工业原料林树种资源高效利用技术体系创新集成及产业化”、中国林科院林业研究所裴东等人的“核桃增产潜势技术创新体系”、中南林业科技大学谭晓风等人的“南方砂梨种质创新与优质高效栽培技术”、浙江农林大学黄坚钦和中国林科院亚林所姚小华等人的“南方特色干果良种选育与高效培育关键技术”，先后获得国家科学技术进步奖二等奖；中国林科院经济林研究开发中心李芳东的“杜仲高产胶良种选育及果园化高效集约栽培技术”创立了杜仲果园化、园艺化栽培技术体系，获河南省科技进步一等奖；中南林业科技大学袁德义发明的“油茶保果素”和“锥栗丰产素”、王森发明的“枣树坐果剂”等专利产品分别成功解决了油茶、锥栗、南方枣结实率低、空苞率高的技术难题，分别获得湖南省专利二等奖和中国专利优秀奖。

经济林良种苗木繁育技术水平显著提升。无性繁殖方法和轻基质容器育苗技术广泛应用，核桃、板栗、柿子等一些含单宁物质高的经济树种的嫁接及扦插技术取得突破，快速繁殖技术、苗木脱毒技术、工厂化设施育苗技术等新技术手段取得新进展。油茶、核桃、锥栗等主要树种采穗圃技术、轻型容器工厂化育苗技术、菌根化育苗技术、芽苗砧嫁接繁育技术、高接换冠技术等得以完善，并在生产上大面积应用。苗木繁育基地建设水平大大提升，菌根化育苗技术有新突破，大幅度提高了经济林良种繁育能力和造林成活率。组培技术不断发展和普及，大多数主要经济树种的组织培养技术体系已建立，有的已经实现工厂化育苗。

随着国家对生态环境和食品安全的日益重视，经济林的生态效益和品质安全问题逐渐显现，以牺牲环境、浪费资源、干扰生态为显著特征的“掠夺式”“榨取式”“破坏式”经营方式难以为继，经济林经营理念和经营目标出现了新转变，对经济林的生态效益和品质安全保障技术的研究逐渐兴起。围绕“生态”和“安全”目标，全国各地积极开展经济林生态经营和安全栽培模式与关键技术研究，河北农业大学李保国研发的“北方山地生态经济林产业化体系建设技术”、中南林业科技大学李建安研发的“南方红壤丘陵经济林生态经营关键技术”、浙江农林大学黄坚钦研发的“浙江山核桃生态栽培技术”等取得重要进展，均获省部级科学技术奖二等奖，推动了经济林“产业发展生态化”和“高产、优质、高效、生态、安全”基本目标的实现。

经济林优质高产栽培理论基础不断完善。阐明了油茶、梨、锥栗、枣、苹果、杏、扁桃、柚等重要经济树种的雌雄配子体发育生物学基础。谭晓风解析了梨自交不亲和性机理，确定了以中国砂梨为主的116个主栽品种的S基因型，突破了长期困扰我国梨自交不亲和性的重大科学技术瓶颈，从根本上解决了我国梨授粉品种优化配置和杂交育种亲本选择的技术难题。探明了油茶自交败育的根本原因是其存在自交不亲和性，并明确油茶为后期自交不亲和性（LSI）植物，探明了油茶开花授粉期营养物质代谢变化规律，明确了不同营养元素和生长调节剂调控坐果的方法，解决了我国油茶坐果率低的重大科学技术问题。袁德义探索了栗雌雄花性别分化机制，研究了影响栗花性别分化的主要功能成分，发现赤霉素和细胞分裂素是影响栗花性别分化的关键激素，找到了影响锥栗花性别分化的部分关键基因，突破了长期困扰我国栗雌雄花比例失调的重大技术难题，通过化学调控，可实现栗雌花比例成倍提高。同时，在主要经济林树种营养元素代谢与利用研究、光合生理特性研究、嫁接亲和性研究、抗旱抗寒生理研究等应用基础领域取得了较大进展，为花果管理、土壤管理和树体管理提供了应用基础。

4. 经济林产品加工利用与装备技术研究

经济林产品加工利用是经济林长期的重点研究领域，中国林科院、中南林业科技大学等单位自“六五”以来，在木本粮油、特色干果、森林食品等主要经济林产品的贮藏、品质形成与保持、商品化处理、深加工技术等方面取得了一批研究成果，使经济林产品加工利用形成了较为完善的理论和技术体系。

近年来，随着经济林产业的发展，经济林产品加工利用研究取得了明显进步。在油茶、仁用杏、核桃、板栗、锥栗等经济林产品原料的特性和加工适应性方面开展了较广泛的研究，取得了大量基础数据和材料，获批一批新资源食品，如杜仲籽油（2009 年）、茶叶籽油（2009 年）、翅果油（2011 年）、牡丹籽油（2011 年）、美藤果油（2013 年）、盐肤木果油（2013 年）、长柄扁桃油（2013 年）、光皮梾木果油（2013 年）等。

针对经济林产品绿色安全高效加工环节中存在的关键技术问题开展了多方面研究，解决了油茶、核桃、栗、枣、油桐、猕猴桃等品质形成和品质控制、采后工业化处理、质量安全监控、节能高效安全加工、副产物精深加工等技术问题。加工技术不断创新，形成了精品食用油、化妆品用油和调味油生产技术，并应用于数十个企业。低温冷压冷提木本油脂技术已在行业普遍推广，湖南大三湘公司利用该技术制备的原香茶油获 2016 年国家科技进步二等奖。质量标准制修订工作步伐明显加快，如木本油料、油脂的国家标准有 40 项左右，近期有望得到实施。

开展了在经济林产品加工副产物绿色高效利用技术等方面的研究。加工剩余物的多层次增值利用技术不断涌现，如微波辅助乙醇沉淀法制备油茶籽多糖新技术、生物酶解－醇提法从油茶籽粕制备茶皂素新技术等。中南林业科技大学等单位在油茶副产物综合利用集成与示范上取得重要进展，从茶油加工剩余物筛选出应用于饲料和肥料的复合发酵剂，建成综合利用生产示范线，生产茶粕有机肥和有机无机复合肥、饲料抗氧剂、高纯度茶皂素及油茶多肽等多样化产品。

针对经济林果实采摘困难、劳动强度大、人工成本高的难题，油茶和核桃等果实采摘机械、果实脱壳机械，已研发试用于生产。针对去皮、脱籽、干燥等重点环节，展开采后生理、处理技术和装备的研究与开发，在油茶、核桃等木本油料已研发出可用于生产的机械装备。

三、本学科与国外同类学科比较

经济林作为一门应用性基础学科，在解决环境、生态、生存等人类很多重大问题上具有重要作用，日益受到学术界的高度重视。近年来，各国尤其是发展中国家（如亚洲和非洲国家）对非木质林产品生产和科研非常重视，相继成立了相关的研究单位、管理部门，各国之间的学术交流也日趋活跃。当前，各国的经济林研究多数由林业研究院所和各大学承担，且多从事某个经济树种或某类经济树种的研究。一些分布范围较窄的树种基本上都在分布国进行研究，如油橄榄主要集中在地中海沿岸的国家研究，油棕主要集中在东南亚各国，油茶则集中在中国研究。另一些树种如板栗、核桃等在世界许多国家均有分布，这类树种在各国均有系统研究，而且研究水平比较高，但各国研究水平相对不均衡。热带雨林中存在丰富的经济树种资源，但是由于多存在于发展中国家，许多经济树种资源还处于野生或半野生状态，没有得到系统研究。国际上的经济林主要研究领域包括以下五个方面。

1. 经济林分子生物学

马来西亚完成了油棕、橡胶树的全基因组测序与解析，并与卡塔尔共同完成了海枣（枣椰树）的全基因组测序与解析；美国完成了核桃和番木瓜的全基因组测序与解析；法国完成了咖啡和可可树的全基因组测序与解析；日本和巴西完成了麻风树的全基因组测序与解析；英国完成了白蜡树的全基因组测序与解析。意大利完成了油橄榄的叶绿体基因组测序与解析；泰国完成了油棕和巴西橡胶的叶绿体基因组测序与解析；美国完成了板栗和甜橙的叶绿体基因组测序与解析；日本完成了砂梨的叶绿体基因组测序与解析；印度完成了麻风树的叶绿体基因组测序与解析；沙特阿拉伯完成了枣椰树的叶绿体基因组和线粒体基因组的测序与解析；美国完成了银杏的线粒体基因组的测序与解析；爱尔兰完成了番木瓜的线粒体基因组测序与解析。

围绕主要经济树种开展遗传改良研究，特别是对板栗、核桃（包括山核桃）、枣、扁桃、柿、油橄榄、油棕、油茶、银杏等的研究较多，一些经济树种的分子育种和细胞育种工作有一定进展。近几年，国际上多集中研究分子水平的种质资源评价，如利用螺母表型和 SSR 标记识别中国主要核桃品种，某些功能基因的克隆、分析与遗传转化等，如核桃 jrVTE1 基因分子克隆和异源表达研究、酸枣干旱胁迫脱落酸相关基因研究；在转录组、代谢组、蛋白质组的基础上解释生理生化过程，从分子层面研究经济林树种的抗逆性等，如核桃抗炭疽病基因的研究、枣疯病植原体感染枣的比较转录组分析研究；由某种经济林树种的基因组来指导其他树种的相关生理生化过程的研究，如枣树基因组为果树基因组进化和甜味 / 酸味的驯化提供了研究的新视角。

2. 经济林栽培生理

近几年，国际上的研究主要集中在抗逆性的生理生化反应，如核桃树耐冻性的生理建模研究；光合呼吸作用研究，如植物覆盖类型对枣园土壤水分收支和树木光合作用的影响；蒸腾作用研究，如使用贝叶斯分析旱作枣蒸腾作用；矿质元素的吸收、运输、分配过程研究，如油茶对铝的吸收过程研究；某些活性物质、酶类、营养成分的作用及变化研究，如多酚氧化酶在核桃次生代谢和细胞死亡调控中的新作用研究；不同枣品种生物活性物质含量及抗氧化活性定量评价研究，如枣成熟过程中糖、三萜酸、核苷、碱基含量的变化研究；组织培养等过程研究，如在雾室优化条件下黑核桃组织不定根的诱导研究。

3. 经济林栽培技术

对一些主要经济树种开展了树体管理、土壤管理、水分管理、营养和生殖生长调节、生态化综合管理、农林复合经营、病虫害防治管理等方面研究，取得了较大进展，特别是在矮化密植、土壤耕作、覆盖、配方施肥技术体系方面取得了实质性的突破，这些技术体系在经济林栽培上已经相当完善和系统，并形成了规范化、标准化、制度化。果园机械化是在果树栽培管理及果品生产各项作业（包括土壤耕作、苗木培育、移栽嫁接、果树施肥、树体修剪、灌溉、病虫害防治、中耕除草、果品收获等）中用机械代替人力操作的过程，这方面国外做的比较好，如研制出了橄榄园修剪系统、矮化密植红枣收获机、核桃采摘机、果树疏花疏果机、山地果实传输带等。

4. 经济林采后储藏技术

初级产品的采后储藏技术一直是研究的热点。如开展了从壳聚糖着手控制枣果采后霉变的研究，品种和干燥方法对冬枣果实化学成分、抗氧化能力和感官品质的影响研究，紫外光辐照结合壳聚糖涂膜对常温保存枣的影响研究，β－氨基丁酸浸泡对冬枣采后果实抵抗黑斑病的研究，造成巴基斯坦枣果实采后腐烂病菌的研究。

5. 经济林精深加工利用

世界各国对主要经济林树种的资源分布、主要化学成分、经济用途、生产技术研究较透彻，并从原来尚未开发的野生或栽培的经济树种中发现了一些新的化学成分和新的经济用途。目前，在果实加工过程中已经实现对果实的充分利用及一些附属组织的加工利用，如利用油茶壳作为工业原料生产酒精等产品。同时，对加工产品的营养成分、质量进行了分析和评价以及分析方法的创新，如利用高效液相色谱法测定核桃叶黄酮和胡桃醌。

四、展望与对策

（一）重点领域及发展方向

1. 经济林应用基础与前沿技术领域

以激发原始创新活力为导向，围绕解析重要经济林树种分子遗传特性、开花特性与坐果能力提升的调控机制，开展主要经济林树种基因组、转录组、蛋白质组和代谢组的解析，经济林树种花芽分化、授粉受精及性别分化的机制与调控，自交不亲和性机制与调控的研究。围绕主要经济林树种产量和品质提升的重要问题，开展主要经济林树种的果实发育特性（含落花落果）及调控，木本油脂合成代谢机制与调控，木本淀粉及糖类的合成代谢机制与调控，木本饮料重要成分的合成代谢途径及其调控，主要经济林树种染色体倍性形成演化与产量品质关系研究，主要经济林树种光合产物运输、分配与调控以及果实采后生理及品质形成机理的研究，解析特色经济林树种果实与种子发育特性与产量、品质提升的调控机理。围绕经济林林地土壤瘠薄、营养供应不稳和生境不协调等基础科学问题，开展主要经济林树种生物固氮特性与机制，营养特性、土壤矿质营养平衡与调控以及对各种不良环境胁迫适应性机制的研究，解析特色经济林树种根系生物学特性及根际生态环境适应改良的机制，为特色经济林优质高效栽培的制定提供科学理论依据。

2. 经济林种质创新技术与良种化工程领域

重点以经济林高效育种技术体系建立及新品种创制为核心目标，收集、保存、研究、评价特色经济林树种的种质资源，研究开发系列实用分子标记和基因芯片，构建核心种质群体、遗传作图群体和分子遗传图谱，对重要基因进行定位、克隆和功能研究，完善经济林的常规育种体系，构建品种区域化测试技术平台，进一步完善常规育种体系，建立经济林树种的分子标记辅助育种体系、转基因育种体系、细胞工程育种体系和分子标记、基因芯片检测技术体系。研究主要经济林树种重要经济性状的变异、遗传控制模式，研究亲本选配、聚合多性状种质创制，培育优质大果、早实丰产及成熟期、株型、果实均匀度等适应于机械化作业的经济林新品种。开展新品种区域化试验，研发新品种标准化和区域化测试体系，建立经济林优质高产试验示范基地。

3. 经济林机械化、轻简化高效栽培技术领域

重点开展优质丰产高效生态、机械和轻简化栽培技术体系研究，特色经济林优质高效栽培技术研究，特色经济林品种配置、花果管理和树体调控技术研究，重点区域特色经济林生态工程造林与生态化综合管理技术研究，特色经济林营养诊断、精准施肥、节水灌溉和水肥一体化技术研究，特色经济林低产低效原因及综合改造配套技术研究，构建特色经济林优质高效栽培技术体系，并进行集成与示范推广。

4. 经济林高值化综合利用领域

针对经济林种实采后加工、品质评价与综合利用对产业链带动的重大技术需求，以经济林深加工产品增值增效为目标，研究集约化采集和预处理加工技术，研究种实及加工产品贮藏流通过程中物化品质变化途径与控制技术，建立快速监测和鉴伪的品质评价技术体系。研究特色经济林油品及加工剩余物综合利用节能型清洁生产控制技术，开发生物转化技术，解决特色经济林油脂、淀粉、蛋白、多酚和多糖等生物活性物高效富集与高附加值产品应用，通过中试实现对其采后加工性能和经济效益的综合评价，构建特色经济林产品的增值加工技术体系，延伸产业链，增加经济林产业附加值，进一步提高经济效益。

（二）对策建议

1. 建设思路

以区域经济社会发展和市场需求为导向，以生态文明建设和实现“两个一百年”目标为契机，以实现经济林综合效益最大化为目标，构建完善经济林科技创新体系、人才培养体系、产业支撑体系和学术交流平台，充分发挥经济林学科在科学研究、人才培养和社会服务方面的功能，将经济林学科建设成为世界知名、国内一流的学科。

2. 重点任务

（1）经济林科技创新体系建设。加强创新平台建设，统筹建立国家级、省部级经济林重点实验室和技术创新中心、永久性经济林试验基地和地市级经济林研发中心，建立从中央到地方的经济林科技推广体系，提升经济林完成重大科技创新任务的能力，加快科学研究与产业需求的精准对接，促进自主创新和科技成果转化。明确学科发展方向和目标，建立长期的经济林发展研究计划，加强经济林遗传改良、资源培育、生态经营、机械作业、精深加工、综合利用、贮藏保鲜和前沿基础等方面研究，在经济林种质创制与良种化工程技术、经济林集约高效产业化培育技术、经济林生态经营模式与技术、经济林自然灾害综合防控技术、经济林产品精深加工和资源高值化利用技术、经济林产业机械装备技术等方向上整体实力达到国内领先、国际一流水平，全面提升经济林科技水平和对产业的支撑能力。

（2）经济林人才培养体系建设。以学科平台为载体，聚集经济林优秀科技人才，创造优良的工作条件和工作环境，培养一支在国内外经济林领域具有影响力的高水平创新团队，整体实力达到国际一流水平。充分发挥大专院校、研究院所在人才培养中的主体作用，加大经济林学科研究生特别是博士研究生培养力度，培养出既掌握传统经济林栽培利用技术、又掌握现代生物技术、符合现代林业建设需要的拔尖创新型和复合应用型人才。发布经济林学科目录（包括人社部专业目录、职业目录、招生目录等）和恢复经济林专业，从根本上解决限制经济林人才培养的障碍。

（3）经济林产业支撑体系建设。面对我国经济林产业一系列发展难题和技术“瓶颈”，《关于加快特色经济林产业发展的意见》明确将建立健全科技支撑体系作为实现经济林发展目标的主要抓手，提升企业自主创新能力和产业升级转型科技支撑能力。建立全国性经济林产业协同创新中心和产业技术创新战略联盟，设立经济林产业专家岗位体系，加大经济林品种选育、规模集约经营、高效生态经营、林下种养业、林地机械作业、茶油精深加工等产业化技术开发与推广应用力度，促进经济林产业关联密切的多学科共同发展。积极推进产业化和规模化经营，努力打造经济林现代产业，建成一批经济林产业示范基地和模式样板，大幅度提升农民收入、企业效益和生态服务功能。树立经济林“产业发展生态化”理念，积极探索生态经济林生态补偿机制，努力增强经济林生态服务功能，提高经济林综合效益和可持续经营能力。建立经济林标志产品国家认证体系，扩大经济林认证产品的市场认可度和国际竞争力。

（4）经济林学术交流平台建设。经济林学科内和学科外的国内外交流不足，主要交流平台是中国林学会经济林分会每年召开的全国性学术会议，国际交流主要通过参加相关学科的国际学术会议。因此，在继续发挥好经济林学会在学术交流中的主体作用的同时，积极探讨国际交流与合作途径，努力创建经济林国际科技合作研发平台，与国外共同建立经济林树种基因组解析国际联合实验室，联合申报国际合作项目。建立国际访问学者培养基地，互派访问学者和留学生，联合培养优秀青年创新人才。举办国际学术会议，创办经济林学科英文学术刊物等，促进经济林学科国际化。

参考文献

[1] Leng P，Yuan B，Guo Y. The Role of Abscisic Acid in Fruit Ripening and Responses to Abiotic Stress [J]. Journal of Experimental Botany，2014，65（16）：4577.

[2] J Li，D Sun，J Cheng. Recent Advances in Nondestructive Analytical Techniques for Determining the Total Soluble Solids in Fruits：A Review [J]. Comprehensive Reviews in Food Science & Food Safety，2016，15（5）：897–911.

[3] I Hiroyoshi，MF Minamikawa，KK Hiromi，et al. Genomics–assisted Breeding in Fruit Trees [J]. Breeding Science，2016，66（1）：100–115.

[4] T Forge，G Neilsen，D Neilsen. Organically Acceptable Practices to Improve Replant Success of Temperate Tree–fruit crops [J]. Scientia Horticulturae，2016（200）：205–214.

[5] Andrew M.Hammermeister. Organic Weed Management in Perennial Fruits [J]. Scientia Horticulturae, 2016（208）28–42.

[6] MH Arseneault，JA Cline. A Review of Apple Preharvest Fruit Drop and Practices for Horticultural Management [J]. Scientia Horticulturae，2016（211）：40–52.

[7] RRB Leakey，AJ Simons. The Domestication and Commercialization of Indigenous Trees in Agroforestry for the Alleviation of Poverty [J]. Agroforestry Systems，2017，38（1–3）：57–63.

[8] G Montanaro，C Xiloyannis，V Nuzzo，et al.Orchard Management，Soil Organic Carbon and Ecosystem Services in Mediterranean Fruit Tree Crops [J]. Scientia Horticulturae，2017（217）：92–101.

[9] MF Basso，TVM Fajardo，P Saldarelli，et al. KarinShank. Grapevine virus Diseases：economic impact and current advances in viral prospection and management [J]. Rev.bras.frutic，2017，39（1）：1–22.

[10] 胡芳名，谭晓风，裴东，等. 我国经济林学科进展 [J]. 经济林研究，2010，28（1）：1–8.

[11] 杨延青，卢桂宾，刘和，等. 经济林水分生理研究综述 [J]. 安徽农业科学，2012，40（10）：5992–5993.

[12] 徐湘江，薛秋生，李宏秋. 我国经济林产业发展现状与趋势 [J]. 中国林副特产，2013（3）：102–104.

[13] 张亮，刘鹏，张亚娟. 荒漠化地区生态经济林效益研究综述 [J]. 中国农学通报，2013，29（14）：1–6.

[14] 任俊杰，赵爽，齐国辉，等. 经济林霜冻害表现及生理生化机制研究进展 [J]. 河北林果研究，2014，29（2）：160–163.

[15] 袁军，谭晓风，袁德义，等. 林下经济与经济林产业的发展［J］. 经济林研究，2015，33（2）：163–166.
[16] 尹蓉，张倩茹，江佰阳. 盐碱地经济林栽培研究及展望［J］. 林业科技通讯，2017（10）：66–68.

撰稿人：谭晓风　李建安　袁德义　钟海雁　王　森　张　琳

森林土壤

一、引言

（一）学科概述

森林土壤是林木生长发育的物质基础，林木积累光合产物形成生物量所需养分和水分主要依赖森林土壤的供应。如按森林土壤是森林植被下发育的各类土壤总称的广义概念，除冻原、沼泽、草原和荒漠外，地球陆地面积中约有一半的土壤属于森林土壤。当然，目前并没有这么多的土壤来支持森林的发育。由于人口增加、土地开发以及城市化进程，目前仍覆盖着森林的土壤仅占世界陆地总面积的30%左右，约3800万平方千米。随着社会经济发展、人口增长和人类生活水平的提高，森林土壤退化和减少的现实与人类对木材和其他林产品的需求的增长之间产生了尖锐矛盾。开展我国森林土壤研究，合理利用有限的森林土壤资源，维护和提高森林土壤生产力，是缓解这一矛盾的关键。

森林土壤学是林学和土壤学的交叉学科，是以土壤科学先进的理论知识和技术手段研究森林土壤形成、分布、性质变化及其与林木生长之间的关系，解决林业生产及不良立地条件下森林植被恢复中的实际问题，维护土壤功能，提高森林土壤生产力的一门应用基础科学。当前气候变暖和氮沉降引起的全球环境变化问题受到社会的普遍关注，相关研究如森林生态系统生物多样性、森林生产力的响应及其机理已成为全球资源环境领域的热点。森林土壤是森林生态系统结构的重要组成成分，在一定程度上影响并制约森林生态系统服务功能的演变。因此，对全球变化的响应及其机制的研究极大地推动了森林土壤学科的发展。

近年来，森林土壤学科在理论研究和森林经营生产实践中取得了较大进展。从以往宏观的认识土壤发生、分类及一些基本的理化性质，发展到从微观分子领域揭示森林土壤的有机碳和养分循环；从研究森林土壤的组成结构及其功能的关系，发展到合理利用森林土壤资源因地制宜地选择造林树种；从认识土壤微生物，发展到利用根瘤菌和菌根技术指导营林生产；从研究森林土壤有机碳，发展到森林土壤对气候变化的响应等。这些发展对维护森林土壤生产力、防治森林土壤退化以及提高森林土壤生态服务功能有重要意义。森林土壤学科研究领域同时也正向着纵深方向和交叉学科方向发展，物理学和数学进入森林土壤学科，引发了森林土壤学科的数字化和信息化革命，森林土壤学科研究呈现模式化趋势；化学、生物化学和生物学发展，增强了森林土壤学科解决林业生产实际问题的综合能力。

（二）学科发展历程

1954 年，中国林业科学研究院林业研究所和中国科学院林业土壤研究所成立了森林土壤学科，并在广大森林土壤工作者的共同努力下取得了显著进展：揭示了我国森林土壤资源的分布；开展了森林土壤分类系统研究；阐明了我国主要造林树种杉木、杨树、马尾松、桉树等人工林地力衰退的原因机理及对策；进行了森林土壤分析方法标准化及森林土壤标准物质的研究。同时，在森林土壤污染及其防治技术、森林土壤碳储量、森林土壤利用对全球气候变化影响等方面也取得了一系列进展。这些研究初步揭示了森林与土壤之间的相互作用规律，为我国森林土壤资源的保护和合理利用、森林土壤管理及其生产力提升提供了科学依据。然而，由于森林土壤成土因素巨大的空间异质性、土壤生物地球化学循环和成土过程的复杂性以及取样分析过程中人为因素的影响，使得人们对森林土壤的认识还比较肤浅。此外，由于人为活动对土壤自然生态过程的干扰以及全球环境变化对土壤过程影响程度的加剧，准确预测森林土壤质量的演变还难于满足当前社会发展的需求。

二、现状与进展

1. 森林土壤资源分布

为查明我国森林土壤资源性质与分布，我国老一辈森林土壤科学工作者先后对东北、内蒙古林区，西南高山林区，东南低山、丘陵林区，西北高山林区和热带林区的土壤形成条件、森林土壤性质以及土壤类型分布规律做了大量的调查研究，基本查明了我国森林土壤资源的分布状况，了解了典型森林植被类型下的土壤性质。如张万儒等编著的《中国森林土壤》对我国主要天然林区森林土壤分布、土壤性质以及森林与土壤的相互关系等进行了详细论述。此外，我国森林土壤工作者还针对不同地带的典型土壤类型进行了定位和半定位研究。先后对西双版纳热带森林下的砖红壤，四川西部米亚罗林区岷江冷杉林下的山地棕色暗针叶林土，湖南会同林区杉木人工林下红黄壤，卧龙自然保护区垂直分布的森林土壤，大兴安岭兴安落叶松林下的棕色针叶林土，小兴安岭红松针阔叶混交林下的暗棕壤，长白山保护区垂直分布的森林土壤，章古台樟子松林下的风沙土，祁连山青海云杉林下的山地灰褐色森林土壤，秦岭常绿、落叶阔叶林下的山地黄棕壤，江西大岗山一代、二代杉木林及其与阔叶树混交林、马尾松、毛竹林下的红壤，江西九连山常绿阔叶林下的黄壤，广东鼎湖山季风常绿阔叶林下的砖红壤性红壤，海南岛尖峰岭热带雨林下的褐色砖红壤等进行了生态定位研究，所获研究数据为合理利用森林土壤资源、提高林地生产力提供了科学依据。

2. 森林立地分类及质量评价

立地分类与评价是掌握森林生长发育空间格局的关键，是实现科学育林的基础。随着我国森林经营集约程度的提高，迫切需要解决适地适树以及因地制宜的林业实践管理问题。为提高森林生产力、减少恢复和扩大森林资源的盲目性，林业工作者在东北山地林区、华北中原平原区、南方丘陵山区、长江中上游林区、太行山林区、三北防护林地区进行了广泛和深入的森林立地研究工作，累积了大量资料，提出了森林立地分类、质量评价，并把森林立地应用到林业重点工程建设中。森林立地分类的研究为建立我国森林立地分类系统和制订适地适树、适灌和适草以及森林经营方案提供了可靠的科学依据和有价值的适用技术。

3. 人工林土壤质量退化与恢复

我国人工林发展迅速，然而长期以来，由于未能合理地利用森林土壤资源，导致土壤质量退化严重。通过一系列研究，揭示了我国杉木、落叶松等针叶树种土壤质量下降的原因与机理；揭示了桉树等速生阔叶树种土壤质量下降的原因与机理；发现人工林土壤有机质的量和质下降，引起土壤理化性质恶化、生物学活性下降，是制约林木生长的关键因子，是导致我国人工林单位面积林木蓄积量远低于相似立地条件的国外林业发达国家林木蓄积量的重要原因。利用土壤生物化学的理论知识，发现山杏重茬育苗难以成活与重茬土壤中游离氨基酸和酸解氨基酸的种类减少、含量下降密切相关，也与重茬土壤中多种糖类物质如五碳糖、六碳糖的含量下降密切相关。在退化机理研究基础，找出了维护和恢复森林土壤功能的综合技术途径——发展混交林可有效防治人工林土壤质量下降；微生物肥料可有效提高土壤肥力，改良土壤理化性质，提高土壤的生物学活性及抗逆性能，从而提高用材林生长量，改善经济林的产量和果实品质。

4. 林木施肥与生物肥料

我国森林土壤施肥试验研究始于20世纪60年代。针对人工杉木林，李昌华在湖南会同杉木中心产区开展了氮磷钾土壤施肥试验研究。20世纪80年代，我国对主要造林树种如杉木、杨树、桉树、马尾松、湿地松等进行了施肥试验研究。“九五”期间，对桉树、马尾松和杨树等树种施肥的持续性和营养诊断标准进行了初步研究，开展了合理配方施肥技术，取得了一些颇有价值的成果。如将营养诊断和配方施肥技术应用到桉树人工林管理中，可增加桉树人工林产量20%以上。在肥料试验研究方法上也有一定进展，如在地形复杂的山区采用无对照区的肥效估计法；利用树干解析曲线比较施肥前后的生长状况，进而估计施肥效果；运用协方差分析方法处理试验数据，以消除各试验小区林木起始生长不

一致的问题。

我国微生物肥料研究与应用始于豆科植物根瘤菌。20 世纪 50 年代，我国从苏联引进自生固氮菌、磷细菌和硅酸盐细菌菌剂；50~60 年代，我国推广应用放线菌制成“5406”抗生菌肥和固氮蓝藻肥；70~80 年代，开始研究菌根真菌；90 年代中期，又相继应用联合固氮菌、溶磷菌和生物钾肥。这些微生物肥料都是通过其中所含微生物和活化氮、磷、钾等营养成分增加植物养分的供应量或产生植物生长刺激素促进植物生长，达到提高土壤肥力和改善农林产品品质及农林业生态环境的目的。由于生物小循环驱动森林生态系统物流和能流，微生物肥料在提高森林土壤质量方面的研究受到越来越多森林土壤学者的关注。

5. 森林土壤碳氮过程

开展我国主要气候带的主要森林类型的森林碳储量和碳含量研究，通过野外样地实测获得了大量的不同森林类型的土壤碳的基础数据，为准确估算我国主要气候带的主要森林类型碳储量特征奠定了基础。此外，森林土壤碳固持速率和固碳潜力相关的关键科学问题也受到广泛关注，在不同林分类型、不同树种及不同经营技术措施对土壤碳固持的影响研究方面取得明显进展。近年来，国家自然科学基金资助了大批森林土壤有机碳及其转化机制研究的科研项目，如常绿阔叶林土壤碳库结构成分的演替动态，亚热带森林土壤甲烷生产特性及其对表观通量的调控，半干旱区沙地樟子松人工林凋落物混合分解与光降解效应，城市林业土壤黑碳累积机理、稳定性及生态效应，不同杨农复合经营模式土壤溶解性有机碳的动态及行为，不同土地利用方式对亚热带森林土壤碳库构成及 CO_2 通量的影响，竹质生物炭对森林土壤碳汇及其微生态环境的影响，亚热带森林土壤黑碳含量及稳定性研究，N 有效性对中亚热带森林凋落物分解的作用及影响机制等。

在影响森林土壤碳库变化的诸多要素中，氮含量及其形态逐渐引起广泛关注。自 2003 年，模拟氮沉降对森林生态系统影响的野外控制实验在我国温带、亚热带和热带森林逐渐开展。初步发现氮沉降可能驱使成熟森林土壤有机碳的积累，在调控森林土壤主要温室气体平衡中占重要地位，并在氮沉降对土壤性质、土壤微生物多样性、林分群落结构及林地枯落物分解速率的影响研究方面取得明显进展。在国家自然科学基金的资助下，相继开展了氮沉降增加条件下亚热带人工林土壤固碳过程与机制研究，杉木林下植物 – 土壤微生物功能群相互联系对氮沉降的响应与适应，亚热带森林土壤可溶性有机氮特性及氮沉降的影响，N 有效性对中亚热带森林凋落物分解的作用及影响机制，氮沉降增加条件下土壤物理结构与生物相互作用及其对土壤有机碳稳定性的影响，森林土壤有机碳稳定性对外源氮输入的响应：有机 – 矿质 – 微生物交互作用、土壤微生物活性对于氮沉降响应的机理性研究，模拟氮沉降对桂西南喀斯特次生林土壤 N_2O 排放的影响及其微生物机制等研究。

已开展的模拟气候变化和氮沉降对不同类型森林土壤碳储量、碳氮过程和固碳潜力影响的实验，为模型模拟预测提供了关键技术参数。但是，上述研究尚处于起步阶段，并且土壤碳的截获与沉积是相对长期的过程，受多种生物和非生物多因子的控制，驱动机制及调控机理较为复杂。因此，还需进一步的长期深入研究。

三、本学科与国外同类学科比较

国外森林土壤研究热点是土壤碳平衡与大气二氧化碳浓度升高、土壤氮循环与大气氮沉降、土壤生物多样性和植被对全球变化的影响以及森林土壤污染问题。由于世界范围内天然林面积逐渐缩小，人工林面积逐渐增大，集约经营导致人工林土壤立地质量普遍退化，加之森林土壤污染问题日益加重，如何维持森林土壤生态安全、更好地为林业生产以及生态环境建设做出贡献是森林土壤工作者奋斗的目标。

1. 森林土壤碳平衡与大气二氧化碳浓度升高

森林土壤中碳氮分布格局与循环是生态系统物质循环和能量交换的关键。在森林和土壤碳氮循环过程及其特征研究方面，目前国内外关注比较多的问题是森林土壤与植被之间的互动机制、森林植被发育或演替过程中土壤碳氮过程的分异机理。对增加土壤碳固持的研究表明，促进凋落物转化为腐殖质，使其在矿质土壤中受到物理或化学保护是最佳策略。针对森林土壤具有强大的固碳功能，在注重有机碳数量的同时，国外更关注有机碳的质量研究，如通过物理和化学方法研究活性有机碳和惰性有机碳以及敏感性有机碳的变化、利用红外光谱和核磁共振手段研究不同林分土壤的碳结构。在全球气候变暖背景下，土壤有机碳分解的温度敏感性以及激发效应成为未来的研究前沿。Davidson 等在 *Nature* 上撰文指出，土壤有机质组分稳定性和受保护程度的差异是影响温度敏感性的主要因素，由于碳循环对温度的敏感性具有很大的不确定性，限制了预测未来气候变化背景下的碳循环准确性和可靠性。

大气二氧化碳浓度增加后，森林植物根系在形态、结构以及质量上将发生变化，如根系的快速生长、光合同化率的升高及向地下部分的分配增多，细根的碳氧比率增加使得碳源向根际释放大量可利用的碳，从而对根与微生物的共生关系产生影响。同时，林木凋落物生化特性如碳氧化、木质素/氮比的变化也会改变土壤微生物群落的组成和活性。因而，大气二氧化碳浓度的上升—植物地上、地下部分生物量分配策略的改变—土壤根系和土壤生物活动的改变—植物群落结构的变化，这一变化途径越来越引起人们的重视。

中国森林土壤碳循环及其环境效应研究已经从早期的跟踪国际热点发展到与国际发展趋势并行阶段。国内外生态学家和土壤学家对森林土壤碳储量及碳过程极为关注，针对不同地区不同森林类型的土壤碳储量、土壤呼吸、土壤碳稳定性、经营措施以及气候变化对土壤碳过程的影响开展了大量研究。我国森林类型跨越热带至寒温带、湿润至干旱和半干旱气候区，植被和土壤类型多样，这种空间上环境和生物要素方面的异质性导致土壤有机碳积累过程和固持潜力呈现区域差异。因此，需要通过开展大型野外控制实验，研究特定环境中土壤固碳关键过程与多因子驱动机制及其相应贡献。近年来，我国在西双版纳热带雨林、哀牢山亚热带森林、东灵山温带森林、河南宝天曼暖温带天然次生林和广西亚热带人工林陆续开展了土壤增温与降水控制的长期定位监测，以期深入揭示区域气候变暖情景下森林土壤有机质的动态响应及其调控机理。

2. 森林土壤氮循环与大气氮沉降

氮通过气体或溶解状态进入和离开陆地生态系统，是生物地球化学领域中最复杂的元素循环之一。氮元素不足会导致大气二氧化碳浓度加速上升，而过量的氮淋溶可能造成水体的富营养化。理解和阐明土壤氮的循环过程与机制，对正确解释和调控森林中氮及其养分循环、科学管理森林有十分重要的意义。土壤氮的矿化 – 固持过程与森林氮有效性、养分利用效率和生产力存在密切关系，与群落演替、植物多样性、生态系统健康状况等存在反馈关系。森林生态系统碳、氮平衡状况对氮的生物地球化学循环起着非常重要的调节作用，也是解释森林生态环境容量和环境效应的关键。

植物每吸收一定量的氮素，就要消耗一定量的碳，而这些碳如果不用于根系，就可以被分配到地上部分去进行光合作用以固定更多的碳。因此，植物存在着优化分配地上、地下碳量的问题，究竟氮素如何影响这一分配是生态学家近年来关注的一个主要问题。通过施肥和固氮植物增加氮输入是刺激腐殖化过程的可行途径，氮添加可通过化学反应结合酶抑制形成更稳定的腐殖质；还可通过补充微生物氮需求、降低土壤呼吸，增加土壤有机碳含量，这种影响与氮形态有关。因此，氮素对这些地下过程的影响是至关重要的，也是亟待解决的科学问题。

大气氮沉降对土壤氮库的影响比较复杂。一方面，氮增加及随之而来的硝化进程加速会提高土壤氮素的活动性，促使硝态氮流失，使土壤氮库减小；另一方面，有效氮的增加会抑制木质素分解酶的产生，并且硝态氮和氨态氮都可能与木质素或酚类化合物结合形成不易分解的稳定化合物，降低氮分解释放速率，从而提高土壤氮蓄积。总的来说，氮素状态变化过程具有随时间变化而表现出非线性的特点，既有起初的施肥效应，后续又有对植被功能与生长产生负面影响的特点。因此，森林土壤氮转化研究不仅关注生态系统中的养分利用、土壤森林生产力的提高，而且更多地强调氮转化过程对生态环境产生的后果。

国外从 19 世纪 50 年代就开展了氮沉降的研究，直到 20 世纪 70 年代，氮沉降研究还仅集中在欧洲和北美且研究点比较分散。1971 年在瑞典北部欧洲赤松林中开展的 SFONE（瑞典最适森林营养试验）是目前全球同类研究中持续时间最长的氮沉降试验。我国氮沉降研究开始于 20 世纪 90 年代末，定位研究开始于 2002 年，随着大量研究的开展，我国已经从早期的跟踪国际热点发展到与国际接轨，主要研究内容涉及氮沉降对碳转化和固碳过程与机制的研究、土壤微生物对氮沉降的响应、氮沉降对土壤氮转化的影响。

3. 森林土壤生物

森林土壤中丰富的有机物为动物和微生物的生存提供了充分的营养空间和生存场所，使得森林土壤生态系统较农田和草原生态系统有着更为丰富的生物多样性。这些土壤生物在森林枯落物分解以及有机碳和氮、磷的养分循环中发挥着重要作用，成为驱动土壤质量发生演变的动力。因此，国外注重森林土壤动物尤其是节肢动物、线虫在枯落物中的分解作用，重视土壤微生物在参与养分循环中的研究，尤其是把微生物多样性、酶活性与氮矿化、磷的生物有效性结合起来。土壤环境的复杂性阻碍了我们对土壤动物和微生物互作机制的直接测定，但碳氮同位素比例分析等新技术和新方法为我们深入探索土壤生物及其驱动养分循环过程成为可能。土壤食物网结构及土壤生物间的互作机制是土壤生物多样性与生态系统功能（如碳氮循环过程）关系的核心问题之一。土壤生物多样性及其维持机制、地下与地上部分的关联和相互作用及其对整个生态系统的影响，是现代生态学发展的趋势和前沿。

随着土壤生物学研究方法和手段尤其是分子生物学技术的不断提升，国外围绕土壤生物在森林土壤有机碳及养分周转、土壤环境污染和全球气候变化等重要问题，对土壤生物多样性特别是微生物多样性、生物群落结构及其功能的认识达到了前所未有的深度和高度。我国积极跟踪国际前沿，土壤生物学的研究内容已从传统的土壤微生物和动物区系调查深入到森林土壤微生物对氮沉降的响应及机理研究，注重运用分子生物学技术在土壤生物分类和多样性方面的研究，并开展了微生物资源收集、分类和应用方面的系统性研究。如开展了多种林分类型森林土壤微生物生物量及其变化规律与影响因素的研究；开展了多种林分森林土壤动物群落结构、多样性及其与森林土壤性质变化关系、林木生长关系研究，进展明显。此外，采用高通量测序技术分析森林土壤微生物的群落结构、微生物多样性，在此基础上，进一步研究了微生物时空变化、影响因素及其与土壤性质变化、林木生长的关系，该技术具有周期短、准确率高的特点，在微生物生态学的研究中显现出明显的优越性。当前，土壤有机质降解、土壤氮素转化过程以及生物多样性与功能的研究成为热点，并注重不同研究热点之间的交叉和融合。但这些研究还缺乏系统性和长期性，因此针对主要造林树种，利用现有先进的生物学技术手段研究土壤生物对森林土壤功能的影响，维护长期生产力，进而指导森林土壤经营管理将是一项长期任务。

4. 森林土壤污染问题

森林具有改善人类生存环境和减少污染物危害的功能，但当污染物超过一定限度时，森林本身的生存亦将成为问题。20 世纪 80 年代以来，关于森林土壤污染问题的报道急剧上升。对于森林树木死亡或生长受阻的现象，一部分人认为是酸雨引起的，另一部分人将此现象归因于大气中臭氧的污染，随后有关酸雨及臭氧的研究报道日益增多。还有一些学者从事重金属污染研究，如 Nakos 等通过对松针的化学分析，发现松林被损害是由铅、锌、硫和铁的严重污染所致，大部分的铅累积在土壤表层的腐殖质层内。

土壤重金属污染具有隐蔽性、长期性和后果严重性等特点，全球重金属污染仍呈恶化态势。随着技术进步及研究的深入，土壤金属污染与修复取得了显著进展。国际土壤重金属污染与修复研究的核心领域主要包括土壤重金属污染源解析、土壤重金属区域污染特征与风险、土壤重金属污染过程与机制、土壤重金属污染生态效应：污染土壤重金属修复及有效性，并针对以上五个核心领域热点问题开展了大量研究。国际森林土壤污染研究取得的主要成果包括从大气沉降和人类活动进行土壤重金属污染源解析、重金属在森林土壤中的迁移分布特征、利用同位素测定重金属在土壤和植物之间的迁移、利用重金属污染对生物群落及多样性的影响来揭示土壤重金属污染的生态效应、雨林植物对污染物的吸收。中国在重金属污染与修复领域的国际影响力不断上升，但研究成果的国际认可度尚有较大上升空间。中国重金属污染引起的农产品安全问题受到重视，而对林地污染的研究很少。我国第一次全国土壤污染状况调查研究表明，我国林地土壤污染超标率高达 10%，其中主要污染物为重金属砷、镉等。中国森林土壤重金属污染的主要研究成果包括森林土壤重污染来源方面的研究、森林土壤重金属污染特征及生态风险评价、绿化植物对污染物的吸滞与富集作用。

总体来说，国内的森林土壤学研究在近年来取得较快发展，近 10 年中国学者在国际刊物上发表的学术论文数量翻了 4 倍多，同时不断有一些高影响因子的杂志报道中国的研究进展。但国内的森林土壤学发展以跟踪研究为主，自主创新不足，论文的引用率较低。虽然国内在 20 世纪 60 年代便开始定位研究，但直到 21 世纪初才由 CERN 的几个野外站按照统一的指标体系系统开展定位研究，而且至今没有形成真正意义的数据共享，与北美的 LTSP 联网研究相比，国内的联网仍处于小范围的起步阶段，研究结果存在很强的区域局限。

四、展望与对策

（一）学科发展趋势

1. 森林土壤主要生物元素的格局与循环过程

林业是长周期生命系统，林木持续不断地从土壤中吸收大量的氮、磷、钾、钙、镁及微量元素，并在满足生长发育需要的同时，通过自身代谢将其中的一部分归还到土壤中，这就构成了森林生态系统的营养元素生物化学循环。天然林生态系统依靠自身的生物小循环维持有机碳和养分的平衡，而人工林的抚育、木材采伐或其他产品的收获过程必然从土壤中带走大量营养物质，因此，研究我国主要造林树种土壤养分循环的关键过程、养分调控与机理，为速生丰产林的培育提供养分管理的科学依据和适用技术，对维持林地长期生产力至关重要。土壤生物驱动的土壤有机养分矿化影响着养分的生物有效性，因此，森林土壤生物群落结构、功能和多样性的分布格局及其与土壤有机碳和养分循环的关系将成为森林土壤学科研究的重点之一。

2. 根系驱动的森林土壤生态过程与机理

根际是根的表面和贴近根的周围土层，由于植物根系活动的影响，该区域在物理、化学和生物学性质上明显不同于土体，从界面生态学角度也可称之为根 / 土界面。显然，研究根/土界面在生态过程的调节机理、根/土界面在大气-植被-土壤连同体中的功能、根土相互作用对环境变化的响应、根系动态对土壤碳氮转化的影响以及微生物群落的调控机理是极其重要的。另外，森林土壤性质变化与林木生长的关系主要是通过影响根系代谢活动进而影响林木生长，因此，研究林木根系生长发育状况与周转，特别是从分子生物学角度研究、分析根系代谢活动的变化和根际环境的物质组分，对于阐明森林土壤性质变化对林木生长以及林木的种间效应的影响、揭示人工林地力退化机理意义深远。

3. 森林土壤对全球环境变化的响应与适应

当前，森林土壤与全球气候变化关系的研究已经引起全球广泛关注，但全球气候变暖对森林土壤碳循环的影响是一个极为复杂和长期的生态学过程。森林土壤碳库是由植物-土壤-土壤微生物相互作用所组成的一个有机整体。目前有关气候变暖对森林土壤碳循环的影响研究主要集中在碳循环动态中的单一或几个过程，缺乏地上-地下碳循环过程对全球气候变暖响应的系统性研究，这极不利于全球陆地生态系统碳循环动态及系统性机理的研究，同时也增加了对全球变化背景下森林生态系统碳源/碳汇关系预测的不确定性。因此，通过地上-地下碳循环过程的耦合，加强森林生态系统土壤碳循环对全球变化响应的系统性研究是目前以及今后森林土壤科学研究的一个重要前沿领域。

4. 森林土壤健康与生态服务功能（水源涵养、生物多样性）

森林土壤是森林生态系统和陆地生态系统的主体，不仅承载着木材生产功能，而且还是陆地生态系统最大的碳库，同时在区域尺度发挥着涵养水源、天然氧吧等功能，是国家木材供应安全、区域生态安全的根本保障。森林土壤提供很多有益的或者优越的生态系统服务，包括土壤肥力、植物病原体和寄生虫的生物防治、有机物分解、养分循环以及水的过滤等，并且通过碳储量调节气候变化。针对土壤生物多样性的广泛服务，应注重森林土壤生态服务功能的评估。将森林土壤的服务性能和维护与地上生态系统的服务功能相结合，对维持和提高森林生态系统服务功能以及生态林经营管理的制定有重要意义。

5. 构建森林土壤学数字化、信息化以及模式化动态管理系统

动态、定位、长期地观测森林土壤质量演化及其与林木生长的关系，已是森林土壤学科研究工作进一步系统化的重要标志，也是该学科长期面临的重要任务。面对林业生产发展和生态环境的需求，森林土壤学科研究呈现出新的特点——研究领域向纵深方向、交叉学科方向发展。物理学、数学及计算机科学进入森林土壤学科，引发了当今森林土壤学的数字化和信息化革命，为我国主要林区建立森林土壤数字化、信息化及模式化数据库管理系统以及合理开发利用森林土壤资源提供了可靠的科学数据和适用技术。

（二）关键技术

1. 森林土壤质量评价及监测技术

由于人类活动干扰的强度和范围不断扩大，全球或区域环境变化的影响不断加剧，森林土壤质量总体呈现衰退趋势，特别是集约经营人工林土壤退化严重，导致森林的生态服务功能普遍下降，并且在不同程度上危及区域的生态安全。随着国家对森林经营管理的重视，一些基础性的土壤质量研究被提上日程。因此，利用当前最新技术手段筛选区域性的敏感性和重要性指标，对我国各生态类型区域开展森林土壤质量监测和评价，建立定位观测网络，搭建数据共享平台，为我国生态安全预警系统的建立提供数据支撑迫在眉睫。但森林土壤质量退化的原因和机制错综复杂，建立土壤质量分级标准以及构建评价系统、监测系统和预警系统是森林土壤学科未来相当长一段时间的工作重点。

2. 森林土壤长期生产力维持技术

普遍出现的森林土壤质量退化问题，催生了森林经营过程的长期生产力维持问题。实际上作为长周期生命系统，森林自身也需要土壤长期维持肥力。对于集约经营的人工林，土壤长期生产力维持的问题就更为突出。我国人工林面积逐渐增大，目前已超过 6900 万公顷。面对快速发展起来的人工林，由于经营技术水平不高，并且出现了生长量逐代大幅度下降的普遍现象。尽管已经开展了大量研究工作，但面对人工林土壤质量的严重退化，一些问题还是没有根本解决。因此，研究并建立人工林土壤长期生产力维持技术，以及相应的土壤质量评价指标体系，为退化森林土壤治理模式及配套技术措施的研制提供科学依据，这是森林土壤学当务之急。

3. 退化森林土壤恢复技术

森林土壤退化是一个非常综合和复杂的过程。天然林与人工林都存在地力下降问题，但集约经营人工林土壤肥力退化和生产力下降问题尤为突出。应针对不同区域存在的土壤退化问题，构建土壤质量恢复和生产力维持的关键技术。揭示各类森林类型土壤质量退化的成因与机制，研发土壤退化阻控和修复的关键技术体系，提高森林的土地生产力。例如，重建先锋群落、配置多层多种阔叶林、封山育林、透光抚育；修复矿区土壤，土壤沙化治理应遵循因地制宜的原则，宜林则林，宜草则草；充分利用自然降水，研发保水材料，强化土壤保蓄水功能的研究，推广抗旱保墒和节水灌溉技术；利用生物技术，改善森林凋落物环境，发展林下植被，促进森林土壤生态系统的良性生物小循环；通过向盐碱土壤中添加不同种类的有机物或有机物与无机物的混合物，有效降低土壤盐碱含量，改良土壤性质，提高造林成活率。

（三）战略思路与对策措施

1. 瞄准国家战略需求，确定学科发展定位

森林土壤学科的未来发展首先应该瞄准国家需求，紧跟林业发展“生态建设主导战略”和“科技引领新战略”，紧扣“支撑生态建设、引领产业升级、服务绿色发展”三大主题，以维护森林生态安全为主攻方向，以促进林业提质增效为重要目标，把满足林业重大需求、解决关键科技问题作为森林土壤科技工作的出发点和落脚点，强化理论创新与国

际前沿对接、技术创新与现实生产力对接，提高森林土壤学自主创新能力。

2. 聚焦国家涉林战略需求，凝练学科重点发展领域

聚焦国家在“支撑生态建设、森林提质增效、引领产业升级、服务绿色发展、应对全球变化”等领域对林业的战略需求，与国家基金“十三五”优先发展领域相对应，加强森林土壤重要基础工作，构建森林土壤基础数据和大数据平台，开展森林土壤科学普及，为保护和利用森林土壤资源服务。

3. 依托国家科技项目，提升学科地位和竞争力

“十三五”期间，应积极申报和参与对经济社会发展和全行业科技进步有带动性、标志性、突破性的重大科技项目，努力争取国家自然科学基金重点项目。依托国家科技项目，产出标志性成果，提升学科的国内地位和竞争力。

4. 加强国际合作，提升学科科技创新的国际化水平

紧跟国家的科技创新国际化战略，以全球视野谋划和推动学科创新，积极融入全球创新网络，拓宽学科发展的外部空间和环境，提升森林土壤学科科技创新的国际化水平。

5. 加强科技条件平台建设，为学科创新发展提供条件支撑

国家林业局《林业发展“十三五”规划》中明确提出，建设国家重点实验室 1 个、局重点实验室 50 个、工程技术研究中心 50 个。据此，应积极谋划有森林土壤学科参与的国家重点实验室，并依托实力较强的单位，争取建立 3~5 个森林土壤学国家林业局重点实验室、3~5 个森林土壤与肥料工程技术研究中心。

6. 强化森林土壤人才队伍建设

深入实施人才优先发展战略，把人才培养放在科技创新最优先的位置，在创新实践中发现人才，在创新活动中培养人才，在创新事业中凝聚人才，培育造就规模较大、结构合理、素质优良的创新型森林土壤学人才队伍。

参考文献

[1] Breure A M，De Deyn GB，Dominati E，et al. Ecosystem services：a useful concept for soil policy making [J]. Current Opinion in Environmental Sustainability，2012，4（5）：578-585.

[2] Yan S K，Singh A N，Fu S L，et al. A Soil Fauna Index for Assessing Soil Quality [J]. Soil Biology and Biochemistry，2012（47）：158-165.

[3] Zhang W，Wang S. Effects of NH_4^+ and NO_3^- on Litter and Soil Organic Carbon Decomposition in a Chinese fir Plantation Forest in South China [J]. Soil Biology and Biochemistry，2012（47）：116-122.

[4] Bonanomi G，Incerti G，Giannino F，et al. Litter Quality Assessed by Solid State ^{13}C NMR Spectroscopy Predicts Decay Rate Better than C/N and Lignin/N ratios [J]. Soil Biology & Biochemistry，2013，56（6）：40-48.

[5] Guo R H，Zheng J Q，Han S J，et al. Carbon and Nitrogen Turnover in Response to Warming and Nitrogen Addition during Early Stages of Forest Litter Decomposition-an Incubation Experiment [J]. Journal of Soils and Sediments，

2013，13（2）：312-324.

［6］Tu L H，Hu T X，Zhang J，et al. Nitrogen Addition Stimulates Different Components of Soil Respiration in a Subtropical Bamboo Ecosystem［J］. Soil Biology and Biochemistry，2013（58）：255-264.

［7］Bartosz Adamczyk，Petri Kilpeläinen，Veikko Kitunen，et al. Potential Activities of Enzymes Involved in N，C，P and S Cycling in Boreal Forest Soil under Different Tree Species［J］. Pedobiologia，2014，57（2）：97-102.

［8］Wang M，Shi S，Lin F，et al. Response of the Soil Fungal Community to Multi-factor Environmental Changes in a Temperate Forest［J］. Applied Soil Ecology，2014（81）：45-56.

［9］Wang Q K，Wan S L，He T X，et al. Response of Organic Carbon Mineralization and Microbial Community to Leaf Litter and Nutrient Additions in Subtropical Forest Soils［J］. Soil Biology and Biochemistry，2014，（71）：13-20.

［10］Wang Q K，Wang Y P，Wang S L，et al. Fresh Carbon and Nitrogen Inputs Alter Organic Carbon Mineralization and Microbial Community in Forest Deep Soil Layers［J］. Soil Biology & Biochemistry，2014，（72）：145-151.

［11］Dong W Y，Zhang X Y，Liu X Y，et al. Responses of Soil Microbial Communities and Enzyme Activities to Nitrogen and Phosphorus Additions in Chinese fir Plantations of Subtropical China［J］. Biogeosciences，2015（12）：5537-5546.

［12］Jiang C M，Yu W T，Ma Q，et al. Nitrogen Addition Alters Carbon and Nitrogen Dynamics during Decay of Different Quality Residues［J］. Ecological Engineering，2015（82）：252-257.

［13］Raiesi F，Beheshti A. Microbiological Indicators of Soil Quality and Degradation Following Conversion of Native Forests to Continuous Croplands［J］. Ecological Indicators，2015（50）：173-185.

［14］Yang K，Zhu J J，Gu J C，et al. Changes in Soil Phosphorus Fractions After 9 Years of Continuous Nitrogen Addition in a Larixgmelinii Plantation［J］. Annals of Forest Science，2015，72（4）：435-442.

［15］Zhang W D，Yuan S F，Hu N，et al. Predicting Soil Fauna Effect on Plant Litter Decomposition by using Boosted Regression Trees［J］. Soil Biology and Biochemistry，2015（82）：81-86.

［16］Baruc KJ，Nestroy O，Sartori G. Soil Classification and Mapping in the Alps：The current state and future challenges［J］. Geoderma，2016（264）：312-331.

［17］J ó nsson J Ö G，Davíðsdóttir B. Classification and Valuation of Soil Ecosystem Services［J］. Agricultural Systems，2016（145）：24-38.

［18］Liu C X，Dong Y H，Sun Q W，et al. Soil Bacterial Community Response to Short-term Manipulation of the Nitrogen Deposition form and Dose in a Chinese fir Plantation in Southern China［J］. Water，Air，& Soil Pollution，2016，227（12）：1-12.

［19］Yang C，Wang S L，Yan S K. Influence of Soil Faunal Properties and Understory Fine Root on Soil Organic Carbon in a "mesh bag" Approach［J］. European Journal of Soil Biology，2016（76）：19-25.

［20］Zhang W D，Lin C，Yang Q P，et al. Litter Quality Mediated Nitrogen Effect on Plant Litter Decomposition Regardless of Soil Fauna Presence［J］. Ecology，2016，97（10）：2834-2843.

［21］Hobley E U，Le G B A，Wilson B. Forest Burning Affects Quality and Quantity of Soil Organic Matter［J］. Science of the Total Environment，2017（575）：41.

［22］Wang J J，Pisani O，Lin L H，et al. Long-term Litter Manipulation Alters Soil Organic Matter Turnover in a Temperate Deciduous Forest［J］. Science of the Total Environment，2017（607-608）：865-875.

［23］Wutzler T，Zaehle S，Schrumpf M，et al. Adaptation of Microbial Resource Allocation Affects Modelled Long Term Soil Organic Matter and Nutrient Cycling［J］. Soil Biology and Biochemistry，2017（115）：322-336.

［24］Wutzler T，Zaehle S，Schrumpf M，et al. Adaptation of Microbial Resource Allocation Affects Modelled Long Term Soil Organic Matter and Nutrient Cycling［J］. Soil Biology and Biochemistry，2017（115）：322-336.

［25］Akselsson C，Belyazid S. Critical Biomass Harvesting-Applying a New Concept for Swedish Forest Soils［J］.

Forest Ecology and Management，2018（409）：67–73.
[26] 刘世荣，王晖，栾军伟. 中国森林土壤碳储量与土壤碳过程研究进展［J］. 生态学报，2011，31（19）：5437–5448.
[27] 沈芳芳，袁颖红，樊后保，等. 氮沉降对杉木人工林土壤有机碳矿化和土壤酶活性的影响［J］. 生态学报，2012，32（2）：517–527.
[28] 袁颖红，樊后保，辉信. 模拟氮沉降对杉木人工林土壤微生物的影响［J］. 林业科学，2012，48（9）：8–14.
[29] 郭虎波，袁颖红，吴建平，等. 氮沉降对杉木人工林土壤团聚体及其有机碳分布的影响［J］. 水土保持学报，2013，27（4）：268–272.
[30] 李秋玲，肖辉林，曾晓舵，等. 模拟氮沉降对森林土壤化学性质的影响［J］. 生态环境学报，2013，22（12）：1872–1878.
[31] 袁颖红，樊后保，刘文飞，等. 模拟氮沉降对杉木人工林（Cunninghamialanceolata）土壤酶活性及微生物群落功能多样性的影响［J］. 土壤，2013，45（1）：120–128.
[32] 刘彩霞，焦如珍，董玉红，等. 应用 PLFA 方法分析氮沉降对土壤微生物群落结构的影响［J］，林业科学研究，2015，51（6）：155–162.
[33] 郑棉海，黄娟，陈浩. 氮、磷添加对不同林型土壤磷酸酶活性的影响［J］. 生态学报，2015，35（20）：6703–6710.
[34] 李东升，郑俊强，王秀秀，等. 水、氮耦合对阔叶红松林叶凋落物分解的影响［J］. 北京林业大学学报，2016，38（4）：44–52.

撰稿人：张建国　焦如珍　厚凌宇　董玉红　汪思龙　崔晓阳　耿玉清　杨承栋

林业气象

一、引言

（一）学科概述

林业气象学是研究林木和大气之间相互关系的学科，既是林学的一门基础学科，也是应用气象学、森林生态学的一个重要分支。

一方面，气象/气候条件是林木生长不可缺少的生态因子，是森林资源培育、结构稳定、效益持续的最基本条件。各项林业生产活动（采种、育苗、造林、抚育、病虫害防治与森林防火、各种林副产品的培育等）都要考虑气象或气候条件，以充分利用气象或气候资源，为实现林业高产、优质、高效及可持续发展与永续利用服务。因此，林业气象学要研究气象或气候条件如何影响森林生物体，包括个体与群体、种和种群、森林生态系统。对森林生物个体或种的影响表现在其生长发育和生存死亡，同时也影响其产量和质量。气象/气候条件对森林生物群体包括种群和生态系统的影响表现在其分布、生长发育、生物多样性、结构和功能、更新再生以及开发利用方面。尤其是影响作为陆地生态系统主体的森林生态系统的多功能多效益，影响地球的生态平衡、环境改良和人类的可持续发展。研究内容既包括灾害性天气或气象灾难对森林生物个体、种和种群以及群落和森林生态系统的危害以及对其预报和预防与防治对策，同时也包含气候变化对森林生物体（种、种群和生态系统）的影响以及可能发生的变化。

另一方面，森林植被通过同周围大气不断进行物质和能量的交换，从而影响并改变森林内及其所及地区的气象及气候要素。因此，林业气象学也要研究森林生物体，（包括种、种群和生态系统）对气象或气候条件的反作用和影响。森林作为陆地生态系统的主体、生物圈的一个重要组成部分和生物量最多且可再生的复杂巨系统，不仅对地球大气圈有影响，而且对水圈、土壤岩石圈和生物圈都有重要影响。因此，研究森林对局地、区域性和全球性等不同尺度气象和气候条件的影响、对维持生态平衡和改善环境的作用，是林业气象学的重要内容，也是当今全球变化研究领域的热点问题。

加强林业气象学研究对科学营造森林植被、保护与合理开发利用森林资源、维护生态系统平衡、保障人类生活与生产安全具有重要科学意义，并有助于进一步促进林学、应用气象学与森林生态学等相关学科的发展。

（二）学科发展历程

林业气象学早期主要附属在森林学和造林学中，真正系统的研究开始于19世纪中叶。当时，随着工业的发展，工业革命在欧洲兴起，大量木材用于工业生产，加速了森林的砍伐和破坏。大面积森林砍伐后，造成严重的水土流失、地方气候恶化，促使几乎整个欧洲对森林经营的必要性产生了兴趣。人们十分关心由有林地变为无林地后可能引起的气候变化，于是欧洲一些国家如德国、瑞士、法国、捷克、奥地利等的一些气候工作者开始了对森林影响气候的研究，又称森林福利效应（forest welfare effect）研究。林业气象研究历史比较悠久、成果相对较多、影响力较大的国家是德国、苏联及英国、美国与加拿大等欧美国家以及日本、中国等亚洲国家。

我国林业气象研究最早可追溯到2000多年以前。西汉刘歆时期的《周礼·考工记》就记载“桔逾淮而北为枳”，表明当时我国人民已意识到树木分布与气候的关系。以后在《管子·地员》中，有山地因气候随高度变化而形成植物垂直分布带的记载。但真正系统地开展林业气象研究还是始于20世纪50年代初期。在此之前，林业气象学研究工作比较零散，附属于林学、气象学、植物学研究工作。20世纪50年代至今，我国林业气象学科发展历程大致可分为林业气象学初步形成时期、恢复发展时期和蓬勃发展时期。

1. 初步形成时期

20世纪50年代初期—60年代中期为我国林业气象学形成时期。50年代主要侧重于观测研究森林小气候特征，比较有代表性的研究工作有：为配合华南橡胶林的种植及辽西、冀西和苏北防护林的营造，中国科学院地理研究所江爱良等观测研究了海南橡胶防护林小气候效应及橡胶树寒害特征；北京林业大学陈健等观测河北西部防护林气象效应；原中国科学院林业土壤研究所（以下简称“中科院林土所”，现为中国科学院沈阳应用生态研究所）王正非等（1954）在小兴安岭带岭区建立了森林气象梯度观测塔，对红松林、落叶松林和皆伐迹地小气候进行定位观测；中国林业科学研究院林业研究所宋兆民等（1958）定位观测研究了福建杉木林区森林水文气象；中国科学院昆明植物研究所周光卓等观测研究了云南西双版纳热带森林小气候。该时期，林土所、北京林学院等单位还开展了森林火灾预报方法的研究工作，出版了《森林气象观测和森林火灾预报方法》著作。以上相关研究对我国林业气象学萌芽和发展起到了重要的积极作用。60年代，王正非、崔启武、朱劲伟、贺庆棠等相继开展了水热平衡、光分布、蒸散等林业气象基础理论研究；

朱廷曜等开展了防护林带模型的风洞试验；傅抱璞对林带动力效应进行了理论分析；崔启武研究分析了林带附近水汽输送过程；中国林业科学研究院马雪华等在川西米亚罗林区开展了森林小气候和森林对河川径流影响的研究；北京林业大学陈健等对小兴安岭林区五营与鹤岗森林进行了降水影响研究；黑龙江省森林保护研究所和中国科学院大气物理研究所合作，研制了我国第一部三点交叉天电定位仪用以研究森林雷击火。1963 年 9 月，中国科学院林土所与中国林科院林业所联合在白城召开了全国林业气象学术研讨会，会议交流内容涉及森林小气候、防护林气象效应、林火气象及森林火灾天气预报、营林气象等，对我国林业气象学科的发展具有重要的促进作用。

2. 恢复发展时期

20 世纪 70 年代后期—80 年代是我国林业气象学恢复发展时期。受"文化大革命"影响，该时期主要研究工作始于 1980 年以后，但研究内容已相当广泛，不仅涉及基础理论，并与林业建设、保障农业生产等生产实践紧密结合。比较有代表性的成果有：王正非等 1982 编著了《森林气象学》，是我国第一部系统论述林业气象研究的专著；崔启武等关于森林的水文效应及其模型研究；朱劲伟等关于森林生态系统光分布理论模式的研究；朱廷曜等关于林带防风的数量化模式理论及防护林体系生态效应与边界层理论；宋兆民、孟平、陆光明、张翼等关于平原农田防护林体系气象效应的研究；曾庆波等对热带山地雨林水热状况的研究；贺庆棠等关于森林对局地、全球能量以及林业生产力的研究；徐德应等关于未来气候变化与森林的研究；王利溥、陈尚谟及黄寿波等关于经济林气象的研究；高素华等关于海南岛人工橡胶林生态系统气象特征的研究；此外，还有关于林火发生的气象条件与预报、林业气候区划以及园林绿化的气象效应等方面的研究成果。期间，江爱良等于 50 年代完成的橡胶树寒害和北移种植关键技术于 1982 年获国家发明一等奖。据初步统计，该时期取得的研究成果几乎等于前 20 多年成果的总和。

3. 蓬勃发展时期

20 世纪 90 年代至今是我国林业气象事业发展最快、成果最多的阶段，可称为林业气象蓬勃发展时期。研究内容大致分为森林小气候与林冠湍流通量、气候变化与森林、营林气象、森林气象灾害等，公开发表学术论文 2000 余篇，基础理论研究更加深入，应用研究更加紧密结合我国林业工程建设。其中，中国林业科学研究院林业研究所、中国科学院沈阳应用生态研究所等单位有关农田防护林系统边界层微气象的研究专题独具特色，取得了 20 余项相关科技成果，其中 8 项成果获省部级及国家级科技进步奖，为我国林业建设、生态保护、农业增产做出了重要贡献。这一时期，我国林业气象研究的快速发展与观测技术的进步以及先进设备的应用有很大关系，特别是近几年气候自动观测系统、二氧化碳和水汽通量观测系统、稳定同位素分析仪等先进观测仪器的应用为林业气象学科的发展提供了条件。

二、现状与进展

近8年来，我国在森林生态系统水碳通量、公里尺度森林水热通量及蒸散耗水、树木年轮气候学、气候变化对森林的影响等研究方面取得重要进展，部分研究与国际并跑或领先国外。

（一）森林生态系统水碳通量研究

森林生态系统水碳通量一直是林业气象学、森林生态学及全球变化研究等相关学科及领域共同关注的热点研究内容或主题。20世纪90年代中期，欧美发达国家率先通过建立通量观测塔对各种陆地生态系统进行长期定位观测。我国在这一方面的系统研究始于2002年，虽然起步较晚，但目前研究内容已丰富，研究水平与国外的差距逐渐缩小。主要依托黑龙江呼中及帽儿山、吉林长白山、河南黄河小浪底、北京大兴、江苏下蜀、江西千烟洲、湖南会同及岳阳、广东鼎湖山、云南哀牢山、海南尖峰岭、云南西双版纳等森林生态系统定位观测研究站，在寒温带针叶林、中温带针阔混交林、暖温带阔叶林和针阔混交林、亚热带常绿落叶混交林和针叶林、热带雨林等不同类型森林生态系统水碳通量变化特征及其影响机制等方面取得了重要的研究进展，已在国内外知名期刊上已发表论文百余篇。相关成果对提高我国在全球变化与碳循环等方面研究的整体水平做出了重要贡献，为我国政府参与气候变化国际谈判提供了重要的背景资料。随着定位观测数据的积累，我国森林生态系统水碳通量研究将更加深入，研究成果价值将更加凸显。

（二）公里尺度森林水热通量及蒸散耗水研究

森林植被水热通量及蒸散是全球热量平衡和水量平衡的重要组成部分，对维护全球生态平衡起着举足轻重的作用。在全球气候变暖及水资源日趋紧缺的背景下，研究大尺度森林植被水热通量及蒸散耗水尤其具有重要的科学意义与应用价值。因地形起伏、森林下垫面及天气系统的复杂性，像元尺度森林蒸散研究虽极为必要，但进展缓慢。激光闪烁法在研究公里尺度水热通量及蒸散耗水方面虽具独特优势，但仍存在诸多不确定性。我国在此方面的研究工作基础相对薄弱，但中国林业科学研究院林业研究所基于“单波”大孔径闪烁法，自2009年起在黄河小浪底研究站开展了华北低丘山区公里尺度人工林感热及潜热通量的定位观测研究，定量分析了不确定性及可行性，提出了数据质量控制技术；并于2015年基于“双波”闪烁法，在国内率先开展了森林植被潜热通量及蒸散耗水的直接观测研究。中国科学院地理研究所基于小孔径闪烁法，于2003—2005年在千烟洲研究站观测研究了亚热带低丘山区人工林感热通量。国外同类研究始于20世纪90年代，我国起步相对较晚，但研究水平已接近国外，且潜热通量及蒸散耗水的直接观测研究居国际先进水平。

（三）树木年轮气候学研究

树木年轮气候学是以树木年轮生长特性为依据，用来研究气候变化对年轮生长影响的一门学科。由于树木年轮资料具有分辨率高、定年准确、连续性强等特点，已被列为气候环境重建的主要代用资料之一，被广泛应用于全球变化的研究。我国树木年轮气候学研究虽起步较晚，但近年在单点树木年轮气候重建研究方面已取得一定研究进展，并在国际上有一定影响，内容涉及响应函数分析和树木年轮—气候要素相关性模拟等。研究区域主要集中在西部寒冷、干旱的地区，温暖及湿润地区的相关研究相对匮乏，树木年轮面域气候重建和机制探讨相对不足。我国地域辽阔、气候类型多样，今后应加强不同气候类型环境下的树木年轮气候学研究。

（四）气候变化对森林影响的研究

气候变化对森林影响的研究内容比较广泛，涉及类型及分布（含树线 / 林线）、演替及物种结构、物候期、森林自然灾害（火灾、病虫害）、生产力及碳汇等。其中，中国林业科学研究院等单位的研究成果“中国森林对气候变化的响应与林业适应对策研究”取得了重要进展，为我国开展林业应对气候变化、履约中林业议题的谈判对策等方面提供了科学依据和决策参考。近年来，我国开始重视气候变化情景下森林火险和火行为的预测、林火排放温室气体量的定量估算等研究，其中田晓瑞等（2017）在全国尺度上研究了过去50年主要气候特征及火险变化，预测了2021—2050年气候变化对森林火险的影响，为我国宏观林火管理提供了科学的参考依据。

三、本学科与国外同类学科比较

50多年来，我国林业气象学取得了一系列研究成果，但对比国外同类学科，我国林业气象学原始创新研究仍显不足，研究成果的系统性和深入性与国外同类研究存在较大差距，突出表现在理论与方法等方面。

林业气象学基础理论主要包括森林热量平衡及水热传输理论、边界层湍流理论、森林动力学原理等。我国在此方面的研究主要侧重于理论原理的应用，或针对典型树种或林分开展效应及其影响机制的分析，几乎无原始创新性研究。

近10年来，林业气象观测技术水平的提高、试验设备和模拟模型的改进与创新，提升了林业气象学的研究水平，促进了相关学科的发展。如涡度相关观测系统、氢氧稳定同位素在线观测系统、闪烁法热量通量观测系统及红外热像自动观测仪等野外观测设备的成功研制与推广应用，为深入研究森林冠气边界层湍流特征及水碳通量等热点科学问题提供了重要的技术支撑。但我国林业气象研究领域使用的先进观测技术及设备几乎全部来自国外，制约了原始创新能力的提高。

在气候变化影响森林生产力的模拟研究方面，国内相关学者已取得一定研究进展，并发表了许多有重要价值的学术论文。但研究所采用的相关模型主要来自国外，几乎无原创性模型。在森林火险预报模式方面，加拿大、美国及澳大利亚等国已建有较为完善的森林火险测报系统模型；但我国在此方面的原始创新成果不多，尚未建立综合考虑气象、植被、地形等因素影响的国家级森林火险预警系统。

四、展望与对策

（一）战略需求

1. 林业生态工程建设的科技需求

森林是陆地生态系统的主体。林业生态工程是保障国土生态安全、支撑美丽中国建设、促进生态文明发展的必要技术支撑。工程建设涉及诸多理论问题及关键技术，与林业气象研究内容密切相关。

"三北"防护林、退耕还林、防沙治沙等重大林业生态工程建设区水资源十分紧缺，制约工程建设成效。研究不同尺度森林植被耗水特征及水分供求关系等科学问题，对解决防护林结构配置、模式优化及系统调控等关键技术具有不可替代的理论指导作用。

林木生长周期相对较长、效益滞后，在保证生态效益的前提下如何提高气候及土地等自然资源利用率和林农收入，以增强工程后劲，是当前林业生态工程建设急需解决的现实问题之一。科学发展林下经济是解决问题的重要途径，但必须研究了解林下或林内小气候特征及林下目标生物的适应性。

城市热岛效应及空气污染等问题严重制约我国社会经济的可持续发展，而城市林业在缓解热岛效应、改善大气质量、提高人体舒适度等方面具有重要作用。在城市人口密度增大、城市化进程加快、林业用地日益紧缺的背景下，我国城市森林建设与园林绿化工程急需进一步研究典型城市及城市群森林植被优化布局问题。为此，需深入研究森林植被边界层大气湍流等微气象特征，为城市林业建设提供理论依据。

生态效益计量与评估是林业生态工程建设的必要程序，对建设单位优化植被结构配置与筛选合理技术、各级部门调控工程建设进度具有重要指导作用。气象及气候效应是生态效益计量与评估的核心内容之一，急需通过观测与模拟研究区域尺度效应。

2. 林业应对全球气候变化的科技需求

全球气候变化是全球变化的核心，主要是指由大气二氧化碳等温室气体浓度上升所引起的全球变暖以及由此引发的降水格局变化、冰川退化、海平面上升等一系列变化。全球气候变化已成为人类社会可持续发展面临的重大挑战。森林与气候变化有着内在联系。一方面，森林具有调节气候等作用，控制着全球陆地碳循环的动态。与其他植被系统比较，森林具有较高的碳贮存密度、较强的生存持续性以及结构和功能的稳定性，在生物地球化学循环中起着不可替代的重要作用，在应对气候变化中具有独特的地位。另一方面，未来温室气体浓度升高引起气候变化将影响森林生长（包括类型及分布、物候期、物质循环及生产力等），气候变暖和气候异常所导致的极端天气事件的增加必将严重影响林业生产、建设与管理成本增加等一系列连锁反应将不可避免地逐渐出现。因此，加强研究气候变化与森林生长的关系特征及耦合机制对林业应对全球气候变化具有重要的科学意义。

3. 防灾减灾与保障粮食安全的科技需求

我国是农业大国，自然灾害类型多样，旱涝和沙尘暴等气象灾害以及滑坡和泥石流等山地灾害长期威胁国家粮食安全，近几年，自然灾害导致的粮食年均损失高达 1000 万吨左右。粮食安全是重要战略问题，在国家政策到位的前提下，与区域生态质量、农田生态系统防灾抗逆能力紧密相关。世界各国共识建设农田防护林是农业防灾减灾的重要措施。在粮食需求刚性增长、耕地和水资源紧缺及气候变化影响加剧的不利条件下，急需全面研究不同尺度农田防护林系统对作物冠层微气象、农田水文气候的影响过程及机制，为结构优化配置、种间调控、水土资源承载力的确定提供必要的理论依据，以服务防灾减灾，保障粮食安全。

4. 森林康养与森林旅游产业发展的科技需求

随着我国社会经济的快速发展和人们生活水平的全面提高，各级部门及政府、社会民众对大气质量的需求和关注程度越来越高，促进了森林康养与森林旅游产业的发展。空气负氧子是表征大气环境质量的重要指标，被誉为“空气维生素”，有利于人体的身心健康。森林因其独特的小气候特征，森林对空气负氧子的作用机理及程度备受研究者关注。研究不同类型森林植被对空气负氧子的作用机理及贡献程度对森林康养与森林旅游产业的发展具有重要的指导作用。但现有相关观测技术及研究成果均难以满足此方面的需求，急需加强研究空气负氧子观测技术、空气负氧子对森林微气象的影响机制、森林植被对空气负离子的作用程度等内容，以支撑森林康养与森林旅游产业的发展，服务百姓大众。

（二）优先领域及重点研究方向

在观测技术与模拟模型方面，急需研究突破森林生态系统甲烷、氧化亚氮等痕量温室气体通量观测、重要经济林气象灾害快速监测与预测、区域尺度森林植被水热过程实时观测、空气负离子精细观测等技术，以支撑研究林业应对气候变化、林业生态工程区域效益评估、森林康养与森林旅游气象等热点研究内容。

在营林气象方面，急需深入研究水分、光强及温度等气象因素对林木生理生态及生理生化、形态及生物量要素的综合影响作用，研究了解林冠内外微气象因素分布特征，揭示重要经济林及用材林产量及品质形成的微气象机理、林下经济生物仿生栽培（养殖）及品质提升的微气象机理，为森林资源高效培育及质量提升提供理论依据。

在防护林气象方面，需全面研究区域尺度森林植被水热过程及防护林工程区域性气候效应、水资源紧缺地区林分水分供需关系，为“三北”、平原农区等重点区域的防护林工程建设及发展提供理论依据。

在城市林业气象方面，需研究城市森林边界层大气湍流特征、水资源紧缺地区不同林分水热耦合过程及高效缓解热岛效应机制、林分结构影响大气环境质量的微气象学机制等内容，为城市森林建设与发展提供理论依据。

在森林康养和森林旅游气象方面，需针对不同气候区、不同林分及其不同物候时期，研究空气负离子的时空分布特征及其与微气象和林木生理生态参数的关系，计算不同气象条件下的空气负离子迁移速率及衰减周期，评估典型森林康养和森林旅游基地对空气负离子的影响效应，以深入揭示森林植被空气负离子的直接和间接影响机制及贡献程度，为森林康养和森林旅游发展提供理论依据。

在气候变化与森林关系方面，急需研究二者耦合过程及机制、全生命周期生态系统碳汇过程及其响应机制、森林生态系统痕量温室气体源/汇过程及其影响机理等内容，为林业应对气候变化行动提供理论依据。

（三）战略思路与对策措施

1. 注重长期定位观测研究与模拟研究相结合，提高研究深度与广度

林木生长周期长，其生育过程不仅受气候因素的影响，而且还具有地域性。因此，长期性与动态性研究工作对于全面揭示林木与气象、气候条件的关系十分必要，需建立长期性观测研究基地，加强长期定位观测工作。试验研究虽可保证数据的原始性和真实性，但因天气过程、地形地貌及林分结构的复杂性、人力物力条件的有限性等客观原因，难以开展长期性、连续性、区域性的试验观测，制约了研究结果的普适性，影响了推广应用价值。模拟研究可弥补试验研究的局限性，未来研究应注重试验观测与模拟模型相结合，以进一步提高林业气象研究的深度与广度。

2. 加强多专业及多学科联合研究，协同提升创新研究能力

林业气象学是一门边缘性交叉学科，研究内容与环境物理学、环境化学、植物生态学与生理学、水文学、气象及气候学、应用遥感学等学科产生交叉；观测技术水平及设备性能与物理学、光学及电子学等学科发展密切相关。近20年，正是上述学科技术的快速发展推进了林业气象观测技术的创新和完善，提升了林业气象的研究水平，丰富了林业气象的研究内容。未来林业气象研究方式会更加注重多专业、多学科的联合和渗透，发挥整体研究优势，协同提升创新研究能力，进一步促进相关学科的发展。

3. 加强人才队伍和创新团队建设，提升整体水平

要积极创造条件，通过培养和引进等多种方式强化创新团队建设，形成一批具有一

定创新能力和发展潜力突出的中青年学术骨干、一批学术造诣深厚和在国际上具有一定影响的学科带头人，并注重博士研究生等后备人才的培养工作。同时，鉴于野外长期观测工作在林业气象学科教学与科学研究中的特殊性和重要性，应稳定培养观测技术人才；鉴于林业气象学科的交叉性和综合性，应培养一批既熟悉气象学又了解林学、地理学等知识的全科人才。最终，形成结构完善的人才队伍和创新团队，以提高我国林业气象学科的整体水平。

4. 加强平台条件建设，强化共享机制

条件平台是学科发展的基础。除需专项经费投入外，应充分依托各类相关野外定位观测研究站及重点实验室，加强林业气象研究平台条件建设工作。要强化共享机制，制定完善各种管理制度和办法，构建全国性林业气象协同观测研究网络与平台，实现资源与信息共享，大力提升我国林业气象学的研究能力。

5. 加大和稳定经费投入，加强基础研究

林业气象学是一门基础性学科，且树木生长周期相对较长，需要长效稳定的科技经费支持。欧美发达国家一直重视林业气象新理论与新技术等基础研究，近些年来加强了大尺度通量观测理论及技术研究。但我国林业气象科研经费长期以来投入不足，特别是基础理论研究方面严重缺乏连续性经费投入，影响研究工作的系统性和深入性，严重制约原始创新能力的提升。因此，急需加大和稳定经费投入。

参考文献

[1] Huang Hui, Zhang Jinsong, Meng Ping, et al . Seasonal Variation and Meteorological Control of CO_2 Flux in a Hilly Plantation in the Mountain Areas of North China [J]. ActaMeteorologica Sinica, 2011 (2): 238–248.

[2] Tan Z H, Zhang Y P, Douglas S, et al . An old-growth Subtropical Asian Evergreen Forest as a Large Carbon Sink [J]. Atmospheric Environment, 2011, 45 (8): 1548–1554.

[3] Tong X J, Meng P, Zhang J S, et al. Ecosystem Carbon Exchange Over a Warm-temperate Mixed Plantation in the Lithoid Hilly Area of the North China [J]. Atmospheric Environment, 2012 (49): 257–267.

[4] Zhou J, Zhang Z Q, Sun G, et al. Response of Ecosystem Carbon Fluxes to Drought Events in a Poplar Plantation in Northern China [J]. Forest Ecology and Management, 2013 (300): 33–42.

[5] Tong X J, Zhang J S, Meng P, et al. Ecosystem Water use Efficiency in a Warm-temperate Mixed Plantation in the North China [J]. Journal of Hydrology, 2014 (512): 221–228.

[6] Wang X C, Wang C, Bond-Lamberty B, et al. Quantifying and Reducing the Differences in Forest CO_2-fluxes Estimated by Eddy Covariance, Biometric and Chamber Methods: A global synthesis [J]. Agricultural and Forest meteorology, 2017 (247): 93–103.

[7] 关德新，吴家兵，于贵瑞，等. 气象条件对长白山阔叶红松林 CO_2 通量的影响 [J]. 中国科学 D辑：地球科学，2004，34：103–108 .

[8] 刘允芬，于贵瑞，温学发，等. 千烟洲中亚热带人工林生态系统 CO_2 通量的季节变异特征 [J]. 中国科学

D 辑：地球科学，2006，36（A01）：91–102.
［9］王春林，于贵瑞，周国逸，等. 鼎湖山常绿针阔叶混交林 CO_2 通量估算［J］. 中国科学 D 辑：地球科学，2006，36（A01）：119–129.
［10］杨振，张一平，于贵瑞，等. 西双版纳热带季节雨林树冠上生态边界层大气稳定度时间变化特征初探［J］. 热带气象学报，2007，23（4）：413–416.
［11］魏远，张旭东，江泽平，等. 湖南岳阳地区杨树人工林生态系统净碳交换季节动态研究［J］. 林业科学研究，2010，23（5）：656–665.
［12］张劲松，孟平，郑宁，等. 大孔径闪烁仪法测算低丘山地人工混交林显热通量的可行性分析［J］. 地球科学进展，2010，25（11）：1283–1290.
［13］张弥，温学发，于贵瑞，等. 二氧化碳储存通量对森林生态系统碳收支的影响［J］. 应用生态学报，2010，21（5）：1201–1209.
［14］周丽艳，贾丙瑞，周广胜，等. 中国北方针叶林生长季碳交换及其调控机制［J］. 应用生态学报，2010，21（10）：2449–2456.
［15］赵仲辉，张利平，康文星，等. 湖南会同杉木人工林生态系统 CO_2 通量特征［J］. 林业科学，2011，47（11）：6–12.
［16］李超，胡海波. 次生栎林生态系统碳通量与环境因子非对称响应机制［J］. 中南林业科技大学学报，2012，32（9）：94–101.
［17］陈云飞，江洪，周国模，等. 人工高效经营雷竹林 CO_2 通量估算及季节变化特征［J］. 生态学报，2013，33（11）：3434–3444.
［18］黄昆，王绍强，王辉民，等. 中亚热带人工针叶林生态系统碳通量拆分差异分析［J］. 生态学报，2013，33（17）：5252–5265.
［19］孙成，江洪，周国模，等. 我国亚热带毛竹林 CO_2 通量的变异特征［J］. 应用生态学报，2013，24（10）：2717–2724.
［20］吴志祥. 海南岛橡胶林生态系统碳平衡［D］. 海口：海南大学，2013.
［21］郑宁. 闪烁仪法准确测算森林生态系统显热通量的湍流理论分析［D］. 北京：中国林业科学研究院，2013.
［22］方克艳，陈秋艳，刘昶智，等. 树木年代学的研究进展［J］. 应用生态学报，2014，25（7）：1879–1888.
［23］牛晓栋. 天目山老龄森林生态系统碳水通量及水汽稳定同位素观测［D］. 杭州：浙江农林大学，2015.

撰稿人：孟　平　张劲松　同小娟　关德新　袁凤辉

林业史

一、引言

（一）学科概述

中国林业史学科以森林、林业、林学的历史发展为研究对象，研究范畴包括森林资源的消长与演替，中国历代林政管理和法规、历代林业经营、森林利用及林业经济的发展，林业思想文化传统，林业教育和科技的发展以及我国林业历史人物的研究等。同时，作为一个交叉学术研究领域，中国林业史研究的参与群体绝不仅仅局限于林学界，近代以来农学、历史学、地理学、经济学、生物学、考古学等相关研究领域都大量涉及林业史研究课题。

中国古代史籍无“林学”“林业”之词，但中国林业有着悠久的历史发展进程。古代有关的林业生产虽在国民经济中占有重要地位，但并非独立行业，如其林木培育为古农业组成部分；森林采伐运输、木材加工、林产品利用为古代手工业组成部分，属于“考工”门类；古代树木学知识多载于本草学著作；历代的森林分布多载于地方志及古代地理著作中。直至近代，林业及林学才开始自成体系。

随着时代变迁、科技发展，作为林业科学与历史科学、自然科学与社会科学交融深化的林业史研究，其范围逐渐扩展，内涵和外延也日益丰富。古代，林业主要是开发利用森林，以取得燃料、木材及其他林产品；中世纪以来，随着人口增加及森林资源渐次减少，世界范围内缺林少材的现象日趋严重，人们开始重视森林培育，保护森林和植树造林逐渐成为林业的重要内容；近代，西方自然科学传入我国，国人开始重视森林资源的永续利用，开始主张森林开发利用与培育保护相并重；现代，林业逐渐摆脱单纯生产和经营木材的传统观念，重视森林的生态和社会效益；当前，生态文明已经成为全世界发展的共同主题，林业承担着保护自然生态系统的重大职责，在推进生态文明建设的历史进程中肩负着更加重大的任务。随着人们对林业认识的深化、林业功能的不断转变，中国林业史研究视域也在不断开阔和丰富。

（二）学科发展历程

1. 民国时期：林业史研究的萌芽

20 世纪初，林学自农学中分立成为独立行业，但长期以来不为当局所重视。如梁希先生于 1934 年在《中华农学会报·森林专号》序中所言："我国森林机关，绝少专名，大都与农业机关合并。合并固未为非也，而流弊为附庸；附庸犹未为损也，而流弊为骈枝；骈枝仍未为害也，而流弊成孽子。"尽管如此，我国老一代林学家在"五四"精神的影响下，锲而不舍地从事林学各分支学科的建设。中国林业史研究与近代林学同时起步。

1917 年，凌道扬等人在南京创立"中华森林会"，并于 1921 年刊行我国第一份林学杂志《森林》。1928 年，姚传法、梁希等人在南京重建中华林学会，并于次年创办《林学》杂志。围绕学会的活动，许多学者开展了中国林业研究，并在《森林》《林学》《中华农学会报》等刊物上发表了大量研究论著，内容涉及中国森林资源调查、林业建设规划、林业法规政策、林业历史文化以及西方林业思想引进等多方面。其中在中国林业史研究方面，既有综合性论述，也有具体的文献资料整理考证。这一时期的代表性综合性论著有 1918 年戴宗樾的《中国森林历史概论》、1919 年张福延的《中国森林史略》、1921 年高秉坊的《中国森林之回顾》、1934 年陈嵘的《中国森林史略及民国林政史料》、1943 年郝景盛的《中国森林之过去与现在》。在文献整理与考证方面，有 1936 年孙云蔚的《中国果树考》、1945 年陈植的《树名训诂》。

总体来看，新中国成立前的我国林业史研究整体呈现自发的、分散的发展特征，林业史作为一个学科仍处于萌芽状态。

2. 20 世纪 50—70 年代：林业史研究的发展

1949 年中央人民政府林垦部成立，1951 年更名为中央人民政府林业部，梁希担任第一任林业部部长，在林业部的监督管理下，新中国的林业建设有序开展。1952 年，北京林学院、南京林学院、东北林学院等首批高等林业院校相继成立，林业教育与林业科学研究随之有条不紊地展开。在专门的林业史研究方面，1951 年陈嵘将《历代森林史略及民国林政史料》修订成《中国森林史料》，由中国林业出版社出版，这是新中国首部比较科学、系统地研究中国林业史的著作。南京林学院成立之后，在干铎、陈植等人的主持下，林业遗产研究室成立，这是新中国第一个专门的林业历史文化研究机构。随后，该林业遗产研究室开始聚集相关研究人才，逐步开展多方面的林业史研究。1964 年，由干铎主编的《中国林业技术史料初步研究》一书出版，该书收录的文献资料讫于清末，按照林业经营和利用过程对史料进行分类阐述。

这一时期，除林学界，国内其他学者在林业史研究方面也做了大量工作，突出表现在两个方面：一是农史学者（如万国鼎、石声汉、王毓瑚等）对农林类古籍资料进行整理、校注、辑释和研究，如万国鼎的《汜胜之书辑释》《陈旉农书校注》、石声汉的《齐民要术今释》《四民月令校注》《农政全书校注》、王毓瑚校注的《王祯农书》《农桑衣食撮要》等；二是历史地理学者（如谭其骧、史念海、文焕然等）就我国森林植被、野生动物变迁进行文献考证和野外考察，发表了一些颇有见地的论述。

这一阶段，虽然学术研究多有曲折，但林业史研究中开始有专门的机构设立，开启了林业史学科发展的先河，奠定了林业史学科的研究基础。

3. 20 世纪 80 年代—21 世纪初：林业史学科体系的建设

20 世纪 80 年代初，林业史学科体系建设引起了专家学者和相关部门领导前所未有的重视。南京林学院首先恢复了林业史研究。1982 年，北京林学院林业史研究室成立，时任北京林学院院长的陈陆圻教授担任研究室主任。1982 年 2 月 15 日，已经退居二线的罗玉川部长在林业部专门召集一次会议，研究林业史学科发展。会上，南京林学院、北京林学院进行了初步分工，北京林学院侧重古代林业史，南京林学院侧重近代和现代林业史。1983 年 4 月 1—18 日，罗玉川主持召开了一次“全国林业史讨论会”，到会者为全国各省林业厅的老厅长、林业院校和林业部直属单位的专家领导。会后，罗玉川根据南京林学院和一些老专家的意见，倡议为配合教学与科研的需要在北京林学院设林业文史馆，包括全国林业史研究中心和林业史展览室。随着多年的建设，北京林业大学林业史研究室已拥有数百万元的图书文献，是目前国内唯一一所有关林业历史和文化的研究中心。

1987 年 12 月 8 日，中国林学会林业史分会挂靠北京林业大学正式成立，陈陆圻担任林业史学会第一届理事长。陈陆圻去世后，董智勇接任中国林学会林业史分会理事长，北京林业大学成为全国林业史研究的中心，开展了各项学术活动。1992 年，董智勇与张钧成共同主持在成都召开的全国林业史学术讨论会，董智勇以“重视林业史研究，增强全民族的林业意识”为题做了报告。之后分别召开了全国林业史学术讨论会和全国地方志经验交流会，并编辑出版学术刊物《林史文集》和内部刊物《林业史学会通讯》。

这一时期的林业史研究主要呈现以下特征：

第一，研究群体已不局限于林学界，更多学者开始从不同学科的多种角度探讨有关森林和林业的历史。孢粉学的发展和 ^{14}C 测定的应用为测定我国地质时期森林地貌提供了科学依据，使我国古植物学和历史时期森林演替的研究有了新的进展。1982 年徐仁著有《地质时期中国各主要地区植物景观》；农史学界进行有关林业古代科技的研究并对农林多种古籍进行了整理、校注和辑释；园林学界从园林艺术角度进行了园林史研究；地理学界和历史学界进行了历史时期森林演替的研究等，如 1979 年在“三北”防护林体系建设学术讨论会上，史学家史念海的《从黄河中游森林的历史演变看今天的林业建设》、历史地理学家侯仁之的《我国风沙区的历史地理管窥》、地理学家文焕然的《试论七八千年来中国森林的分布及其变迁》等论文以及 1995 年文焕然的《中国历史时期植物与动物变迁研究》

等都是林业史的重要著述。与此同时，考古学界新发现迭出，提供了大量新的论据，所有这些都为林业史研究开拓了新的视野。值得指出的是，不同学界在林业史方面的许多学术观点与林学家不谋而合。

第二，林业史综合论著的编写。这一时期出版的大型林业史著作有：1985 年董智勇、李霆等人主编的《当代中国的林业》，这是新中国成立以来第一部林业史综合论著；1988 年杨绍章、辛业江编著的《中国林业教育史》；1989 年熊大桐编著的《中国近代林业史》；1990 年王长富的《中国林业经济史》；1991 年陈登林、马建章编著的《中国自然保护史纲》；1991 年吴金赞的《中华民国林业法制史》；1992 年张钧成的《中国林业传统引论》、王传书的《林业哲学与森林美学研究》；1993 年董智勇、佟新夫主编的《中国森林史资料汇编》；1994 年熊大桐、黄枢等主编的《中国林业科学技术史》；1995 年张钧成的《中国古代林业史・先秦篇》；1995 年罗桂环的《中国环境保护史稿》与《中国历史时期人口变迁与环境保护》；1999 年焦国模的《中国林业史》等。

张钧成、印嘉祐将搜集多年的林业史资料按内容进行分类编排，于 1989 年整理成《国内外林业史研究概况》一文，并于当年刊登在内部刊物《林业史学会通讯》第 3 期上，该文着重概述了 20 世纪以来的林业史著述。《林业史学会通讯》1992 年 9 月的第 8 期和 1999 年 3 月的第 10 期，印嘉祐和蒋淑珍在第 3 期的基础上对国内外林业史研究的内容进一步补充。

这些林业史综合论著的出版和编纂对进一步提高林业史学术水平及完善这一学科起到了重要作用。

第三，地方林业史研究的兴起。20 世纪 80 年代初，不少学者结合区域人文背景，从多方面探讨本地区林业发展历史。如 1982 年韩麟凤主编的《东北的林业》、1989 年陶炎的《东北林业发展史》、1992 年王九龄的《北京森林史辑要》等就是这方面的代表。同期，国家将地方志的编纂列入古籍“七五”计划，为编写当代地方林业志创造了条件。中国林学会林业史分会亦将全国林业志的编写工作纳入工作日程，在这方面做了很多工作，并于 1988 年 9 月召开全国地方林业志经验交流会。

第四，林业史研究的国际交流增加。80 年代以来，林业史研究的国际互动逐渐增加。中国林科院情报所编有《国外林业动态》《世界林业研究》等刊物，旨在介绍世界林业发展。在世界林业史方面的研究有：1979 年吕振威发表《从国外森林管理的历史教训谈起》；1986 年陈玉波译《美国茶花史》；1986 年关百钧、魏宝麟的《世界林业发展概论》，林凤鸣的《国外林业产业政策》；2005 年邹国辉的《日本林业史研究》；2007 年于甲川的《中日两国林业近代化研究》等。同时，部分学者走出国门，介绍和宣传中国林业史研究。国际林联（IUFRO）下设森林历史学组，即 S6.07 学组，每 1~2 年举行一次国际学术讨论会。1983年在瑞士举行，其主题为“森林永续生产的历史”，中国林业学者冯林参加此次会议，并宣读了题为“中国内蒙古森林永续利用的历史”；1991 年在德国弗莱堡举行，其主题为

"小规模林业史——农民林业史"，中国林学会林业史分会成员熊大桐和杨绍章参加会议，并分别作题为"中国农民林业史"和"江苏林业史略（先秦—1840 年）"的报告。1995 年起，董源任国际林联 S6.07 学组成员，1996 年国际林联在奥地利主办森林旅游国际会议，董源在会议上做题为"中国森林旅游的历史"报告。与此同时，德国、美国等国学者也开始关注中国林业史研究内容，并积极来华交流。1983 年 9 月，德国哥廷根大学聪德尔（R. Zundel）教授来北京林业大学讲学，专题讲述德国林业史。1983 年，以"中国林业史"为题攻读博士学位的美国加州大学伯克利学院的英籍博士研究生孟泽思（Nick Menzies）来北京林学院林业史研究室求教，此后在其撰写论文过程中多次来华。他带来许多学术信息，并帮助北京林学院林业史研究室与美国森林史学会、世界林联林业史学组、剑桥李约瑟研究所、"台湾新竹清华大学历史研究所"等建立了联系。1985 年，美国森林史杂志主编爱利斯·英格森（Alice E.Ingerson）访华，北京林学院（即北京林业大学）负责安排接待。

第五，《中华大典·林业典》立项。经过广泛论证，1998 年《中华大典·林业典》正式立项，林业史分会承担了大典编纂的主要工作。同时，出于编纂工作和后续人才培养的需要，1999 年北京林业大学开始在生物学院植物学专业下招收中国林业史方向的博士研究生，标志着林业史学科初步形成。

二、现状与进展

2006 年以来，随着一些标志性重大林业史研究项目的开展和相关院校林业史学科的重新布局，中国林业史研究呈现出新的气象。

（一）林史文献整理形成标志性成果

伴随着中国林业史研究的深入开展，系统的基础性文献整理势在必行。《中华大典》是经国务院批准的新中国成立以来最大的文化出版工程，《中华大典·林业典》是业已启动的 24 典之一。2006 年，《中华大典》办公室、国家林业局委托北京林业大学重新启动《中华大典·林业典》编纂。2014 年 12 月，《中华大典·林业典》由凤凰出版社全部出版。

《中华大典·林业典》是新中国成立以来林业系统规模最大的文献整理工程，也是生态文化建设的奠基性工程。《中华大典·林业典》分为《森林培育与管理分典》《森林利用分典》《森林资源与生态分典》《林业思想与文化分典》《园林风景与名胜分典》5 部分典，共 7 册书 1500 余万字，基本囊括了中国古代森林资源及林业科技与文化的全部重要资料。在当前国家推进生态文明建设、发展现代林业的时代背景下，《中华大典·林业典》的出版有利于总结林业的历史经验和教训，推动林业的科学发展；有利于深化全社会对森林的科学认知，提高林业的社会影响力和战略地位；有利于弘扬生态文明，积极促进人与自然和谐发展；有利于学者和相关人士开展学术研究，传承和弘扬祖国极其珍贵的林业文化遗产。

（二）林业史学科体系的完善

1. 人才培养合理化

学科的发展需要稳定的研究团队和薪火相传的学术力量，人才培养至关重要。2006 年《中华大典·林业典》再次启动时，主编尹伟伦院士和副主编严耕教授进一步确立了依托课题进行学科建设的思路，有意识地汇集、培养林业史、生态史方面的研究人才。同年，在北京林业大学林学院森林培育专业下重新招收林业史研究方向的博士生，并于 2011 年开始在人文学院科技哲学专业下招收林业史方向的硕士生。2013 年，林业史博士生招生转至人文学院生态文明建设与管理专业下。由此，“依托课题研究，进行学科建设”的设想得以真正实现，学科体系得以完善。近十年来，从各大高校毕业的具有文史哲专业背景的一批年轻科技工作者，通过参与《中华大典·林业典》的编纂不断成长，如今已成为中国林业史研究的中流砥柱，而林业史研究方向培养出来的优秀博士生不仅成为林业史研究的中坚力量，同时将林业史学科的建设在新的工作单位开枝散叶。中国林业科学研究院于 2012 年 5 月成立林业史与生态文化研究室，2007 年开始招收研究生，目前已培养毕业了 5 名硕士生。

2. 课程面向各阶段学生开设

目前全国农林院校的教学中，除园林专业设有园林史外，其他专业均未开设林业史相关课程。在没有先例可寻的情况下，北京林业大学林业史学科的建设是先有博士点、后有硕士点。近年随着生态文明研究的开展，各专业的研究生们已经有了要了解一些林业史知识的认识。基于以上实际情况，面向研究生开设了选修课“林业史专题”，后在研究生教学大纲调整时与“环境史专题”合并（更名为“林业史与环境史专题”），并增加了此课程课时量，同时将选修改为必修，进一步加大了在研究生教学培养中的比重。2017 年秋季学期，北京林业大学首次成功面向本科生开设全校公选课“林业历史与文化概论”。当学科还未完整、全面建树时，先将林业史相关课程设为选修课，这是一种科学谨慎的做法。有学者认为“从专科、本科学生开始授课，最后再对研究生授课”这本是一种常规的课程开设顺序，但北京林业大学林业史学科建设却有其实际情况，在课程的实际开设中先面向研究生开设林业史课程，后面向本科生开设全校公选课程。

3. 科普类书目出版及教材编写

随着学科教学与研究的进展，林业历史文化知识的普及成为林业史学科工作的重要组成部分并取得一些成果，如 2015 年张连伟、李飞、周景勇编著的《中国古代林业文献选读》，2016 年严耕主编的《林业史话》。学科的教学需要统编教材，而在我国林业院校中，因为之前没有开设过中国林业史课程，所以也没有一本实用的中国林业史教材。而现有已出版的中国林业史专著或失之过繁，或失之过偏，或不宜课堂教学使用，到目前为止，还没有一本完全按照教学要求编纂的教材。2015 年，中国林业史教材编写被列入国家林业局普通高等教育“十三五”规划教材，并即将付梓，编写者主要是该课程的一线教师。

（三）当代林业史研究领域的开拓

自 2016 年，中国林学会林业史分会与中国林业出版社、中国绿色时报等多家联合，集中力量致力于新中国成立以来的中国当代林业史研究，并开展了以下工作：

（1）确立研究目标，打造专业团队。对新中国成立以来当代林业发展的历程进行深入分析与系统总结，对重大问题进行节点式和分层式研究，涉及林业科学、林业教育、林业出版等多个领域。通过项目建设，实现中国当代林业发展史研究的顶层设计和规划，并打造一支致力于当代林业发展史研究的专门团队，构建当代林业史研究的专门学科。

（2）抢救性发掘史料，传承宝贵遗产。采用口述史的方式，对当代林业发展史上的重点人物开展访谈，对林业领军人物的成就、战略眼光、林业思想乃至其档案资料等进行搜集、整理和研究，并建设具有新中国特色的当代林业史料档案馆。在此基础上，记录新中国成立以来中国林业发展的重大事件，剖析其发展历程与阶段性特征，传承老一辈林业工作者的思想、主张、管理经验，为当今林业建设提供决策依据和借鉴。

（四）林史研究平台的不断拓展

中国林学会林业史分会自成立以来就成为中国林业史研究的重要平台，相关领域的诸多工作均由学会组织开展。2015 年完成换届工作，在新一届专业委员会组织领导下，学会相关工作重新正常开展，并着力推进国内外林业史研究交流、优秀林业文化遗产传承保护等工作。2017 年 5 月，林业史分会承担“生态文明视野下的林业史”暨“第五届中国林业学术大会林业史分会场”学术研讨，20 多家高校和科研院所及报刊媒体的 60 余名专家学者共聚一堂，紧扣生态文明研究视野，从不同角度对林业史研究展开学术交流，共同探讨林业史研究的新思路新进展，取得了丰硕的成果。

国外尤其是一些发达国家对林业史研究相当重视，专门设立林业史研究机构开展学术研究。国外林业史研究内容涉及资源保护、林业方针政策、科技史以及思想文化等方面。西方林业史的研究始于 18 世纪的德国，1737 年，德国学者 Friedrich Stisser 出版了《德国森林和狩猎史》（*Forst-Und Jagd-Historie Der Teutschen*），后又在德国萨兰德特森林学院开设了相关课程。在这之后，又有几本关于林业的著作问世，但大都集中在狩猎史及其他的一些具体问题上。随着德国林业史研究的进展，1943 年德国弗莱堡大学林业学院建立了森林史研究所。第二次世界大战后，林业史的研究发生了重要变化，一些学者开始致力于构建林业史的概念框架、进行国际的林业史研究活动。1951 年，Von Hornstein 评估了林业史的理论与实践，区分了林业史的一些概念，如“林业史”（geschichte）与“森林史”（waldgeschichte）。美国的森林史学会（forest history society）为国际性组织，其起源可以追溯到 1946 年在明尼苏达历史学会内部成立的林业产品协会。森林史学会从 1959 年开始独立存在，总部相继设在耶鲁大学和加州大学克鲁斯分校，而后于 1984 年迁到了北卡罗来纳州的杜克大学。森林史学会开发了世界上最完备的森林资源保护史以及环境史的专业资料馆和档案室，其中包括数据库和口述史料。该学会与世界其他国家森林史、环境史方面的专家学者以及团体有着密切的联系。我国林业史学科的教师先后到德国弗莱堡大学和美国杜克大学及美国森林史学会进行访学，搭建了与国外相关研究的交流平台。

三、发展趋势

回顾20世纪以来的中国林业史研究，我国林业史学科建设有了一定的基础，但也存在困境和不足。

研究时间上，无论是经典林业文献的整理，还是具体史料的深入分析，多集中于古代，近代以来相对缺乏，当代林业史的系统研究更是寥寥无几。具体某一时间段的研究也极不平衡，如近代民国时期的林业史研究中，中华民国临时政府时期、中华苏维埃政权时期的林业史研究相对较多，而北洋政府时期、武汉国民政府时期相对较少。

研究空间上，已有研究偏重于东北地区、华南地区、西部地区，而华北地区、华东地区、华中地区相对较少；具体到森林变迁史研究方面，各传统林区、山区研究较为兴盛，而城市森林变迁研究关注较少。

研究内容上，多聚焦于森林资源变迁、林业经济、林业文献及林业人物思想等方面，而有关林业与各历史时期的政治、经济、社会、文化的深层互动关系以及宏观视域下森林、林业在环境变迁、生态变迁中的作用影响之研究有待加强。

研究方法上，目前活跃在林业史领域的研究群体多出自林学、农史、历史地理学、科技史等学科，且大都从自己学科方向出发；无论是典籍整理还是理论分析，主要采用历史学、文献学等传统研究方法。今后需要借鉴、吸收诸如社会学、经济学、信息科学等其他学科的多种研究方法，努力开拓出更好的学术合作平台。

研究视野上，研究重点局限于中国林业，相对缺乏大历史观和世界视野，缺乏中外比较、互动类型的研究。同时，"时代感较弱，对社会关注不够"，这是传统农林史研究中最为突出的问题。如何让林业史研究走出机构、走出典籍、走向田野、走向社会是今后需要思索的问题。

（一）生态文明建设大环境下林业史研究新趋向

21世纪以来，伴随着经济社会的快速发展，资源约束趋紧、环境污染严重、生态系统退化等形势愈发严峻，应对生态危机、改善生态环境成为世界各国共同面临的重大社会问题。在此背景下，我国提出必须树立尊重自然、顺应自然、保护自然的生态文明理念，提倡加强生态文明建设。而林业是生态建设保护的主体，承担着保护森林、湿地、荒漠三大生态系统和维护生物多样性的重要职责，是生态文明建设的关键领域，是生态产品生产的主要阵地，是美丽中国构建的核心元素。"无山不绿，有水皆清，四时花香，万壑鸟鸣，替河山装成锦绣，把国土绘成丹青"，一直是包括林史研究学者在内的所有中国林业人的不懈追求和光荣使命。

在当前生态文明建设的大环境下，林业史研究需要抓住林业由木材生产为主转向以生态建设为主的历史性转变，走出历史，关怀现实，走出森林，放眼生态，以生态文明理念引领林业文化创新，以历史研究服务于现代林业发展。

（二）中国林业史研究中的信息化、数字化普及

21 世纪以来，随着计算机、通信和控制技术的飞速发展，信息化、数字化、网络化正不断改变我们的生活、工作、学习，也改变着学术科研。

林业科学研究和林业行业发展需要科技创新，对科技文献和数字资源共享的需求越来越突出。我国林业行业数据收集、数据库的开发和建设始于 20 世纪 80 年代中期，目前有中国林业文献数据库、森林防火数据库、林木育种数据库、竹类文献库等。但是这些数据库资料均以现当代林业信息为主，缺乏 5000 年来我国林业历史发展、森林变迁的重要资料；而且无论是古代典籍资料中的林业史料，还是近现代民国时期的林业文献，其典型特征是纸质文献为主且分布呈现零散状态，既容易随时间推移发生损坏、亡佚现象，也使其传播、查阅受到限制，不利于现在的学术研究，更影响其公共服务功能的发挥。因此，中国林业史研究领域的信息化、数字化介入是大势所趋，也是刻不容缓。

（三）全球化背景下中国林业史研究的机遇和挑战

20 世纪 90 年代以来，全球化成为这一时期的最重要特征之一。全球化过程加强了世界各国的联系，也冲击着各国本土历史文化传统。面对全球化浪潮，中国林业史研究充满了机遇，也面临着严峻的挑战。

中国林业史研究的重心无疑是学习、总结我国林业历史的经验，但专注于纵向思维容易把自己局限于狭隘的中国林业历史经验中。全球化启示我们需要在纵向思维的同时，重视横向的比较思维。近年来，通过短期的外访和交流，中国林业史研究领域部分专家和教师逐步接触国际动向，到国外相关的科研机构及学校进行访学，拓宽视野，同时也使自己的研究与世界接轨，进一步促进了林业史学科的建设与发展。

参考文献

[1] 梁希．新中国的林业［C］// 中国林业论文辑（1950—1951）．北京：中国林业编辑委员会，1952.
[2] 南京林业大学林业遗产研究室．中国近代林业史［M］．北京：中国林业出版社，1989.

［3］张钧成. 中国古代林业史（先秦部分）［M］. 北京：北京林业大学林业史研究室，1994.
［4］费青. 我国林业数据库分析评价及发展对策［J］. 农业图书情报学刊，1998（3）：57-60.
［5］胡坚强. 中国林业史研究概述［J］. 浙江林学院学报，2002（3）：330-333.
［6］王思明. 农史研究：回顾与展望［J］. 中国农史，2002（4）：3-11.
［7］张钧成. 承前启后忆前贤——关于北林林业史学科建设的回忆［J］. 北京林业大学学报（社会科学版），2003（3）：76.
［8］于甲川，董源. 林业史研究的历史机遇与重任［J］. 林业经济，2007（2）：66-68，71.
［9］苏全有，闫利琴. 对近代中国林业史研究的回顾与反思［J］. 安阳师范学院学报，2012（1）：70-80.
［10］沈国舫. 生态文明建设·绿色经济·林业［N］. 学习时报，2012-12-10.
［11］李莉. 林业史学科教学的探索与思考［J］. 中国林业教育，2016（2）：35-37.

撰稿人：李　莉　李　飞　周景勇　张连伟

ABSTRACTS

Comprehensive Report

Advances in Forest Science

Forestry shoulders historical responsibilities for maintaining survival security, fresh water security, homeland security, species security, climate security and building a beautiful China. The 19th National Congress of the Communist Party of China creates Xi Jinping Thought on Socialism with Chinese Characteristics for a New Era, which emphasizes that ecological civilization construction is a long-term, tough systemic project for sustainable development of Chinese nation.

Forest science mainly takes forests and woody plants as research objects to reveal substantial rules of biological phenomena and focuses on forest resource cultivation, protection, management and utilization, etc. Cultivation area of artificial forest have reached 69.33 million hectares in China. Based on the theories of suitable trees and suitable sites, fine variety and good cultivation, the cultivation system with five controls, which includes genetic control, site control, density control, vegetation control and soil fertility control, have proposed to improve quality of artificial forest. Also, structured management have put forward to innovate spatial structure analysis of natural forest. Molecular maker-assisted breeding, somatic embryogenesis and clone system have become research hotspots in order to making full use of multi-generation improvement strategies of excellent germplasms in various generations. Molecular breeding and biotechnology applications research in China are close to those developed countries in forestry, while ploidy breeding technology is in the leading position of the world. In addition, important progress has been made in fields of theory and technique pattern of forest management, investigation and monitoring of forest resources, prediction of forest growth and harvest, forestry resources information management, etc. The intercross and fusion of Forest ecology and Biology have made the researches on the fields of adaptive ecological restoration and reconstruction of degraded forests, ecosystem management of artificial forests, and function evaluation of forest ecosystem service developing more and more deeply. Microscopic study of Forest insects mainly focus on function identification and gene editing and validation of specific gene fragments of pests. The scope of macro research has extended from individual to community and from ecosystem to landscape scale. The research of Wood Science and Technology has made a crucial break in the fields of wood modification and key technologies of man-made board, etc. The research scopes of Chemical Processing Engineering of Forest Products have expanded to the fields of biomass energy resources, bio-based materials, bio-based chemicals, biomass extracts, pulp and paper, etc. The key areas for advance in Forestry science in China include: Ⅰ. Forest ecology: (i) key ecological process and effects of forest ecosystem; (ii) formation, maintain and conservation of forest biodiversity; (iii) response, adaptation and recovery of forest ecosystem in changing environments. Ⅱ. Forest cultivation and tree genetics and breeding: (i) improving forestry quality; (ii) keeping plantation productivity for a long time; (iii) solving genetic regulation on tree traits basing on forest tree genome; (iv) molecular marker assisted breeding and genetic engineering breeding. Ⅲ. Forest management and protection: (i) succession, classification and management technology of natural secondary forest; (ii) plan preparation for forest management; (iii) major forest pests detection and warning. Ⅳ. wood science and forest chemical industry: (i) scientific basis of wood material improvement and functional utilization; (ii) key technologies in green manufacturing of advanced wood composite; (iii) chemical conversion of wood resource energy; (iv) efficient clean pulping technology of low qualitative material and mixed material.

Written by Lu Mengzhu, Fu Feng, Chi Defu, Zhang Huiru, Huang Lixin, Wang Junhui, Wang Liping, Yin Changjun, Zeng Xiangwei, Jia Liming, Shi Zuomin, Sheng Weitong

Reports on Special Topics

Advances in Silviculture Discipline

Silviculture discipline belongs to the secondary discipline of forest science. The scope of silviculture discipline covers all the theories and techniques during the whole cultivation process including seeds production, nursery stocks cultivation, afforestation, forest tending and harvesting and regeneration. This report summarizes the latest outstanding achievements made by Chinese silviculture disciplines in nursery stocks cultivation, forest construction, tending, and forest cultivation techniques since 2008. By comparing the current development status at home and abroad, the present situation of silviculture in China is evaluated and located from the aspects of theory of forest multifunctional cultivation, seedling cultivation, orientated and multi-target cultivation of timber forest, revegetation on difficult sites and environment application. The necessity of the theory and technology system of forest multipurpose cultivation with Chinese characteristics is advanced and emphasized in this report. As the advancement and constant promotion of the development strategy in Chinese ecological civilization, forestry has welcome in the best development period in history, however, it also comes with big challenges. Through deep analysis on the problems facing in Chinese forestry, development trend of Chinese silviculture in the future is proposed based on the combination with developing practices in our discipline. Generally, five trends are proposed: the precise improvement of forest quality and the substantial increase of productivity; the equal attention of forest cultivation and forest protection; the coordinated development of natural forest and plantation cultivation; “matching tree species with site" is still the basic principle of silviculture, strengthening the technology system of regional standardization silviculture; the key position of the maintenance of biological diversity in healthy and stable forest cultivation. On this basis, some detailed development countermeasures were proposed, such as strengthening the cultivation of forest with high carbon storage, strengthening forest tending, paying more attention to afforestation in tough sites, constructing green and high-efficient economic forests, vigorously development high-efficient bioenergy forests, greatly increasing the construction of public welfare forests, and accelerating the innovation pace of scientific research. The silviculture discipline will input more efforts into increasing the quality of forests in China, realizing the multi-functions and diversification of forests, and striving to solve problems of ecological environment improvement, the safety of timber and other forest products, and the urgent demanding of forest recreation in a long period from now on, so that the silviculture discipline and undertaking can achieve innovation lead in the world, and play a more important role in the construction of beautiful China in the new era.

Written by Jia Liming, Liu Yong, Li Guolei, Xi Benye, Jia Zhongkui, Xu Chengyang, Peng Zuodeng, Ma Fengfeng, Di Nan

Advances in Forest Genetics and Tree Breeding

The development of researches in forest genetics and tree breeding is closely related to the progress of theory and technology in modern biological and the demand of forestry. With the further progress of tree biomics in recent years, the development in multiple research fields have been promoted. The whole genome sequencing, functional detection of key genes and regulatory factors, construction of gene regulatory networks for important traits such as wood properties and stress resistance are among the frontier research fields of the discipline, based on the third generation sequencing and genome editing techniques. The strategy of employ elite germplasms by all generations for advanced breeding cycle, marker assisted breeding, somatic embryogenesis and asexual system of elite germplasms are among the hot spot of technical research. Establish permanentstate research stations are the trend of infrastructure constructionfor discipline development. Researches in molecular breeding and biotechnology applications in China are similar with that in forestry developed countries, technologies in polyploid breeding are in advantages, the theories and techniques in traditional breeding are in a tracking position. With the changes of the status of international commercial forestry and the strengthening of the ecological function of forest, that will have a great impact on the development of discipline.For adapting to the strategic needs of the diversity of breeding objectives, improved varieties should be adapted future climate change and poor sites, high efficiency of germplasm innovation and propagation techniques, etc. to strengthen the genetic regulation mechanism of importance traits, develop closely related molecular markers based on biometrics, develop oriented and highly efficient "precision breeding" techniques with molecular design and safety gene engineering technology to achieve a new breakthrough in the efficiency and effect of cultivation of elite varietiesas the main strategic missions for the future development of forest genetics and tree breeding. The strategic countermeasures for the development of forest genetic and tree breeding in China are suggested in aims at the strategic missions and which will play an important role in guiding the innovative development of the discipline and achieving greater contribution to forestry construction.

Written by Yang Chuanping, Su Xiaohua, Shi Jisen, Lu Mengzhu, Kang Xiangyang, Chen Xiaoyang,Shen Xihuan, Liu Guifeng, Li Yue, Huang Shaowei, Ji Kongshu, Ding Changjun

Advances in Wood Science and Technology

The report briefly introduces the history of wood science and technology (WST) discipline in China and defines its development orientation. The current status of WST research & development in China are summarized from the perspectives of traditional disciplines and emerging directions, and are compared with similar researches in foreign countries. According to the economic and technological development trends, the WST in China have been accordingly adjusting its development guidelines, strengthening the correlations between the basic researches and the technology applications, and actively introducing new technologies and open up new fields. In addition, the report points out some important proposals for the WST development in future. The discipline should continually strengthen the characteristics of disciplines, identify the path of sustainable development, expand the connotation and extension, and cultivate new growth points. The interdisciplinary development is important for the construction of integrated disciplinary clusters under the new situation. People-oriented and talent-first principle is critical for the discipline development. The platform construction is the base of discipline development and should keep going. The discipline should recognize the international academic frontiers and solve the industrial key issues. The discipline should also strengthen the international exchanges, and strive to enhance the overall competitiveness. The future goal of WST development is to achieve a qualitative change from a follower into a leader, and to be a world-class leading discipline.

Written by Li Jian, Lv Jianxiong, Guo Minghui, Fu Feng, Duan Xinfang, Yu Haipeng

Advances in Chemistry of Forest Products

The discipline of chemical processing and utilization of forest products (CPUFP) is the science and technology which is related with processing of forestry biomass by use of chemical method or biotechnology to know its chemical components, structures, properties and treatment methods as well as produce many useful and special forestry products. These products are widely used in the industry, such as, daily life, pharmaceuticals, foods, fine chemicals, electronics, energy, materials etc. They may have the characteristics of renewability, pure nature, non-replacement and special chemical structures. This discipline can be divided into two research directions, i.e., chemical processing and utilization of woody and non-woody resources (CPU-WR and CPU-NWR). Research and development in CPU-WR consists of science and technology of hydrolysis, pyrolysis and wood pulping etc. R&D in CPU-NWR mainly deals with the secretions (turpentine, raw lacquer, natural rubber, lac, liquidambar, etc.), extracts (tanning extract, oil and fat etc.), essential oil of forest products, pharmaceuticals of forest products by chemical methods and technology. It was seen that total output value in forestry industry in 2015 was 5.94×10^{12}RMB which was increased by 9.86% if it was compared that of 2014. The output by CPUFP is one the support industry in forestry. In 2014, the yields of rosin, turpentine, camphor, borneol, tanning extract and lac were 1700700 ton,230800ton,13200ton,2610ton, 5013ton and 465ton,respectively. The pyrolysis products, such as, woody carbon, bamboo carbon and activated carbon, etc., reached 1,340,080 ton. With the human life developed, whole society needs the natural and reproducible products more and more. Especially, natural rubber, natural spices, natural pigment, natural dyestuff, plant-source pesticides, natural extracts become more and more popular. Although the discipline of CPUFP was an old and historical direction in China, it still has some problem during its development. For example, the developing structure of CPUFP industry is not very reasonable; the pollution take place during its processing; the biomass resources are not well used and deeply proceeded; less funds and technical people are in R&D of CPUFP, this also leads to less original contributions made. However, Chinese economical development needs more and more energy to support. The domestic energy, i.e., shortage of petroleum oil, is not enough to support its development. On the other hand, more and more people like to enjoy the green products, especially renewable and healthy products. Thus, this also provides a good opportunity for the development of CPUFP. Chinese government spent a lot of funds and human resources power to solve the problem, especially during the 11th, 12th and 13th five-year-plan. This provides the discipline of CPUFP more broad field to show its benefit, since we all know that the biomass is the reproducible resources. If we can strengthen the intensity about the R&D in CPUFP, the gap may be narrowed. Although with the economic development and national strategy requirements , the R&D directions in discipline of CPUFP have been extended from the traditional fields, e.g., preparation and utilization of turpentine, tannin extracts, woody adhensive, activated carbon, etc., to broad fields, i.e., bio-energy, biomass-based polymer, bio-based fine chemicals, extracts of forestry resources etc., the innovation in science and technology of CPUFP should be improved and the CPUFP industry should be upgraded as well. In order to overcome the obstacles which are faced during the development of the CPUFP discipline, the effective measures are suggested in this report. They include the organization of the R&D team, training of the bright R&D people, more funds for support, expansion of the CPUFP R&D directions and fields, collaboration of different R&D team, strengthening of international communication and cooperation etc.

Written by Song Zhanqian, Jiang Jianchun, Huang Lixin, Liu Junli, WangYan

Advances in Forest Management

Forest management, as the second-level disciplines in forest science, is a science that studies basic theory, technology and process on how to effectively organize forest management activities. With changes on the national forestry development strategies, the development of forest management disciplines has been ups and downs for many times during the past 60 years. Now it has formed a relatively complete discipline system and has made significant progress in forest management theory and technology models, forest resource inventory, monitoring and management, forestry statistics and stand growth & harvest modeling, forest remote sensing technology applications, forest resources information management system. Compared with international advanced country, forest management science in China still has some problems. Such as, Practices of sustainable forest management need go deep into exploration while automation of forest resources inventory and monitoring is in low level, as well as incomplete growth model, and lack of forest planning and decision-making software tools. In the future, forest management science will carry out innovative research focusing on key fields such as basic theories, research methods, technologies and processes of forest management and key research directions including sustainable forest management, models of forest growth & harvest, application of forestry remote sensing technology and information management of forest resources. The forest management science will provide strong technical support for improving forest productivity and ecological service functions and ensuring national ecological security and timber safety by Constructing the theory and technology system of sustainable forest management with Chinese characteristics.

Written by Liu Guoqiang, Zhang Huiru, Li Fengri, Sun Yujun,
Lei Xiangdong, Feng Qingrong

Advances in Forest Ecology

Forest ecology is a discipline that studies the relationship between forests and their environment. With the development of ecology and forestry, forest ecology is becoming more and more widely with other disciplines of natural science integration. The warming caused by global climate change, the abnormal fluctuation of climate and the increase of extreme climate events make forest protection, restoration and forest health maintenance face more severe challenges. At the same time, China is vigorously strengthening the ecological construction, building ecological civilization and implementing sustainable development strategy. The basic principles of forest ecology have become an important basis for guiding these practical activities.

In the late nineteenth Century and the early twentieth Century, the development of forestry in some countries has prompted attention to the study of the relationship between forest and environment. In the middle and late twentieth Century, the global research program launched all over the world has been extensively involved in forest ecology, which has greatly promoted the development of forest ecology. With the development of modern science and technology, the research focus of forest ecology is more prominent in the aspects of forest dynamic, forest's shelter function to regional environment, the response and adaptation of forest to climate change, and the function and mechanism of forest soil and water conservation.

In recent years, in the global climate change and forest response and adaptation, plantation Productivity Ecology, forest biodiversity research, forestry ecological restoration technology, biodiversity protection and other aspects have made considerable progress in China.

Due to the overall start of disciplines abroad, the advanced research methods and statistical analysis methods are ahead of China, and advanced academic papers published in advanced countries such as Europe and America are also far higher than those in China. But Chinese is one of the few countries are particularly rich in biodiversity, forest ecosystem diversity in China in recent years, high level academic papers published in the International Journal of ecology academic mainstream shows rising trend, have made some gratifying achievements, getting more and more international attention.

In the next few years, key research areas of forest ecology are key ecological processes and effects of forest ecosystem, formation, maintenance and conservation of forest biodiversity, adaptation, response and recovery of forest ecosystem under climate change, forest health and ecological regulation, forest ecosystem management and major forestry ecological engineering. In order to ensure the development of forest ecology, we should strengthen the construction of talent team, research platform construction, stable financial supporting and international exchange.

Written by Liu Shirong, Xiao Wenfa, Shi Zuoming, Zhang Weiyin

Advances in Forest Entomology

Forest entomology is the science to study the basic law of life activities of insects in forest ecosystem. It mainly studies the classification of forest insects, the development mechanism of forest pests, forecasting, and management techniques and so on. Forest entomology is also the important part of Forest Conservation and Forest Science. After decades of studies by several generation of researchers, forest entomology have made great development. This paper reviews the history of the forest entomology, and describes the development in recent ten years in China, including the aspects of forest insect taxonomy, forest pest biology, ecology, molecular biology and bioengineering, biological control of forest pests, research on chemical ecology control technology and forestry resources insects. The significant progress and landmark achievements in forest entomology have been listed in this paper. Comparing with foreign country, we found the shortcomings in Chinese forest entomology. In this paper, according to the development status of forest insects and the current situation of science and technology development, this paper points out the key fields of the future research and the key technologies of the discipline development, and puts forward the strategies and countermeasures for the development of forest insects.

Written by LuoYouqing, Wen Junbao, Shi Juan, Zong Shixiang, Zhang Runzhi, Sun Jianghua, Chi Defu, Chen Hui, Hao Dejun, Yang Zhongqi, Zhang Yongan, Chen Xiaoming, Shi Lei, Chen Youqing, Zhang Zhen, Wang Xiaoyi, Wang Hongbin, Yao Yanxia, Zhang Yanlong

Advances in Forest Pathology

China is a big country of timber and forest products consumption in the world and also a country with fewer forests. For a long time, some major forest pests have threatened the forest resources and ecological environment seriously in our country, which has been one of the key factors of restricting the growth of forest resources, affecting the ecological security and sustainable forestry development. The effective control of forestry biological disasters fully reflects the country's long-term major goals and needs. As a discipline, forest pathology has been formed and developed in China for more than 60 years. At present, a relatively complete research system and research team have been formed, which has played an important role in our country's forestry construction. However, with the rapid economic growth and the global warming and the rapid development of biotechnology, forest pathology in China has faced new challenges and new opportunities for development. In the next step, we will further increase the construction of a science and education platform for forest pathology in our country, and train a team of professional and technical personnel in forest pathology to adapt to the development of modern forestry. Then we should make efforts to solve scientific problems and transformation results, such as the occurrence and monitoring of forest disease, early detection and early warning of major forest diseases, analysis of molecular mechanisms of pathogen-host interaction, breeding and propagation of excellent disease-resistant species, ecological regulation and control mechanisms of forest diseases and their application, green prevention and control technologies for forest diseases at the background of global warming, which would provide the technical support for the fast and well development of modern forestry in our country.

Written by Ye Jianren, Zhang Xingyao, Liang Jun, Huang Lin, He Wei, Song Yushuang, Song Ruiqing, Wang Laifa, Piao Chungen

Advances in Non-timber Forest Discipline

China scores a first to establish the non-timber forest discipline, which is a branch of forestry discipline with Chinese characteristics and is also a comprehensive application discipline. Since the founding of 60 years, the discipline connotation has been enriched and developed to form a theoretical basis and methodology with own characteristics differently from other disciplines such as silviculture and pomology. Therefore, non-timber forest discipline is irreplaceable by other ones and is being gradually acceptable by and developed in international academia. In China, non-timber forest discipline went through 4 3stages including establishment stage, formation stage, zigzag development stage. Scientific research of non-timber forest in China has entered a golden age and achieved abundant accomplishments in Omics research, advanced breeding technology and germplasm enhancement, cultivation technical innovation with high quality and efficiency, utility and processing equipment innovation in recent years. External countries have updated development in non-timber forest biological technology, cultivation physiology, industrial cultivation techniques and intensive processing and utility. Non-timber application basis and advanced technology, germplasm innovation technology and improved seed engineering, mechanization, light and simplified efficient cultivation, high-value comprehensive utilization will be the key directions of non-timber forest applicable research. As the rise of non-timber forest industry and its status promotion, the social requirement of non-timber forest discipline is active, however, many restricted factors exist in policy, platform, talent, basic research, innovation mechanism, industry support and fund guarantee. The future general development strategy is directed by community economical & social progress and market requirement, and is taking opportunity of ecological civilization construction and achieving 'two centuries', and is targeted on accomplishing maximization of non-timber forest comprehensive benefits; and construct and perfect non-timber forest scientific innovation system, education system, industry support system and academic communication platform; and the non-timber forest discipline plays a strong role in scientific research, personal training and social service; and construct the non-timber forest discipline as an international recognized and national-class one.

Written by Tan Xiaofeng, Li Jianan, Yuan Deyi, Zhong Haiyan, Wang Sen, Zhang Lin

Advances in Forest Soil Science

We focus on the forest soil science introduction, research progress and prospects. The concept, distribution, research methods and importance of forest soils were briefly introduced, and the course of development of forest soils in China was reviewed. This paper summarizes the development status of research on forest soil science in our country over the past 60 years from five aspects, such as forest soil resource distribution and soil properties, forest soil ecological location, forest soil stand classification, quality evaluation and suitable tree planting, tree nutrition and fertilization and forest soil carbon and nitrogen processes. The foreign research status is analyzed from of forest soil carbon balance and atmospheric CO_2 concentration, soil nitrogen cycle and atmospheric nitrogen deposition, soil biology and soil pollution and restoration. According to the actual situation in our country, the development trend of forest soil discipline in China is predicted from five aspects, such as the pattern and cycle of main biological elements in forest soils, the ecological processes and mechanisms of soil-driven forest soils, the response and adaptation of forest soils to global environmental change, forest soil health and ecosystem services function, the construction of digitization, informanization and model dynamic management system.In the end, the paper puts forward the key technologies of forest soil science development in our country and the strategic countermeasures of forest soil science development in the current situation. It is helpful to improve forest soil productivity, to better serve forestry production practice and to play a role of forest soil in sustainable development of forestry in our country.

Written by Zhang Jianguo, Jiao Ruzhen, Hou Lingyu, Dong Yuhong,
Wang Silong, Cui Xiaoyang, Geng Yuqing, Yang Chengdong

Advances in Forest Meteorology

Forest meteorology is a discipline studying on the relationship between forest and meteorology or climatic variables, and it is aninterdisciplinary of forestry and meteorology. It belongs to a discipline of applied meteorology and forest ecology. The history of forest meteorology is partitioned into the initial, restoration and rapid development stages since 1950s. In the recent 8 years, the key progresses include water and carbon exchange between forests and the atmosphere, water and heat at the ecosystem scale, transpiration, dendroclimatology, the effect of climate change on forests. However, the original innovation of forest meteorology in China is less than that in the other countries. In the next 10 years, We should focus on: (i) monitoring technique and model on turbulence fluxes, rapid monitoring and forecast techniques of forest meteorological disasters, (ii) relationship between supply and demand for plantations at different scales in the arid and semi-arid region, the process of plantation carbon sink and the response of carbon flux to biophysical variables. (iii) micrometeorological mechanisms (MM) affecting the quality of the typical non-wood forests, MM of bionic cultivation under the forests, physical characteristics in the boundary layer of urban forests and the mechanisms reducing urban heat island effect, the regional climatic effect of forest ecology project and its influencing mechanisms, (iv)the coupling between climate change and forests and the response of forests to climate change.

Written by Meng Ping, Zhang Jinsong, Tong Xiaojuan, Guan Dexin, Yuan Fenghui

Advances in Forest History

Forest history studies focus on the evolution of forest, forest industry and knowledge around forest ranging from forest resources, forest use, policy and regulations, forestry thinking and education, to garden or parks and designed forest landscape and so on. Forest history studies in China started at the earlier Republic of China era. With the relative studies on and off for several decades, forest history studies have accumulated fruitful achievement by the dawn of the new millennium.

In the last decade, Forest History studies have made substantial progress. As part of an encyclopedic series *The Chinese Grand Canon, The Forestry Canon*, 5 sub-Canons, 7 volumes, over 15 million words, was published by the Phoenix Press in Nanjing at the end of 2014. The compilation of *The Chinese Grand Canon,* authorized by the State Council, has been the greatest cultural publication project since the P. R. China was founded in 1949. It is a codification project of ancient books covering all modern disciplines. *The Forestry Canon* consists of 5 Sub-Canons, i.e. *Forest Cultivation and Management*, *Forest Utilization*, *Forest Recourse and Ecology*, *Forestry Thinking and Culture*, *Garden and Landscape*, which collect a variety of files including documents, literature, archives, local chronicles, journals, records, drawings and tables before 1911 classified by modern disciplines. It swept up most of, if not all, dominant information and literature about forestry recourse, forest sciences and technology, forestry history and culture. The publishing of *The Forestry Canon* is the fundamental construction of forest history studies.

Through editing *The Forestry Canon*, a research team of forestry history studies has emerged and developed in the School of Humanities and Social Sciences, Beijing Forestry University. The teammates have a broad spectrum of disciplinary background and are good at team work. The team has undertaken a number of research projects sponsored by the state funding or other ministry departments. Several books and seminal works, including a volume of research papers, a reader of forestry literature, a brief history of Chinese forest, have been published in the past 5 years.

The codification project has inspired the disciplinary development of forest history studies.

Beijing Forestry University is the only one that has both graduate and doctoral program for forestry history. Compulsory or elective courses like forestry history and environmental history for graduates and doctoral candidates majoring in forestry history are offered by the research team. Furthermore, a panel is working on a textbook in Chinese Forestry History, which will be published in the near future.

In addition, the Committee of the Forestry History Branch Society has been elected by 2015. It devotes itself to academic communication and forestry heritage protection. Researchers have visited and studied overseas in Germany and the United States, which is an important asset for expanding their academic perspectives and research platforms.

Written by Li Li, Li Fei, Zhou Jingyong, Zhang Lianwei

索　引

K

L

M

N

Q

S

T

W

X

Y

Z